居住建筑室内健康环境评价系列丛书

居住建筑室内健康环境评价方法

"室内健康环境表征参数及评价方法研究"课题组　编著

陈滨　主编

中国建筑工业出版社

图书在版编目（CIP）数据

居住建筑室内健康环境评价方法/陈滨主编；"室内健康环境表征参数及评价方法研究"课题组编著．—北京：中国建筑工业出版社，2017.3

（居住建筑室内健康环境评价系列丛书）

ISBN 978-7-112-20299-7

Ⅰ.①居… Ⅱ.①陈… ②室… Ⅲ.①居住建筑-室内环境-关系-健康-评价 Ⅳ.①X503.1

中国版本图书馆 CIP 数据核字（2017）第 010750 号

责任编辑：张文胜　齐庆梅
责任校对：焦　乐　张　颖

居住建筑室内健康环境评价系列丛书
居住建筑室内健康环境评价方法
"室内健康环境表征参数及评价方法研究"课题组　编著
陈　滨　主编

*

中国建筑工业出版社出版、发行（北京海淀三里河路 9 号）
各地新华书店、建筑书店经销
北京佳捷真科技发展有限公司制版
北京盛通印刷股份有限公司印刷

*

开本：787×1092 毫米　1/16　印张：12½　字数：310 千字
2017 年 5 月第一版　2017 年 5 月第一次印刷
定价：**38.00** 元
ISBN 978-7-112-20299-7
（29696）

前　言

2016年10月25日，中共中央、国务院发布了《"健康中国2030"规划纲要》，这是今后15年推进健康中国建设的行动纲领。在纲要中明确指出："健康是促进人的全面发展的必然要求，是经济社会发展的基础条件。实现国民健康长寿，是国家富强、民族振兴的重要标志，也是全国各族人民的共同愿望。"据报道，仅"十二五"期间，政府卫生支出累计额达48554.2亿元，卫生总费用占GDP比重从2010年的4.89%上升至2015年的6.0%，创下了历史记录；我国每年总死亡人数960万人中，主要死因为慢性疾病的占85%；慢性病患者中高血压患者超过2亿人，每年增加1000万人；糖尿病患者为9240万人，1.4亿人的血糖在升高；心脑血管疾病患者超过2亿人，占我国每年总死亡人数的31%。因此，如何养成良好的健康生活方式、营造健康的人居环境，成为13亿中国人在实现中国梦的征程中所关注的重要课题。

本系列丛书为"十二五"国家科技支撑计划课题——"室内健康环境表征参数及评价方法研究"（2012BAJ02B05）的基础研究工作和成果，丛书由《居住建筑室内健康环境评价方法》、《中国典型地区居住建筑室内健康环境状况实测调查研究报告》和《居住建筑室内健康环境评价原则及解析》组成，由来自大连理工大学、重庆大学、上海交通大学和北京中医药大学的课题主要研究人员合作撰写而成。

2012年课题立项以来，课题组成员围绕居住建筑室内健康环境"表征参数"和"评价方法"开展了大量的基础研究、文献调研和实测调查工作，并针对我国现有的标准规范、室内污染物传播特征以及人体健康状况等方面进行了综合研究分析。同时，与毒理学、公共卫生学和临床医学等领域研究人员进行了多次深入交流。重点开展了以下工作：

（1）2012年对全国典型地区居住建筑构建方式、周边环境、居住者的日常生活习惯以及健康状况进行了问卷调查，初步了解居住室内环境状况；2014年按照不同功能房间的主要健康风险及居住者健康状况开展了不同气候区典型城市的大样本问卷调查以及入户实测调查。

（2）以大样本问卷调查及入户实测调查数据结果为依据，构建了室内环境关联健康影响的分析模型，探讨了室内环境综合影响因素与居住者健康状况之间的关联性，进而得出了不同功能房间室内健康环境表征参数。

（3）借鉴国外既有评价标准及方法，通过综合分析国内外关于住宅健康性能评价指标、暴露风险、剂量效应等基础性的研究成果，提出了适合我国发展现状的居住室内环境健康性能评价方法，编制了《居住建筑室内健康环境评价标准》（编制草案）。

（4）基于《居住建筑室内健康环境评价标准》（编制草案），研究开发了室内健康环境实时监测和评价物联网系统，为实现居住建筑室内环境参数的大样本数据的统计分析、实时监测、健康等级评价等目标提供了强有力的可视化软件平台。

本系列丛书由大连理工大学陈滨担任主编，主要参编人员包括大连理工大学吕阳、陈宇、周敏、张雪研；上海交通大学连之伟、兰丽；重庆大学刘红、喻伟　王晗　成镭；北京中医药大学郭霞珍、刘晓燕。

本书系统介绍了室内环境关联的主要健康问题和国际上几种主要的室内健康环境评价标准，尝试从中国传统文化的视野阐述和挖掘了中医整体观念与室内环境的关系、健康居室卫生的保持方式、空间布局与健康等基本思想，并进一步基于国内外研究现状，深入详细地介绍了室内健康环境表征参数及评价方法、居住建筑主要功能房间（起居厅、卧室、厨房、卫生间/浴室）的健康影响因素和暴露评价方法、室内健康环境检测方法以及居住环境关联健康影响的问卷调查方法。

本书适合于从事健康建筑、室内环境质量、公共卫生等相关工作的教学科研、勘察设计、施工和运行管理人员以及业主参考使用。

《居住建筑室内健康环境评价方法》各章节编写人员如下：

第 1 章　陈滨、张雪研、周敏

第 2 章　吕阳、陈宇、连之伟、刘红、喻伟　王晗　成镭

第 3 章　郭霞珍、刘晓燕、许筱颖、吴红倩

第 4 章　陈滨、陈宇、周敏、张雪研

第 5 章　连之伟，兰丽，周鑫，戴昌志，熊静

第 6 章　陈滨、陈宇、周敏

第 7 章　陈滨、周敏、陈宇

第 8 章　陈滨、周敏、陈宇、徐友扣

第 9 章　陈宇、周敏、陈宇

第 10 章　陈滨、骆中钊、宋晓明、张雪研、周敏、陈宇

第 11 章　陈滨、陈宇

本系列丛书在最终撰写定稿过程中得到了国家自然科学基金项目"寒冷地区城市居住室内环境关联健康影响表征模型研究"（51578103）的资助。

目　　录

第1章　室内环境与健康

1.1　室内环境与健康

2014 年，世界卫生组织（WHO）公布了 2000～2012 年位居全球前 10 位的疾病主要死亡原因。其中，缺血性心脏病、中风、慢性阻塞性肺病和下呼吸道感染是过去 10 年中始终位居前列的主导因素，而且在全球范围内由于慢性疾病诱发死亡的人数仍在不断增多。由图 1-1 可以看出，2012 年因肺癌（含气管和支气管癌症）死亡的人数为 160 万人（2.9％），较 2000 年的 120 万人（2.2％）增加了 40 万人；因糖尿病死亡的人数为 150 万人（2.7％），较 2000 年的 100 万人（2.0％）增加了 50 万人。此外，世界卫生组织（WHO）还将吸烟行为列为重要死因，认为吸烟是引发致命疾病的潜在因素。烟草的使用会导致许多致命性疾病，主要包括：心血管疾病、慢性阻塞性肺病和肺癌等，约占世界成人死亡比例的 1/10。

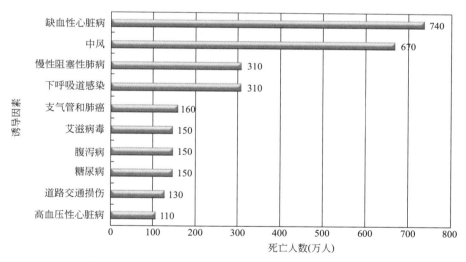

图 1-1　2012 年全球前 10 位主要死亡原因及其死亡人数[1]

通过对室内环境与健康相关的文献进行检索，并将近 35 年来，每 10 年被引频次排名前 20 的文章进行关键词统计，得到近年来室内环境与健康研究关注的热点变化趋势，结果列于表 1-1，可以看出，20 世纪 80 年代至 90 年代，研究热点主要集中于诱发重大疾病的各类细菌、病菌的特征及影响因素；进入 21 世纪，研究热点转移到环境与人体健康方面，并开展了大量有关建筑室内环境、办公建筑病态建筑综合症、室内空气质量、工作效率等因素引起人体过敏性疾病或不舒适的问题研究；在 21 世纪初，室内空气品质、人体暴露以及健康风险评估已成为最为关注的研究问题，特别是针对建筑室内环境健康问题的研究已上升至前 5 位。特别注意到，自 2011 年之后，"中国"作为独立的高频检索关键词，位居第 10，说明有关中国的健康问题已经成为现阶段学术界关注的焦点。

以室内健康环境为主题的文献每 10 年排名前 20 关键词变化　　　表 1-1

编号	1981~1990 年	1991~2000 年	2001~2010 年	2011~2015 年
1	胞内细菌	病态建筑综合症	室内环境健康	室内空气质量
2	流式细胞术	哮喘	病态建筑综合症	室内环境健康
3	变形虫	室内环境健康	室内空气质量	人体暴露
4	基因探测	室内空气质量	人体暴露	儿童暴露
5	哈氏虫属	过敏性疾病	哮喘	民用住宅
6	激光光学	经济成本	办公室环境	办公室环境
7	军团病	健康风险评价	挥发性有机化合物	健康风险评价
8	单克隆抗体	办公室环境	民用住宅	空气污染
9	纳氏虫属	生产效率	健康风险评估	中国
10		呼吸接触感染	呼吸系统症状	室内灰尘
11		满意	甲醛	通风
12		美国	传染性疾病	挥发性有机化合物
13		儿童哮喘	学校	化学暴露
14		儿童暴露	葡萄穗霉	潮湿
15		复杂混合物	通风	室外空气
16		民用住宅	换气率	悬浮微粒
17		强迫震荡技术	建筑特征	多环芳烃
18		甲醛	CO_2 浓度	呼吸系统症状
19		潮湿	蟑螂过敏原暴露	病态建筑综合症
20		室内污染	灰尘	压力

近年来，我国已将"促进住宅科技发展，提高居住健康水平"的研究宗旨提升到了新的高度。在工程技术方面，自 1999 年开始酝酿健康住宅理念，经历了不断的探索和实践，到 2009 年修编完成了中国工程建设标准化协会标准，即《健康住宅建设技术规程》（CECS179）。在学术研究方面，专门成立了中国环境科学学会室内环境与健康分会等学术组织[1]，开展了大量涉及环境、公共卫生、工程热物理、生命科学、化学等涉及多学科的交叉研究；在室内空气质量及其健康危害、室内环境与儿童健康、室内可吸入颗粒物（PM2.5）污染、室内半挥发性有机物（SVOCs）污染以及室内环境质量评价等方面取得了较大进展。

通常用来描述室内环境的指标主要包括：

（1）建筑室内空气质量：污染源、气味、室内空气污染物、新风量、换气次数等；

（2）建筑室内热舒适性：相对湿度、空气流速、空气温度、活动和着装等；

（3）建筑声环境质量：来自室内外的噪声声级、频率、持续时间、振动的噪声等级等；

（4）视觉或光环境质量：视野、照度、频率、亮度比、反射率、色温、色率等。

人们经常通过感官感受来确定各种室内环境状况等对人体健康的影响，不仅对感官产生影响，还会对整个身体状况产生影响，如表 1-2 所示。结合使用者的感受及体征反应，得到最理想的室内环境是满足室内所有人员对环境的要求（即大家都没有抱怨），同时会减少不必要地增加疾病或伤害产生的健康风险与紧急就治。

由环境因素引起的与人体健康相关的疾病或身体不适[2]　　　　表 1-2

疾病或身体 不适症状	皮肤	眼睛	耳朵	鼻子	呼吸道
不舒适	温暖、冷、流汗、干燥	过亮、较暗、昏暗、刺眼、反射	扰乱听觉、听力和理解障碍	气味、刺激性味道	咳嗽、呼吸气短
身体反应		疲劳	疲劳		胸痛、气喘
过敏或刺激性 反应	接触性皮炎：干燥、发痒、红疹	红疹、发痒、干燥		流鼻涕、打喷嚏、鼻塞	哮喘和支气管炎、过敏反应
传染性疾病	传染病（细菌、病毒、真菌）	少有：干眼症	内耳炎症	鼻塞、流鼻涕、鼻子不通气、暂时失去嗅觉	传染病（细菌、病毒、真菌）
毒性的慢性影响	辐射病（如：晒伤）	紫外线灯光对眼睛的伤害、白内障（长时间的红外线照射）	严重或永久失去听觉	永久失去味觉	损害或肿瘤

　　长期以来，由室内环境引起的健康问题一直受到广泛关注，尤其是室内空气环境质量、湿传递、被动吸烟危害、儿童健康等问题。室内空气环境是人们主要的暴露环境，因此，与环境相关的许多疾病都起源于室内空气暴露。研究表明，在发展中国家，建筑未通风情况下使用生物质燃料烹饪会导致至少每年 200 万人死亡（主要是妇女与儿童）；而在发达国家，不好的室内空气质量是诱发过敏、其他超敏性反应、呼吸道感染以及癌症的主要原因[3]。由于不同气候区的建筑室内环境不同，室内环境暴露与其健康效应也具有显著性差异。在发达国家，建筑中通常使用电或天然气等烹饪器具、中央供暖空调系统、应用不同装修材料等，结合较低的建筑室内通风率，容易导致过敏性疾病增多以及病态建筑综合症的发生。而在东欧发达国家的现代建筑中，由于能源价格低廉，室内通风率较高，过敏性疾病的发病率相对较低，但是呼吸道疾病的发病率较高。

　　在发展中国家，大部分有关建筑室内空气品质与健康关联性的研究主要集中于建筑室内未通风情况下生物质燃料燃烧对人体健康产生的危害，易诱发急性呼吸道感染、慢性阻塞性肺病以及肺癌等疾病。据世界卫生组织统计，在某些地区使用固体燃料燃烧进行烹饪时，所导致的疾病占据全球疾病的 4%[2]。然而，对于建筑室内空气品质与肺癌、过敏、其他超敏性反应（包括病态建筑综合症与多种化学物过敏症）以及呼吸道感染等疾病关联性的研究主要集中在发达地区的北欧或东欧地区。相比于发展中国家，发达国家的发病率更高，并且过敏性疾病发病率与室内空气品质具有较强关联性。欧洲学者的研究表明，过敏性疾病与生活方式以及社会经济地位均具有显著相关性。

　　为了深入探讨居住建筑及室内环境变化与健康领域的相关科学问题，北欧等国家的学者对该领域多学科交叉的文献进行了回顾。在过去 30 年中，发达国家的哮喘与过敏疾病发病率呈现逐年上升趋势。在短时间内，这种发病率的增加意味着由室内环境质量的改变所致，并非基因突变诱发；并证明了建筑内过敏源或暴露剂量的增加可能导致发病率的提高。在非工业室内环境里，需要测量更多相关的风险指标，用于评估有机物暴露量对人体健康的影响。此外，流行病学的研究已经证明建筑室内环境的"湿"问题与人体健康（呼吸道疾病、哮喘以及过敏）存在一定的关联性，例如咳嗽、气喘以及哮喘等疾病。从健康角度来看,尚未证实哪些霉菌对健康影响最大。

通过提高建筑能效,采取相应的建筑节能措施,改善室内环境质量,不仅可有效提高工作效率和健康水平,同时也带来了显著的经济效益,如表1-3和表1-4所示。说明通过改善住宅的保温性能,室温每提升4℃,对于正常人群血压降低1.4mmHg;高血压人群血压降低6.8mmHg。另外,采取减少呼吸系统疾病的有效措施,可避免160万～370万例普通感冒和流行性感冒,为美国带来的潜在经济收益达60亿～140亿美元。

提高室内环境质量的建筑节能措施[4]　　　　　　　　　　　　表 1-3

节能措施	对室内环境或工作效率影响
节能灯、镇流器、固定设施	提高了照明质量以及人员满意度;如果工作有视觉上的需求,则工作效率可能会提高
室外空气换热器(自然冷却)	一般而言,伴随平均通风效率的提高,室内环境质量得到相应提高。因此,也会降低呼吸道疾病与病态建筑综合症,从而使工作效率提高
热回收(排风)	如果通过热回收措施提高了新风温度,室内环境质量会相应提高。因此,也会降低呼吸道疾病以及病态建筑综合症,从而使工作效率提高
夜间利用室外空气预冷	夜间通风会降低白天室内积累的污染物浓度,从而降低病态建筑综合症发病率
利用活动窗调节室内空气质量	通常,自然通风建筑内较少出现病态建筑综合症
提高建筑围护结构保温性能	通过降低室内不均匀辐射以及热(或冷)负荷,提高室内热舒适
节能窗	通过降低冷风渗漏以及辐射换热,从而提高室内热舒适。并且,由于窗户不易出现冷凝现象,也降低了出现霉菌的风险

改善室内环境带来的潜在收益评估[3]　　　　　　　　　　　　表 1-4

提高收益的途径	潜在的年健康效益	美国潜在的年收益(美元)
减少呼吸系统疾病	避免了160万～370万例普通感冒和流行性感冒	60亿～140亿美元
减少哮喘和疾病	530万过敏症患者和160万哮喘症患者中18%～25%的患病症状有效缓解了	10亿～40亿美元
减少病态建筑综合症	在对150万名工人的调查中,病态建筑综合症的患病率降低了20%～50%	100亿～300亿美元
从改善室内热环境及照明方式提高工人工作效率	无应用	200亿～1600亿美元
美国商业建筑的总支出(引于1995年文献)	无应用	700亿美元

1.2　居住环境与健康问题

住宅是人们的基本生活场所,据相关文献统计,不同国家居民平均每天在住宅内滞留的时间约为8h,因此居住环境对人体健康状况影响密切相关。特别是对婴幼儿、老年人或孕妇等长期在住宅内生活的弱势群体，所面临的健康风险尤为显著。大量的研究表明，居住环境关联健康的问题主要包括：脑中风和中暑、过敏性疾病、心血管疾病、呼吸系统疾病以及因跌倒、跌落、烫伤等引起的各种伤害。美国于 2013 年公布了因各类疾病或伤害导致的过早死亡排名统计数据，列于表 1-5。1990～2010 年，位居前 5 位的疾病和伤害分别是：缺血性心脏疾病、肺癌、慢性阻塞性肺疾病、道路伤害、自我伤害。其中排名提升最显著的是阿尔茨海默病（老年痴呆症），由 1990 年的 32 位提升至 2010 年的第 9 位。2010 年，全世界有 3500 万人患有阿尔茨海默病，并被认为是发达国家最昂贵的疾病之一。虽然对阿尔茨海默病的病因还知之甚少，但加强沟通和交流也是缓解病情恶化的措施之一。另外，在排名前 5 位导致过早死亡的疾病或伤害中，与居住环境质量和人的生活方式均有一定的关联，如吸烟、建筑设计、自然通风等。

美国 1990～2010 年由死亡和寿命折损导致的 30 个疾病列表以及 1990～2010 年以来在年龄标准化折算方面的比例变化[5]　　　　　　　　　　表 1-5

疾病	寿命折算排行		死亡				生命损失年			
			没有（千数计）		中值变化		没有（千数计）		中值变化	
	1990 年	2010 年	1990 年	2010 年	死亡	标准化年龄死亡率	1990 年	2010 年	生命损失年	标准年龄化寿命损失
心脏病	1 (1-1)	1 (1-1)	648.2 (600.8-676.1)	562.9 (515.4-662.1)	−14.4 (−20.6-2.6)	−43.6 (−47.1-−33.2)	8990.3 (8386.2-9451.4)	7164.5 (6706.6-8198.2)	−21.2 (−25.6-−9.1)	−45.2 (−48.2-−38.1)
肺癌	2 (2-3)	2 (2-2)	143.5 (116.8-178.5)	163.3 (128.1-200.8)	14.4 (−1.1-26.0)	−22.5 (−31.8-−14.7)	2871.9 (2325.8-3523.1)	2987.7 (2418.1-3731.2)	3.6 (−6.6-17.4)	−30 (−36.1-−18.9)
中风	4 (3-4)	3 (3-5)	177.8 (163.7-200.9)	172.3 (153.5-201.7)	−3 (−13.6-8.2)	−36.7 (−43-−30.4)	2250.4 (2096.3-2543.6)	1945.3 (1741.8-2147.8)	−13.2 (−21.5-−6.2)	−39.3 (−45.6-−34.8)
慢性阻碍性肺病	5 (5-8)	4 (3-5)	97.5 (90.3-105.5)	154.5 (137.8-170)	58.3 (43.3-75.7)	5.6 (−3-16.3)	1416.1 (1308.5-1534)	1913.1 (1720.9-2067.9)	34.7 (24.7-47.1)	−5.8 (−12.5-2.7)
外伤	3 (2-4)	5 (3-6)	49.6 (43.4-59.2)	44 (36.2-53.5)	−11.7 (−21.8-3.4)	−30.2 (−37.5-−17.7)	2336.5 (2022.2-2752.2)	1873 (1569-2280)	−20.4 (−28.4-−4.3)	−33.3 (−39.7-−19.4)
发热	6 (5-10)	6 (5-10)	33.7 (25.6-43.7)	37.3 (27.6-43.7)	10.8 (−6.2-26.7)	−12.9 (−27.2-−1.6)	1393.8 (1068.6-1808.7)	1456.9 (1066.1-1779)	5.7 (−13.2-18.1)	−13.2 (−28.3-−2.4)
糖尿病	15 (11-15)	7 (6-9)	50.2 (45.3-60)	86.1 (73-99.3)	71.8 (43.7-97.1)	17.3 (−1.3-32.4)	875.0 (788-1042.3)	1392.4 (1186.7-1568.1)	60.1 (34.5-78.3)	13.0 (−5.4-25.7)
肝硬化	14 (10-15)	8 (7-12)	35.5 (31.3-42.1)	49.5 (39.5-54.6)	43.3 (14.0-56.0)	−2 (−22.5-6.4)	917.3 (808.7-1095.1)	1232.7 (966.2-1364.7)	37.9 (9.8-50.8)	−5.3 (−23.8-3.3)

续表

疾病	寿命折算排行		死亡				生命损失年			
	1990年	2010年	没有(千数计)		中值变化		没有(千数计)		中值变化	
			1990年	2010年	死亡	标准化年龄死亡率	1990年	2010年	生命损失年	标准年龄化寿命损失
阿尔茨海默病	32 (23-38)	9 (6-20)	27.0 (19.8-45.7)	158.3 (75.8-237.4)	524.3 (136.8-877.4)	289.6 (56.5-487.6)	289.6 (56.5-487.6)	289.6 (56.5-487.6)	391.6 (128.5-593.1)	209.5 (60.4-315.7)
结肠直肠癌	11 (9-14)	10 (7-13)	60.2 (49.6-67.1)	63.9 (55.4-88.1)	1.6 (-9.4-49.7)	-29.4 (-36.1-2.4)	1018.9 (855.4-1127.3)	1073.6 (946.9-1412.7)	1.6 (-7.6-41.8)	-27.5 (-33.9-0.8)

注：括号内所有数据显示了95%的不确定性区间。

由日本维持增进健康住宅研究委员会2012年编辑出版的《健康生活住宅需注意的9大关键要点》一书中，列出了以下几个与防范健康风险相关的内容：

（1）预防、安全；

（2）静养、睡眠；

（3）入浴、排泄、整理仪容；

（4）交往、交流；

（5）家务；

（6）育龄期对应；

（7）老年期对应；

（8）自我表达；

（9）运动、美容。

当人们处于不同的日常生活行为或阶段时，要注意防范各种健康风险，营造一个良好的居住环境。下面将重点描述与居住环境相关的健康问题。

表1-6列出了2010年34个国家或地区患各类疾病的等级水平以及相应的年龄标准化寿命折算率。从表中可以看出，发病率较高的国家主要包括：土耳其、墨西哥、匈牙利、斯洛伐克、波兰、美国、智利。其中使年龄标准化寿命折算率居高不下的疾病包括：慢性阻塞性疾病、阿尔茨海默病、直肠癌、乳腺癌、其他心血管疾病、高血压心脏病、中风。这些疾病均与人居环境质量直接相关。同时可以看出，这些疾病在欧洲国家的年龄标准化下的寿命折损率呈现下降的趋势。然而，外伤、中毒及药物依赖这三方面的年龄标准化寿命折损率相对于经济合作与发展组织中所有国家的平均年龄标准化寿命损失率没有出现明显的变化。

2010年34个国家地区及经合组织年龄标准化寿命折损年排名[6]　　　　表1-6

国家	缺血性心脏病	肺癌	外伤	发热	人际暴力	慢性阻塞性疾病	早产并发症	糖尿病	肝硬化	药物依赖	先天异常	阿尔茨海默病	中毒	下呼吸道感染	心肌病	艾滋病	慢性肾病	直肠癌	乳腺癌	其他心血管疾病	高血压心脏病	中风	肾脏癌	胰腺癌	白血病
冰岛	12	14	1	10	16	11	5	2	1	22	2	32	13	6	4	28	3	5	5	3	5	4	1	32	7	1
日本	2	4	2	31	1	1	1	1	13	4	2	8	2	10	30	8	1	25	12	2	2	13	22	2	22	6

续表

国家	缺血性心脏病	肺癌	外伤	发热	人际暴力	慢性阻塞性疾病	早产并发症	糖尿病	肝硬化	药物依赖	先天异常	阿尔茨海默病	中毒	下呼吸道感染	心肌病	艾滋病	慢性肾病	直肠癌	乳腺癌	其他心血管疾病	高血压心脏病	中风	肾脏癌	胰腺癌	白血病
瑞士	9	9	8	24	7	6	10	11	10	14	25	15	8	5	3	26	1	6	20	8	7	3	11	9	4
瑞典	17	3	3	19	13	12	3	14	6	23	6	30	28	14	5	4	9	6	10	6	8	17	8	20	3
意大利	7	13	22	3	15	5	21	22	14	16	17	14	5	1	20	23	13	16	24	7	25	16	16	15	30
以色列	10	6	12	6	29	4	25	33	17	16	17	13	1	13	6	18	32	17	28	16	12	15	9	27	29
西班牙	5	16	13	4	9	15	5	16	5	28	22	1	22	7	18	20	4	18	20	15	15	13	5	11	11
澳大利亚	11	7	21	13	17	18	4	17	8	17	25	4	32	16	14	23	12	4	6	23	12	4	6	27	27
挪威	13	12	5	15	3	25	8	3	33	9	25	16	5	7	25	7	12	5	12	22	19	2			
荷兰	6	30	4	8	1	26	1	18	4	18	26	2	20	11	8	9	27	32	16	13	24	18	17		
奥地利	21	15	14	22	2	17	26	24	24	24	9	6	2	21	13	23	11	11	13	26	12	19	26	10	
卢森堡	14	20	17	9	18	22	4	18	29	1	20	22	23	23	11	30	17	5	31	9					
德国	23	19	7	12	4	20	20	22	20	10	11	4	26	14	20	19	23	26	22	26	24	15			
加拿大	20	27	19	18	2	21	4	11	21	23	31	33	15	13	24	19	13	9	13	21					
新西兰	19	10	28	21	4	20	27	23	2	19	27	23	9	3	24	6	28	30	26	3	20	4	16		
法国	3	24	20	27	11	9	10	20	11	5	19	18	10	17	2	8	15	27	27	11	6	10	14	26	
爱尔兰	24	17	10	17	31	7	25	11	25	10	14	24	26	10	14	14									
希腊	28	25	33	1	12	9	22	9	27	8	6	24	1	31	27	14	14	20	26	1	7	19			
韩国	1	11	26	32	19	32	29	12	4	18	19	4	1	21	28	1	10	14							
英国	22	21	6	7	5	29	27	3	17	28	22	24	25	8	12	6	18	33	24	17	12	11	12		
芬兰	26	5	9	34	27	4	6	25	31	16	34	29	8	30	9	11	19	20	21	30	5				
比利时	16	29	29	30	23	28	17	13	15	13	29	9	19	11	19	17	22	34	25	16	23	17	18		
葡萄牙	4	8	27	11	25	14	6	27	26	7	12	3	29	9	33	29	31	25	28	27	8	25			
斯洛文尼亚	15	22	23	29	9	8	16	12	18	13	29	11	5	28	12	14	14	5	8						
丹麦	18	31	11	14	8	31	14	25	19	30	19	22	24	17	10	10	12	29	11	20	29	9	13		
捷克	29	26	18	23	21	16	15	17	27	13	32	15	32	23	29	34	34	24							
智利	8	2	30	25	31	19	29	31	5	27	12	25	33	2	4	6	26	24	15	31					
美国	27	28	32	16	31	31	6	31	29	31	31	9	31	23											
波兰	30	32	31	28	24	28	5	28	32	12	26	26	31	25	21	22									
斯洛伐克	34	23	24	20	30	13	30	21	32	10	15	33	27	2	33	18	12	33	33	32	28				
爱沙尼亚	31	18	15	26	3	2	11	34	34	15	10	17	34	30	30	20									
匈牙利	32	34	25	28	7	29	34	14	25	34	30	33	34	27	33	32									
墨西哥	25	1	34	2	34	30	33	34	9	33	4	21	7	32	34	3	19	28	6	1	33				
土耳其	33	33	16	6	28	34	34	12	34	17	32	4	22	13	34	32	34	4	2	34					

注：该表中的国家排序是按照 2010 年年龄标准化下的全因寿命折损年数排序的。表格中的数字表示每个国家在各项疾病中的排名，例如 1 代表表现最好的国家。颜色反映一个国家年龄标准化下的寿命损失率是低于（灰色），无差别于（白色）或高于（黑色）经济合作与发展组织中所有国家的平均年龄标准化寿命损失率。

1.2.1 心脑血管类疾病

自 1951 年至 1979 年，心脑血管疾病在日本人的死亡率中位列第一。而现阶段，排在第一位的疾病则是恶性肿瘤，心脑血管疾病位列第三。在脑血管疾病中，急性发作的称之为脑梗塞，多发生在高血压患者中，因血压急剧升高所致。寒冷或气温骤降、过大的精神压力、自卫反应等都会引起血管收缩，导致显著的血压上升，脑动脉硬化或脑血管狭窄的人容易发生脑血管破裂或脑出血，出现脑梗塞的危险性非常高。在家中，长时间处于室温较低的厕所、从浴室进入温度较低的更衣场所、从供暖房间进入未供暖的寒冷房间或室外，都容易引发脑梗塞。因此，对建筑进行合理的布局设计是保证居住健康的基本前提。

2012 年，中国 18 岁及以上的成人高血压患病率高达 25.2％，位于慢性病患者中首位，占总死亡人数的 86.6％。心脑血管疾病、癌症和慢性呼吸系统疾病为主要死因，占总死亡人数的 79.4％[7]。

2014 年 8 月 29 日，职业人群心血管病风险网络调查结果显示，我国职业人群心血管风险认知水平令人担忧。国家心脏中心、阜外心血管病医院王增武教授介绍，目前我国每年约有 50 万人发生猝死，其中 80％患有冠心病，冠心病患者正日趋年轻化。有调查显示，公司白领、媒体工作人员、科研人员等脑力劳动职业人群，已成为心脑血管疾病的高发人群。据中国新闻网报道，我国脑中风发病已呈年轻化趋势，20 岁至 64 岁群体已占 1/3。在中国近 600 万脑血管病患者中，每 21s 就有一人死于中风[8]。因此，应该清醒地认识到个人不健康的生活方式及建筑室内环境污染对慢性病发病所带来的影响，综合考虑人口老龄化等社会因素和吸烟等危险因素现状及变化趋势，我国慢性病的总体防控形势依然严峻，防控工作仍面临着巨大的挑战。

1.2.2 过敏性疾病

目前过敏性疾病发病率在世界范围内呈现上升趋势，据世界卫生组织估计，花粉引起的过敏性鼻炎和哮喘在全世界总发病率为 5％～22％。季节性过敏性鼻炎如不经脱敏治疗，其中的 25％～38％将发展为哮喘，且病情逐年加重，最终发展为常年哮喘、肺气肿、肺心病，严重影响人民健康和生命。

WHO 估计全球大约有 1.5 亿人患有哮喘；每年有 18 多万人死于哮喘。我国夏秋季花粉症鼻炎患者有 53％合并哮喘，30％需要平喘药物治疗，16％需要急诊治疗。花粉症发病的平均年龄为 27 岁，15～44 岁是鼻炎的高发年龄段；25～54 岁是哮喘的高发年龄段；近一半的夏秋季花粉症患者有可能在首次发病的 9 年内发展为季节性变应性哮喘[7]。

目前，导致过敏性疾病的原因还不十分明确，但相对于尘螨、霉菌、化学物质的过多暴露是其原因之一。尘螨是诱发支气管哮喘的重要变应原。引起鼻炎、皮炎、过敏性结膜炎等过敏性疾病的尘螨称之为葫芦螨，它主要靠食用包含在室内灰尘中人的头皮屑为生。在家中，尘螨大量滋生于卧室内的枕头、褥被、软垫和家具中。不仅是活的尘螨，尘螨的粪便、尸体都是过敏源。尘螨在高温多湿的环境中极易繁殖，因此注意清洁卫生，经常清除室内尘埃、清洗衣被床单、勤晒被褥床垫等都是有效清除尘螨的方法。卧室要经常保持通风、干燥、少尘。使用杀螨剂如 7％尼帕净（nipagin）恩、1％林丹、虫螨磷等对灭螨有一定作用。另外，猫、狗等宠物的毛发也是尘螨繁殖的场所，要引起注意。

霉菌是导致食物中毒、呕吐、腹泻、腹痛等疾患的原因之一。在各种霉菌中，真菌是诱发过敏性疾病的重要原因，除此之外，它还会导致肾脏、肝脏的损害，同时也是导致消化道疾病、皮炎等的原因。霉菌通常在 $20\sim30℃$ 的环境中繁殖，在 $28℃$ 左右繁殖率最高；但不耐高温，在 $60℃$ 以上时几分钟后即会死亡。另外，相对湿度越高，繁殖率越快。在住宅中，霉菌容易繁殖的场所主要在浴室、厕所、厨房以及室温较低或容易结露的地方。防止霉菌滋生的办法主要是防止结露，另外除湿、绝热保温、气密性、自然换气和改善室内温度等措施的综合利用是抑制霉菌滋生的有效措施。

1.2.3　呼吸系统疾病

根据全基因组关联研究的结果推测，环境风险因素对呼吸系统疾病的贡献率高达 $70\%\sim90\%$[1]。如表 1-7 所示，一年内所调查的 2307 例死亡病例中，有 766 例因呼吸系统疾病而导致死亡，比例为 33.2%，位居首位[9]。因此，呼吸系统疾病的患病风险因素及有效控制措施是当前研究的重点问题。其患病风险因素主要与人们的生活环境息息相关。环境风险因素主要包括气象要素和环境化学污染物。气象要素包括气压、气温、湿度、风速和降水量等；环境化学污染物中研究比较多的是空气中的污染物，它包括可吸入颗粒物（PM10、PM2.5）、NO_2、CO、SO_2、O_3 和 SHS（二手烟）等[10]。

呼吸系统疾病的构成比与顺位[9]　　　　　　　　　　　　　　　　表 1-7

疾病类目	例数	构成比（%）	顺位
呼吸系统疾病（J00-J99）	766	33.2	1
消化系统疾病（K00-K93）	469	20.3	2
循环系统疾病（J00-J99）	360	15.6	3
神经系统疾病（G00-G99）	265	11.5	4
血液及造血器官疾病和某些涉及免疫机制的疾患（D50-D89）	139	6.0	5
泌尿生殖系统疾病（N00-N99）	127	5.5	6
肿瘤（C00-D48）	79	3.4	7
肌肉骨骼系统和结缔组织疾病（M00-M99）	38	1.7	8
内分泌、营养和代谢疾病（E00-E90）	28	1.2	9
某些传染病和寄生虫病（A00-B99）	18	0.8	10
眼及附器疾病、耳和乳突疾病（H00-H59、H60-H95）	15	0.7	11
妊娠、分娩和产褥期（O00-O99）	3	0.1	12
合计	2307	100.0	

1. 霾

雾霾对人体健康的影响严重，是诱发人体呼吸系统疾病和心血管疾病的主要因素。2013 年，中国工程院院士钟南山在《美国科学院院报》上发表的关于淮河以南、以北的雾霾浓度研究显示，由于存在有无供暖燃煤的区别，淮河以北人体健康预期寿命缩短了 5.52 年，雾霾浓度每立方米增加 $100\mu m$，预期寿命将缩短 3 年。例如，沈阳 2013 年 11 月有关雾霾对儿童咳嗽和哮喘发病率影响的研究显示，相比于平常天气，雾霾天气时儿童咳嗽发病率从 3% 上升到 7%，哮喘发病率增加了一倍[11]。

在霾发生当日，PM10 的日均浓度每增加 $50\mu g/m^3$，呼吸科、儿童呼吸科日均门诊人数分别增加 3% 和 0.5%，PM2.5 的日均浓度每增加 $34\mu g/m^3$，呼吸科、儿童呼吸科日均门诊人数将分别增加 3.2% 和 1.9%。同时，PM2.5、PM10 污染对门诊人数影响具有滞后累积效应。通过经济损失的分析，得到 2009 年上海市霾污染因子 PM2.5 造成的健康危害经济损失达到 72.4 亿元，占上海市 2009 年 GDP 的 0.49%。此外，由呼吸系统引起的死亡病例造成的经济损失占总经济损失的 76%[12]。霾污染易诱发儿童和老年人的呼吸系统疾病，通过经济计算分析得到，虽然患者本人的劳动日损失不多，但考虑到患者生病、住院必须有家人陪护，由此所造成的活动受限日经济损失对总经济损失的贡献也较大。因此，有效控制霾污染势在必行。

2. 二手烟

根据 2010 年"全球成人烟草调查——中国部分"报告，中国有 72.4% 的非吸烟者经常暴露于二手烟环境中，每年约 10 万人死于二手烟暴露导致的疾病中，全面无烟立法是保护非吸烟者免受二手烟暴露的唯一有效手段[13]。

吸烟是慢性支气管炎、肺气肿和慢性气道阻塞的主要诱因之一。烟草危害是当今世界最严重的公共卫生问题之一，全球每年因吸烟导致的死亡人数高达 600 万人，超过因艾滋病、结核、疟疾导致的死亡人数之和。被动吸烟的烟雾使非吸烟者的冠心病风险增加 25%～30%，肺癌风险提高 20%～30%。此外，由于二手烟包含多种能够迅速刺激和伤害呼吸道黏膜的化合物，因此即使短暂的接触，也会导致上呼吸道损伤，激发哮喘频繁发作；增加血液黏稠度，损伤血管内膜，引起冠状动脉供血不足，增加心脏病发作的危险等[14]。

目前，二手烟雾已被美国环保署和国际癌症研究中心确定为人类 A 类致癌物质，美国国立职业安全和卫生研究院已做出结论：二手烟雾是职业致癌物。世界卫生组织《烟草控制框架公约》第 8 条实施准则指出：二手烟暴露没有安全水平。国外的大量研究也表明，只有完全无烟环境才能真正有效地保护不吸烟者的健康。

3. 生活方式

相关研究表明生活方式对中国儿童哮喘疾病的影响也是非常显著的[15]。针对兰州、重庆、武汉和广州地区的在校学生进行的调查结果显示，通过对影响因素变量与呼吸道疾病患病率之间的回归统计分析得到表 1-8，说明室内空气污染、燃煤取暖烟尘和室内二手烟三方面因素对儿童哮喘患病率具有显著影响。这 5 个影响因素得分的差值在呼吸条件下调整后的比值比及 95% 的置信区间列于表 1-9；与呼吸道疾病相关的室内环境二手烟和父母哮喘患病的 OR 值和 95% 置信区间列于表 1-10。

主要影响因素分析及影响权重[16] 表 1-8

影响因素的名称及高权重变量		影响因素权重
影响因素 1:燃煤供暖产生的烟气	冬季户用供暖系统	0.88
	燃煤供暖	0.88
	燃煤炉供暖	0.89
	取暖炉的烟囱	-0.42

续表

影响因素的名称及高权重变量		影响因素权重
影响因素 2:燃煤炊事产生的烟气	用于炊事的煤炭	0.70
	用于炊事的燃煤炉	0.64
	室外炊事	−0.60
	公寓	−0.72
	单层住宅	0.64
影响因素 3:社会经济状况	母亲的文化程度	0.77
	母亲的职业	−0.76
	父亲的文化程度	0.77
	父亲的职业	−0.76
影响因素 4:通风	室内通风设备	−0.52
	炊事期间室内的烟雾程度	0.68
影响因素 5:室内吸烟现状和父母患哮喘	父亲的吸烟状况	0.45
	家庭的其他吸烟者	0.55
	父母患哮喘	0.52

调整后的比值比及 95%置信区间[16]   表 1-9

呼吸状况		持续咳嗽	持续有痰	咳嗽有痰	支气管炎	呼吸困难	哮喘
燃煤供暖产生烟气	Q-spread	1.63	1.63	1.63	1.63	1.63	1.63
	OR	0.92	1.11	1.29	1.05	1.22	1.52
	95% CI	0.75,1.12	0.84,1.45	1.11,1.50	0.91,1.21	1.02,1.45	1.06,2.15
燃煤炊事产生的烟气	Q-spread	1.51	1.51	1.51	1.51	1.51	1.51
	OR	0.87	0.91	0.94	0.92	1.10	1.10
	95% CI	0.75,1.02	0.74,1.12	0.84,1.05	0.83,1.03	0.96,1.26	0.84,1.43
社会经济状况	Q-spread	1.60	1.60	1.60	1.60	1.60	1.60
	OR	0.81	0.86	1.02	0.70	0.88	0.89
	95% CI	0.70,0.94	0.69,1.07	0.90,1.15	0.63,0.78	0.77,1.01	0.69,1.17
通风	Q-spread	1.29	1.29	1.29	1.29	1.29	1.29
	OR	0.73	0.78	0.82	0.85	0.80	0.89
	95% CI	0.65,0.83	0.66,0.93	0.74,0.89	0.78,0.93	0.72,0.89	0.72,1.11
室内吸烟现状和父母患哮喘	Q-spread	1.32	1.32	1.32	1.32	1.32	1.32
	OR	1.50	1.66	1.47	1.34	1.62	1.47
	95% CI	1.35,1.67	1.43,1.94	1.35,1.60	1.24,1.45	1.47,1.78	1.22,1.78

与呼吸道疾病相关的室内环境二手烟和父母哮喘患病的相关性分析[16]   表 1-10

变量	咳嗽		有痰		有痰		支气管炎		气喘		哮喘	
	OR	95% CI	OR	95% CI	OR	95% CI	OR	95% CI	OR	95% CI	OR	95% CI
室内二手烟	1.15	0.93 −1.43	1.24	0.90 −1.70	1.32	1.11 −1.56	1.29	1.11 −1.49	1.21	0.99 −1.47	1.00	0.69 −1.46
父母患哮喘疾病	1.86	1.53 −2.26	2.61	2.02 −3.38	2.15	1.84 −2.53	1.58	1.36 −1.83	3.22	2.73 −3.81	2.80	2.04 −3.84

通过对 10902 名来自北京、广州、香港三城市的儿童进行横断面研究及多变量
Logistic 回归分析，其结果见表 1-11。应用煤气炊事（OR 2.08，95％CI 1.32-3.26）、海
绵枕头（OR 1.94，95％CI 1.19-3.16）、房间潮湿（OR 1.84，95％CI 1.25-2.71）均是
"近期喘息"的重要危险因素。而棉被的使用（OR 0.70，95％ CI 0.56-0.87）、母乳喂养
（OR 0.79，95％CI 0.66-0.96）及参加日托（OR 0.73，95％CI 0.59-0.88）是"近期喘
息"的保护性因素。

中国儿童生活方式与近期喘息的 Logistic 回归分析结果[17] 　　　　　表 1-11

生活方式因素		未经校正的近期喘息患病率（%）	校正后的 OR 值	OR 的 95％CI 值
煤气炊事	无	2.0	1.00	—
	仅目前使用	3.6	1.49	0.92～2.44
	目前及出生后第一年均使用	4.8	2.08	1.32～3.26 *
海绵枕头	无	3.8	1.00	—
	仅目前使用	10.4	1.97	1.26～3.10 *
	目前及出生后第一年均使用	10.9	1.94	1.19～3.16 *
棉被	无	6.0	1.00	—
	仅目前使用	4.1	0.78	0.62～0.96 *
	目前及出生后第一年均使用	4.1	0.70	0.56～0.87 *
房子潮湿	无	3.8	1.00	—
	仅目前使用	6.8	1.85	1.35～2.53 *
	目前及出生后第一年均使用	6.8	1.84	1.25～2.71 *
曾母乳喂养	无	4.9	1.00	—
	有	3.8	0.79	0.66～0.96 *
参加托儿所或幼儿园	无	5.2	1.00	—
	有	3.8	0.73	0.59～0.88 *

注："校正后的 OR 值"指对年龄、性别、父母亲文化程度和哮喘家族史进行校正的 OR 值；
　　　* 指 $P < 0.01$；# 指 $P < 0.05$。

通过上述研究表明，具有中国生活特征的环境因素及生活方式（母乳喂养、参加日
托、使用棉被、使用非海绵的枕头、非煤气的煮食燃料、家中墙上或顶棚有潮湿霉点）是
导致中国儿童哮喘患病率增加的重要影响因素，并进一步为我国哮喘疾病的预防控制提供
了重要依据。

1.2.4　风湿类疾病

中国中西医结合学会风湿类疾病专业委员会历经 14 年，在黑龙江、吉林、辽宁等 19
个省、自治区、直辖市开展的风湿类疾病相关调查近日得出结果：在被调查的 106678 人
当中，风湿类疾病患者达 18552 人，患病率高达 17.39％[18]。

为掌握风湿类疾病的发病规律，以便为预防及治疗此类疾病寻找有效控制途径。将调
查对象分为自然人群和特定人群两部分，调查结果显示，在被调查的自然人群中，风湿类
疾病的患病率为 14.1％，其中以风湿性关节炎患者居多；在特定人群（主要为纺织厂工
人、铁合金厂工人、化工厂工人、石油工人、矿区井下工人、医院职工、林业工人、机车
乘务员等）中，风湿类疾病的患病率明显高于自然人群，达到 23.1％[19]。相关调查研究
表明，风湿类疾病的发生与人们所从事的职业有着密切的关联。从患者年龄结构来看，风

湿类疾病的患病率随着年龄的增加而逐渐升高。从性别来看，男性的风湿类疾病患病率低于女性。从地区分布来看，相对寒冷的黑龙江省和相对潮湿的沿海地区风湿类疾病患病率较高。据中国中西医结合学会风湿类疾病专业委员会专家总结，风湿类疾病是常见病、多发病，且难以治愈；在我国，加强对风湿类疾病防治的临床和基础研究，已经成为刻不容缓的工作。

1.2.5 跌倒、跌落

老人跌倒导致受伤是最受关注的公共健康问题之一，也是这个年龄群体的代表性特征如长期疼痛、功能障碍、残疾和死亡的主要诱因。通过研究得到，不论是发达国家还是发展中国家，这种伤害的数量都在上升，而且情况在不断恶化。图1-2表示芬兰医院80岁以上老年人因跌倒受伤人数统计结果。据调查统计，每年居住在社区中65岁以上老年人中的30%、居住在家庭看护设施中50%的老年人发生过跌倒，虽然不是所有的跌倒都会受伤，但20%的人需进行医疗处置，5%的人遭受严重伤害[20]。日本的调查研究表明，60%的跌倒、跌落发生在家中，并大多发生在很滑的场所、湿地板、光线不足和有障碍物的地方。

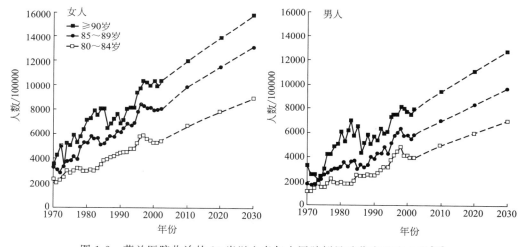

图1-2　芬兰医院收治的80岁以上老年人因跌倒导致伤害的病人数[20]

1991～2013年，我国上海市60岁及以上老年人意外跌落平均粗死亡率为61.2/10万，平均标化死亡率为58.8/10万，占全人群意外跌落的87.0%，占老年人伤害死亡的44.6%，居老年人伤害死因首位。根据老年人意外跌落死亡率的统计，整体上以每年1.6%的速度沿时间呈下降趋势，随年龄的增长而增高[21]。老年女性意外跌落死亡率高于男性，中心城区老年人意外跌落死亡率高于非中心城区。上海市老年人意外跌落死亡的情况正在逐渐改善，仍需进一步监测和继续加强防控。

1.3 室内健康性能评价

通过对大量研究文献进行总结，证明室内环境与居住者健康舒适之间具有紧密的关联

图 1-3 室内健康性能评价影响因素

性[22]。但是，如何表征室内环境参数与健康之间的关系仍然需要进行深入的研究。室内环境参数之间存在一定的相关性，并共同作用形成了室内环境，影响居住者健康舒适状态。但同时居住者身体健康状况又受到其自身生理状况、社会经济状况等因素的制约，所以室内环境健康性能评价是一个亟待解决的问题，涉及许多交叉学科的研究领域，如图 1-3 所示。

1. 流行病学

流行病学主要研究人体在环境中的暴露情况，其首要问题是通过对暴露组与非暴露组的疾病情况进行比较。环境流行病学主要研究环境因素和人体健康之间的相关关系及因果关系，即阐明暴露—效应关系。流行病学涉及的一些定义如下，暴露—疾病时间序列如图 1-4 所示。

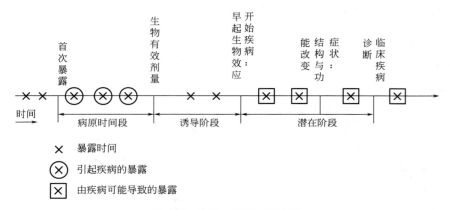

图 1-4 暴露—疾病时间序列

（1）暴露途径（pathway）：人体吸入有害物质（污染物、物质）的物理途径。

（2）接触途径（route）：有害物质进入体内（吸入、摄食、吸收）。

（3）剂量：暴露总量，进入人体的总量。

（4）目标器官剂量：被器官吸收的剂量。

（5）累计剂量：＝暴露时间×暴露频率×暴露浓度。

（6）暴露峰值：某种污染物通过空气、食物或水等暴露途径进入体内的最大量。

（7）反应：人体暴露后的反应。

（8）影响：由暴露造成的健康的影响，身体机能是否变化。

研究方法主要包括：

（1）生态学研究：假设环境暴露与健康影响之间的联系，用对象人群加以分析，高频率的暴露是否会导致高的健康风险。

（2）横断面研究：通过研究处于危险人群的流行疾病，加以分析评价暴露参数及其他参数可能改变和混淆暴露与疾病之间的关系；对比没有暴露的人群同样加以分析研究，或者对不同程度的暴露人群与完全暴露的人群进行对比分析。

（3）病例对照研究：以现在确诊的患有某特定疾病的病人作为病例，以未患有该病但具有可比性的个体作为对照，通过询问、实验室检查或复查病史，搜集既往各种可能的危险因素的暴露史，测量并比较病例组与对照组中各因素的暴露比例，经统计学检验，若两组差别有意义，则可认为因素与疾病之间存在着统计学上的关联。

（4）定群研究：根据暴露情况进行分组，对每组的健康状况加以分析研究。

2. 心理学

心理学的主旨是研究人体心智反应及机理，利用定量分析与定性分析结合的方法，通过观察和实验技术测量个性、神经病学及行为。主要涉及的研究方法包括：相关性研究、实验研究、验证研究、准实验研究、现场实测。

3. 临床医学

主要研究人体反应及身体及生理反应检测，主要利用临床诊断及实验方法检测其原因，对于主体是人的主要了解疾病的产生、发展及影响，并提高预防、诊断和治疗干预措施（方法、程序、治疗）。临床试验主要用于检测医疗服务（药品）及卫生技术的安全性和有效性，研究的主体和病人受到不同的一个或多个治疗措施进行分析。其主要研究方法包括：随机对照实验（RCT：合理标准的使用药品）与非随机对照。典型随机的实验步骤为：序列产生、隐蔽分配和实施。

4. 毒理学

毒理学的主要研究是解释人体反应机理，通过对体内外的检测，了解不同化学物质对人体的不利影响，主要对象有动物、组织及人，解释物理、化学、生物因素对人体器官和身体的影响。

毒性可以引起可逆或不可逆的影响，可引起不同器官不同程度的影响，从细微的变化如体重减少、生理变化、激素水平变化等，到中等影响如组织退化（皮肤刺激与退化）和组织功能的不利影响，到严重影响如器官功能降低或死亡。毒性影响的时间是不定的。

大部分毒理分析实验包括以下几个阶段：

第一阶段，危害识别：辨别物质的毒理本质（眼睛危害、妊娠危害、癌症），实验测试不同的暴露剂量产生的不利影响；

第二阶段，暴露评价：暴露人群、暴露物质辨别，暴露类型及规模，暴露频率、暴露时间；

第三阶段，风险表征：综合危害及暴露评价结果来评价对健康的影响。

重要的研究类型包括：急性毒性研究、基因毒性研究、重复剂量毒性研究、致癌研究、安全药理学研究。风险监管评估方法主要包括：危害识别、暴露评估、风险特征；了解物质毒性本质，利用测试结果分析不同暴露水平的毒性影响，分析人在某种物质环境下的暴露程度，包括了解暴露人群的特殊性，暴露的类型、规模、频率和暴露时间，综合分析暴露评价及危害，用于时间生活的健康风险评估。所采用的研究方法为电子技术、体内实验和体外实验等。其中定量方法和定性方法是独立学的分析基础。

其中定量方法由调查和实验组成。定性方法有焦点群体、客户访问、动机分析、阐释性分析。由这些特定的定性和定量分析方法，主要的研究方法有：信息处理研究、模拟分析、二次研究、网络分析方法。数据分析的一般步骤是：数据管理与数据清理、研究数据并发现联系、概率统计与回归分析。其中定性方法并不是让测试者在已定的选项中选择对产品进行评价，而是让特定人群对某项问题进行描述，例如香水产品。分析方法：描述分析、推理分析、多元分析。

室内环境健康性能评价是基于环境参数所建立的数学物理模型进行的，在综述室内所有可能对人体健康产生影响的环境参数基础上，确定具有表征意义的环境参数进行客观物理环境健康性能的评价是极其重要的。另外，为了对人体的健康状态做出衡量，还需要提炼一些表征人体健康状况的生理指标和心理指标用于诊断。

针对上述问题，学者们分别开展了如下研究。目前，国内外常见的室内环境评价工具中，大多将室内环境参数分为声环境、室内空气品质、光环境、热舒适四个层面，主要包括噪声声压级、CO_2浓度、CO浓度、PM2.5浓度、PM10浓度、甲醛浓度、VOCs浓度、TVOCs浓度、照度、垂直及水平照度分布、空气温度、黑球温度、空气流速、相对湿度、垂直空气温度分布、垂直黑球温度分布、不均与辐射度等。我国台湾学者通过文献综述并基于实践性、经济性、简便性将室内环境划分为声学、振动、照明、热舒适、室内空气质量、水质量、绿化、电磁环境八大类，后经调查问卷、专家咨询并采用 AHP 层次分析法确定为声学、照明、热舒适、室内空气质量、电磁环境五大类 16 项环境参数指标，分别为住宅建筑 24h 声压级均值、周围环境照度、工作面照度、照射不均匀率、日光使用比例、不同季节的室内温度、相对湿度、空气流速、PMV、PM10（24h 均值）、CO（8h）均值、CO_2（8h 均值）、甲醛（8h 均值）、VOCs（8h 均值）、电场强度、50/60Hz 低频环境磁场强度[23]。英国学者对机械通风办公建筑室内环境质量评价进行分析研究，将相关影响因素分为热舒适、室内空气质量、声舒适、光舒适四个方面，主要评价参数为空气温度、相对湿度、空气流速、照度及 CO_2 浓度[24]。韩国学者基于国际 GB Tool、英国 BREEAM、美国 LEED 等标准对多户型住宅房屋性能评价分为房屋环境、房屋功能、房屋舒适三大类，其中房屋舒适分为热舒适、声舒适、视觉舒适、室内空气质量，其对应的参数指标共计 17 项，包括温度控制、隔声等[25]。美国学者将室内环境按照供暖系统、水系统、通风系统、结构质量、功能房间、清洁状况、室外环境等多方面设置检查项目和访问项目，并凝练出屋尘螨、霉菌、军团杆菌、不舒适、气味、铅、噪声、辐射、湿度、浮质、发射、挥发性有机化合物、压力、过热、损害等表征参数，对人体会造成过敏症状、呼吸道疾病、生殖损伤、感染、建筑病态综合症、紧张、失眠、弱视、精神疾病等危害。室内环境污染物按生物危害、化学危害、物理危害分类，对室内潮湿及霉菌、屋尘螨、军团杆菌、TVOC 及其他污染气体、气溶胶、噪声、热不舒适等具体分析了其产生的原因及与污染源的关联度，从而有效地提示了住户室内存在的环境健康风险和改善措施。

单从环境层面去评价室内环境的健康状况是不够全面的，同时需衡量人体生理及心理的变化，从而将环境与健康影响进行关联分析。国外学者将生理指标划分为内分泌系统、免疫系统、自主神经系统、中央神经系统、新陈代谢、生理局部反应和细胞七大部分[26-28]。主要包括肾上腺素、皮质醇、褪黑激素、抗氧化剂（胆红素，尿酸，谷胱甘肽）、活性氧自由基、心率、血压、排汗、皮肤温度、呼吸速率、胆固醇（高浓度与低浓度蛋白比例）、胰岛素与血糖水平、眨眼频率及泪膜稳定性、脉搏波振幅等。空气污染物对人体的影响主要为对眼睛、鼻子、皮肤及其他组织器官的影响，泪膜破裂时间、眼睛泡沫形成时间、鼻子呼吸最大速率、心率与血压、肺功能、脉搏波振幅也可以很好地表征生理受环境影响的程度[29]。健康的室内环境不仅仅是不会对人体产生不良的健康影响，人体主观的环境满意度也是极其重要的。我国学者将主观感受分为物理刺激与心理刺激两方面，提出将热感觉指标 PPD、声感觉指标 PDN、光感觉指标 PDL 及室内空气品质指标 PDA 作为评价人心理环境接受度的指标[30]。

各种污染物对人体产生的健康影响是不同的，环境污染物对人体的健康影响机理主要划分为抗应激、生理节律、内分泌干扰、氧化应激、炎症与刺激、细胞突变或死亡六大类[31]，与此相对应，人体产生的疾病与紊乱也可以划分为六大类，具体对应关系如图 1-5 所示。夜间的不适当光环境暴露会抑制人体褪黑激素的分泌，同时会引起人体警觉性和核心温度的上升，不利于人体夜间的休息和生理节律[32]。经过实验室研究及入户实测发现，夜间的交通噪声影响会导致人体睡眠质量下降和睡眠节律紊乱[33]。

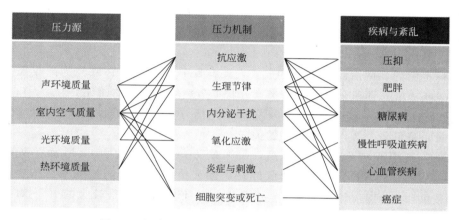

图 1-5 压力源、压力机制及疾病紊乱之间的联系

应激反应（stress），也称为狩猎式反应（医学、护理学专有名词），指机体突然受到强烈有害刺激（如创伤、手术、失血、感染、中毒、缺氧、饥饿等）时，通过下丘脑引起血中促肾上腺皮质激素浓度迅速升高，糖皮质激素大量分泌。应激反应由于应激因子（stressor）对动物体的有害作用所引起的非特异性的一切紧张状态。氧化应激（Oxidative Stress，OS）是指体内氧化与抗氧化作用失衡，倾向于氧化，导致中性粒细胞炎性浸润，蛋白酶分泌增加，产生大量氧化中间产物。氧化应激是由自由基在体内产生的一种负面作用，并被认为是导致衰老和疾病的一个重要因素。

1.4　生活方式对健康的影响

1. 生活方式对健康的重要性

生活方式是指人们在某种价值观念指导下，各种生活活动的形式，它包括人们的物质生活、精神生活、政治生活和社会生活[10]。因此，生活方式是人类生命活动特有的一种模式，最终由社会发展的客观变化、社会经济模式的性质所决定。从 20 世纪 60 年代开始，社会学家针对生活方式问题开展了综合性的社会医学研究，客观地揭示出生活在不同的条件下，不同年龄、性别、职业、社会成分的全体居民及其人群健康的社会制约关系，发现生活方式和生活条件在许多方面对个体和社会健康起着决定和中介作用。国外流行病学、社会医学和临床社会调查证明，制约人类健康的主要因素是：（1）生活条件和生活方式，50％～55％；（2）环境状况，20％～25％；（3）遗传因素，15％～20％；（4）医疗保健机构的工作，10％～15％[9]。科学技术的进步、社会经济的发展使人们的膳食数量和膳食结构发生了重大的变化。心脑血管病被视为生活方式病，是因为高血压、吸烟、肥胖、不健康的饮食（尤其是过量摄入饱和脂肪）、缺乏体力活动、糖尿病、大量饮酒可使患病的风险增大。Ⅱ型糖尿病也受生活方式的影响，与人们放纵吃喝、以车代步、滥用药物等不良生活习惯密切相关，这也是我国正步入小康生活的人们必须面对的新问题[11]。

单一的健康行为与主要慢性病的发病率和过早死亡率之间的关联性已经被相关研究证实。主要慢性病包括：心肌梗塞、中风、糖尿病和癌症。不吸烟、偏低的体重指数、坚持体育锻炼和健康的饮食习惯是与较低患病率密切相关的。每个额外增加的健康生活方式均对健康长寿有所帮助[35]。

在全球范围内，据估计有 24％ 的成年人患有骨关节炎，其中 80％ 为高收入国家的 65 岁以上的老年人。在西班牙，骨关节炎和膝骨关节炎的患病率估计分别为总人口数的 17％ 和 10.2％。临床指南一致认为，减少不健康的生活方式，改善慢性疾病的自我调节以及提高生活质量是降低骨关节疼痛患病率的关键[13]。

由骨关节炎引起的经济成本较高，每个病人每年约承担 1502 欧元，其中大部分（86％）是直接成本，主要包括医疗保健和雇佣人员的费用。间接成本是指生产力的损失，包括帮助受影响的家庭主妇工作。因此，对社会的影响是较大的[14]。对挪威和西班牙进行的研究显示，由骨关节炎引起的国家成本可分别达到 35.28 亿欧元[37] 和 47 亿欧元[14]。

在过去的 30 年里，我国经济快速增长，人们的生活水平显著提高。然而，普遍存在着不良生活方式，即不健康的行为（如：吸烟、酗酒、缺乏运动和饮食营养不均衡等），这是导致慢性非传染类疾病（CNCDs）（如糖尿病、冠心病、中风和癌症等）日益流行的主要原因。并且慢性非传染性疾病对于中国的公众健康及医疗体制改革来说是一项巨大的挑战。不健康的生活方式及高危险的行为活动是慢性病日益流行的重要原因。行为决定健康，坚持健康的行为模式及生活方式是保持身心健康的关键；对全民进行健康教育、减少不健康行为生活方式是限制慢性病传播的有效途径[37]。由表 1-12 可以看出各种不良生活习惯对患病死亡率的作用大小。肥胖对心血管疾病和中风的交互影响作用非常显著。对年龄在 18 岁到 74 岁的 24845 名中国成年人进行研究发现，肥胖对中风和心血管病的影响较显著。此外，表 1-13 给出了通过全民健康教育的大众传媒活动和组织抵制不健康生活方式的行为活动，这些干预策略是常用的方法。

1988～2006 年美国健康和营养检测有关非自然死亡率和人口数目的调查[38]　　表 1-12

特　　点		样本数	人数百分比	死亡率		
				人数	死亡人数	比率(1/1000)
总体人数		14453	100.00	192917	128	0.66
性别	男	6778	46.9(0.42)	88717	88	0.99
	女	7675	53.1(0.42)	104200	40	0.38

续表

特　　点		样本数	人数百分比	死亡率		
				人数	死亡人数	比率（1/1000）
家庭收入	贫穷	3255	22.5(0.35)	43163	37	0.86
	穷	4031	27.9(0.37)	51957	41	0.79
	中等收入	4675	32.3(0.39)	64067	33	0.52
	高收入	2492	17.2(0.31)	33731	17	0.5
教育程度	高中以下	10,081	69.8(0.38)	131993	103	0.78
	高中及大专	3550	24.6(0.36)	49660	20	0.4
	大学本科及以上	822	5.7(0.19)	11264	5	0.44
种族划分	白色人种	6228	43.1(0.41)	79159	67	0.85
	黑色人种	4082	28.2(0.37)	54998	35	0.64
	墨西哥美国人	3586	24.8(0.36)	51192	24	0.47
	其他	557	3.9(0.16)	7568	2	0.26
酗酒	很少、从不	2486	17.2(0.31)	32038	11	0.34
	少量、适中	9556	66.1(0.39)	126837	79	0.62
	过量	2411	16.7(0.31)	34043	38	1.12
吸烟	很少、从不	10367	71.7(0.37)	136964	79	0.58
	少量、适中	1807	12.5(0.28)	24963	18	0.72
	过量	2279	15.8(0.30)	30990	31	1
肥胖	总体	14448				
	正常体重以下	336	2.3(0.13)	4069	3	0.74
	正常体重	5530	38.3(0.40)	74396	66	0.89
	稍微超出正常体重	4946	34.2(0.39)	65500	38	0.58
	肥胖	3641	25.2(0.36)	48953	21	0.43
生活区域类型	总体	14453				
	都市	7102	49.1(0.42)	96642	49	0.51
	其他	7351	50.9(0.42)	96275	79	0.82

注：受访者家庭经济分类方式：基于贫困指数比率（PIR）。"贫穷"被定义为：PIR＜1.0；"穷"被定义为：1.0
＜PIR＜2.0；"中等收入"2.0＜PIR＜4.0；"高收入"被定义为：PIR＞4.0。

控制不健康的生活方式和高危行为进而控制慢性病流行的干预方式[39]　　　表 1-13

有针对性的生活方式及行为	干预策略
控制烟草的使用	全面按照世界卫生组织框架控制烟草使用，以父母、健康专家、教师等为榜样
坚持健康饮食	吃各种各样的食物（饮食平衡）；增加高纤维食物的摄入量，包括蔬菜和水果；减少食用动物脂肪、含糖食物和盐的摄入量；食品行业应提供健康食品等
控制酗酒	禁止酒类广告，立法限制饮酒；初中生以父母作为榜样
增加锻炼	进行方便易行的休闲体育活动（如：散步、气功、太极等）；在工厂和学校实施监管政策，促进身体锻炼（如：在休息过程中进行锻炼等）

苏联医学博士兹与诺夫斯基[40]提出了一个著名的健康长寿公式：

$$健康长寿＝(情绪稳定＋经常运动＋合理饮食)/(懒惰＋酗酒＋吸烟)$$

从公式可以看出，一个人的健康长寿与个人的情绪稳定、经常运动和合理饮食成正比；与懒惰、酗酒和吸烟等坏习惯成反比；在这些因素中，由于社会生产力的高度自动化和生活方式的现代化大大降低了人们的劳动及运动强度，较高的工作强度及压力减少了人们的闲暇时间。因此，人们缺少必要的运动量，就会导致"现代文明病"的发生，进而影响人们的身体健康。因此，科学、合理的体育运动安排是提高生活质量、保证健康的生活方式不可缺少的因素。

2. 东西方生活方式与健康理念的差异性

由于地域条件、传统文化的差异，经济与技术发展的不均衡，使当今世界形成了多元化格局。人类在几千年的发展过程中，分别形成了以中国为代表的东方文化和以欧洲为代表的西方文化。人们在价值观念、道德标准、生活方式、民族性格等方面的不同是构筑民族传统文化精髓的基本要素。正是由于这些积淀在大文化背景中观念上的差异，才造成中西住宅建筑风格布局上的差异，进而影响了东西方人群在生活方式及健康理念方面的差异性[41]。

东西方生活方式与健康理念的差异性主要体现在以下几个方面：首先，在饮食文化方面，西方是理性的饮食观念，不论食物的色、香、味、形如何，营养一定要得到保证；讲究一天要摄取多少热量、维生素、蛋白质等。而东方的饮食文化注重的主要是"味"，食材在加工过程中，营养成分经常受到破坏，使人体摄入的营养成分明显下降。其次，在休闲运动方面，由于东西方传统文化、经济基础和技术发展速度的不同，使人们形成了不同的价值观、时间观及认识观，西方人将工作时间与休闲时间进行了明显区分，在工作时间内高效工作，在休闲时间内注重运动锻炼与健康投资。而东方人受传统儒家思想的熏陶，身负生活压力、工作压力、家庭压力，使人们几乎没有时间进行健康投资与休闲锻炼。最后，在健康理念方面，美国的一项研究发现，在过去的一个世纪中，美国人的平均寿命增加了30年。由于在美国，无论是小孩还是老人，不分男女，都把健康投资当作预防疾病的主要手段；人们可以根据各大机构提供的健康管理方案，及时发现体内可能出现的疾病隐患，大大降低患病几率。现阶段，东方国家也在大力推行全民健康运动的理念，还特别设立了全民健身日。但如何把全民运动的口号真正贯彻到生活中，首先需要在人们心里建立一定的健康观念。虽然东西方在生活方式及健康理念方面存在着差异性，但是健康是人们最终要达到的核心目标。

本章参考文献

[1] http：//www. who. int/mediacentre/factsheets/fs310/zh/.

[2] Philomena M Bluyssen, Christian Cox, Olli Seppänen, et al. Why, when and how do HVAC-systems pollute the indoor environment and what to do about it? the European AIRLESS project. Building and Environment. 2003，38（2）：209-225.

[3] Sundell J.. On the history of indoor air quality and health. Indoor Air. 2004，14（7）：51-58.

[4] Williamj Fisk. Health and productivity gains from better indoor environments and their relationship with building energy efficiency. Energy Environ，2000，25：537-66.

[5] Bonin-Guillaume S., Zekry D., Giacobini E., et al. Impact économique de la démence（English：

The Economical Impact of Dementia). Presse Médicale, 2005, 34 (1): 35-41.

[6] US Burden of Disease Collaborators. Burden of Diseases, Injuries, and Risk Factors. The State of US Health, 1990-2010: 591-608.

[7] http://www.chinacdc.cn/n272442/n272530/n272817/n272877/13334.html.

[8] http://news.163.com/14/0610/02/9UBJTKQN00014AED.html.

[9] Global Burden of Disease Study 2013 Collaborators. Global, regional, and national age-sex specific all-cause and cause-specific mortality for 240 causes of death, 1990-2013: a systematic analysis for the Global Burden of Disease Study 2013. The Lancet. 2015, 386 (22-28): 743-800.

[10] 梁赢. 中西方健康理念的跨文化比较研究. 哈尔滨: 哈尔滨理工大学, 2015.

[11] 黄俊琪, 饶从志, 朱俊鑫. 生活方式与人类健康. 疾病控制杂志, 1999, 3 (2): 155.

[12] May Anne M., Struijk Ellen A., et al. The impact of a healthy lifestyle on Disability-Adjusted Life Years: a prospective cohort study. BMC medicine, 2015, 13 (1): 287-296.

[13] Fernandes L., Hagen K. B., Bijlsma J. W., et al. EULAR recommendations for the non-pharmacological core management of hip and knee osteoarthritis. Ann Rheum Dis, 2013, 72: 1125-1135.

[14] Loza E., Lopez-Gomez J. M., Abasolo L., et al. Economic burden of knee and hip osteoarthritis in Spain. Arthritis Rheum, 2009, 61: 158-165.

[15] Johansen I., Lindbak M., Stanghelle J. K., et al. Independence, institutionalization, death and treatment costs 18 months after rehabilitation of older people in two different primary health care settings. BMC Health Serv Res, 2012, 12: 400.

[16] Zhengmin Qian, Junfeng (Jim) Zhang, Leo R Korn, et al. Factor analysis of household factors: are they associated with respiratory conditions in Chinese children? International Journal of Epidemiology, 2004, 33: 582-588.

[17] Yang ZhiYin; Yang Zhen; Zhu Lifang, et al. Human Behaviors Determine Health: Strategic Thoughts on the Prevention of Chronic Non-communicable Diseases in China. International journal of behavioral medicine, 2011, 18 (4): 295-301.

[18] http://www.zxyfsb.com/newsDetail.php?id=124.

[19] 范迎春. 我国风湿类疾病患病率为 17.39%. 中国医药报, 2004 年 10 月 26 日.

[20] Pekka Kannus, Harri Sievänen, Mika Palvanen, et al. Prevention of falls and consequent injuries in Elderly people. The Lancet, 366 (9500): 1885-1893.

[21] 郑杨, 韩明. 1991-2013 年上海市老年人意外跌落死亡流行特征及趋势分析. 现代预防医学, 2015, 42 (8): 1359-1385.

[22] Philomena M Bluyseen. The Healthy Indoor Environemnt: How to assess occupants' wellbeing in buildings. Earthscan from Routledg, 2014.

[23] Che-Ming Chiang, Chi-Ming Lai. A study on the comprehensive indicator of indoor environment assessment for occupants health in Taiwan. Building and Environment, 2002, 37 (3): 387-392.

[24] Matiwaza Ncube, Saffa Riffat. Developing an indoor environment quality tool for assessment of mechanically ventilated office buildings in the UK: A preliminary study. Building and Environment, 2012, 53 (4): 26-33.

[25] Sun-Sook Kim, In-Ho Yang, Myoung-Souk Yeo, et al. Development of a housing performance evaluation model for multi-family residential buildings in Korea. Building and Environment, 2005, 40 (3): 1103-1116.

[26] McEwenB. S.. Protective and damaging effects of the mediators of stress and adaptation: allostasis and allostatic load, Chapter 2 in: Schulkin (ed.) Allostasis, bomeostasis and the cost of physio-

logical adaptation，New York：Cambridge University Press，2004.

［27］ Halliwell B.，Gutteridge J. M.．Free radicals in biology and medicine，4th edition. Oxford：Oxfrod University Press，2007.

［28］ Baker D.，Nieuwenhuijsen M. J.．Environment epidemiology，study methods and application. New York，Oxford University Press，2008.

［29］ Steptoe，A.，Brydon，L. Assocoation between acute lipid stress responses and fasting lipid levels 3 years later. Heath Psychology. 2005，24：601-607.

［30］ 叶海．室内环境品质的综合评价指标．建筑热能通风空调，2000，1：31-34.

［31］ 陈竺．全国第三次死因回顾抽样调查报告．北京：中国协和医科大学出版社，2008.

［32］ Cajochen，C.，Zetzer，J. M.，C. A.，Dijk D.-J. Dose-response relationship for light exposure and ocular and electroencephalographic correlates of human alertness，Behav. Brain Res，2000，115：75-83.

［33］ Berglund，B.，Lindvall，T.，Schwela，D. H.．Guidelines for community noise，Geneva，WHO.

［34］ White，E.，Armstrong，B. K.，Saracci，R. Principles of exposure measurement in epidemiology：collecting，evaluating and improving measures of disease risk factors，2nd edition，Oxford：Oxford University Press.

［35］ May Anne M.，Struijk Ellen A.，Fransen Heidi P.，et al. The impact of a healthy lifestyle on Disability-Adjusted Life Years：a prospective cohort study. BMC medicine. 2015，13（1）：287-296.

［36］ Johansen I.，Lindbak M.，Stanghelle J. K.，et al. Independence，institutionalization，death and treatment costs 18 months after rehabilitation of older people in two different primary health care settings. BMC Health Serv Res，2012，12（1）：400.

［37］ Yang Zhi-Yin，Yang Zhen，Zhu Lifang，et al. Human Behaviors Determine Health：Strategic Thoughts on the Prevention of Chronic Non-communicable Diseases in China. International journal of behavioral medicine，2011，18（4）：295-301.

［38］ Wei Wang，Jane C. Obi，Selam Engida，et al. The relationship between excess body weight and the risk of death from unnatural causes. Accident Analysis and Prevention，2015，80（4）：229-235.

［39］ Xiaodi Q.，Zhengmin Q.，Michael G. V.，et al. Gender-specific differences of interaction between obesity and air pollution on stroke and cardiovascular diseases in Chinese adults from a high pollution range area：A large population based cross sectional study. Science of the Total Environment，2011，97（7）：1410-1415.

［40］ 刘纪清，李国兰．实用运动处方．哈尔滨：黑龙江科学技术出版社，1993.

［41］ 张宇．东西方居住理念在当代中国住宅设计中的冲突与融合．长沙：湖南大学，2008.

第2章 国际上几种主要的室内健康环境评价标准

2.1 概述

研究表明人们在室内的时间占一生的80%以上，室内环境对人的健康、舒适以及工作效率产生了重要影响。根据世界卫生组织（The world health organization，WHO）标准，健康住宅定义为：在符合住宅基本要求的基础上，突出健康要素，以人类居住健康的可持续发展为理念，满足居住者生理、心理和社会层次的需求，为居住者营造健康、安全、舒适和环保的高品质住宅和社区。即，健康住宅是使居住者身体上、精神上、社会上完全处于良好状态的住宅[2]。

世界卫生组织（WHO）规定的健康住宅标准，包括了温度、湿度、空气品质、噪声等因素，目的是营造建筑物内适宜而健康的环境，使之满足于健康家居的需要。以下为世界卫生组织（WHO）规定的健康住宅具体指标[3]：

（1）会引起过敏症的化学物质浓度很低。

（2）为满足第一点要求，尽可能不使用易散发化学物质的胶合板，及墙体装修材料。

（3）设有换气性能良好的换气设备，能将室内污染物质排至室外，特别对高气密性及高隔热性来说，必须采用具有中央通风管的换气系统，定时进行换气。

（4）在厨房灶具或吸烟处要设有局部排气设备。

（5）起居室、卧室、厨房、走廊、厕所、浴室等全年要保持在17～27℃之间。

（6）二氧化碳浓度要低于1000ppm。

（7）悬浮粉尘要低于0.15mg/m²。

（8）因建筑材料中含有有害挥发性有机物质，所有住宅竣工后要隔一段时间才能入住，在此期间要进行换气。

（9）噪声要小于50dB。

（10）一天的日照要保持在3h以上。

（11）足够亮度的照明设备。

（12）住宅具有足够的抗自然灾害能力。

（13）具有足够的人均建筑面积，并确保私密性。

（14）住宅要便于护理老龄者和残疾人。

由世界卫生组织（WHO）规定的健康住宅标准可以发现，健康的室内环境是构建健康住宅的重要部分。本章将结合世界卫生组织（WHO）规定的健康住宅标准，介绍美国、日本、欧盟等国家或地区室内健康环境定义，阐述国际上几种主要的室内健康环境评价标准及方法。

2.2 美国室内健康环境评价标准

2.2.1 健康住宅评价标准

早在 60 年前，美国公共卫生协会（American Public Health Association，APHA）的住房卫生委员会就对住房与健康之间的关系进行了相关研究，同时公共健康组织对室内环境也进行了相应的规定。21 世纪，随着人们对生活品质要求的不断提高，越来越多的人对健康与住宅之间的关系产生兴趣，人们意识到健康不仅与住宅结构相关，同时与建筑内环境密切关联。本节将着重介绍美国健康住宅评价机构对于室内健康环境的评价标准。

美国健康住宅评价标准是基于评价机构做出相关调查得到大量数据而制定的，以下是美国的健康住宅主要机构：

（1）美国公共卫生协会（American Public Health Association，APHA）；

（2）国家健康住宅中心（National Center for Healthy Housing，NCHH）；

（3）住房和城市发展部（Housing and Urban Development，HUD）；

（4）环境环保署（Environmental Protection Agency，EPA）；

（5）国家疾病控制和预防中心（Centers for Disease Control and Prevention，CDC）。

2006 年，美国住房和城市发展部、国家疾病控制和预防中心共同编制了《健康住宅参考手册》，为营造健康的室内环境提供参考。该手册主要从以下七个方面对室内健康环境作出评价[4~10]：

1. 基本的生理需求

（1）保护不受外界侵害；

（2）尽量减少过度热损失的环境；

（3）保证人体尽可能减少热损失的环境；

（4）化学污染物浓度均在合理的浓度范围下；

（5）充足的日光照射及避免眩光；

（6）有阳光直射；

（7）适当的人工照明及避免眩光；

（8）不受外界噪声的干扰；

（9）足够的空间可以供人锻炼及小孩娱乐。

2. 基本的心理需求

（1）充分的私人空间；

（2）正常的家庭生活机会；

（3）正常的社区生活机会；

（4）适当的设施使家务变的尽可能轻松，不至于使人身心疲惫；

（5）有维护住宅卫生的设施及人员；

（6）尽可能使住宅及其周围环境美观；

(7) 与社区的准则一致、和谐。

3. 防范疾病

(1) 安全及卫生的供水；

(2) 保护供水系统免受污染；

(3) 提供公共厕所设施，最大限度减少疾病传播的危险；

(4) 防止住宅内表面受污水污染；

(5) 避免住宅周围有不卫生的状况；

(6) 尽量使住宅内不要有生物体，其可能传播病毒；

(7) 有保持牛奶及食物新鲜的设施；

(8) 有充分的睡眠空间以减少接触传播的危险。

4. 避免损伤

(1) 发展和实施建筑规范，保障居民最低安全标准的生活以避免损伤；

(2) 探索替代材料，提出电器设备的设计或构造方法以避免损伤。

5. 防止火灾

(1) 通过认证的烟囱专家检查和清洁；

(2) 清除壁炉旁边的装饰和易燃材料；

(3) 在木材炉的外围用耐火材料；

(4) 安装大礼帽温度计监测烟道温度。

6. 传播媒介及害虫

(1) 监测、识别、权衡判断每种害虫的危险等级；

(2) 使环境不适宜于害虫的繁殖生存；

(3) 使用防虫建设材料，使害虫不易侵入；

(4) 消去吸引害虫的因素，如食物；

(5) 使用陷阱及其他物理消除装置，必要时使用灭虫剂。

7. 有害物质及室内空气污染物

(1) 应在室内减少铅、石棉、砷等有害物质的积累；

(2) 室内污染物可以分为生物污染物和化学污染物，对人体影响极大，严重时可危害生命。

综上所述，美国《健康住宅参考手册》的侧重点在于对室内的各项污染源分项分析，对来源、传播途径、对人体的伤害及控制策略均有阐述，为实际生活中构建健康住宅提供了指导性意见。美国国家权威机构根据健康住宅的基本原则，制订相应国家标准，改善不同住宅区的健康水平，同时为非健康住宅提供预警信息，增强公众的健康意识。

2.2.2 LEED

1995 年，美国绿色建筑委员会（USGBC）编写 Leadership in Energy and Environmental Design（LEED），旨在推广整体建筑设计流程，用可以识别的全国性认证来改变市场走向，促进绿色竞争和绿色供应。USGBC 的核心目标就是要转变建筑行业的习惯和企业的设计、建造、操作等的方法，使其对环境和社会更负有责任感，使建筑更健康、更繁荣，最终进一步提高人们的生活质量，LEED 评价体系主要由以下几个评价标准构成。

（1）LEED NC2.2——"新建和大修项目"分册；

（2）LEED EB——"既有建筑"分册；

（3）LEED CI——"商业建筑室内"分册；

（4）LEED CS——"建筑主体与外壳"分册；

（5）LEED for school——"学校项目"分册；

（6）LEED Home——"住宅"分册（试行）；

（7）LEED ND——"社区规划"分册（试行）；

（8）LEED for retail——"商店"分册（试行）；

（9）LEED for healthcare——"疗养院"分册。

LEED 评价体系通过 6 个方面对建筑项目进行绿色评定，主要包括可持续场地设计、有效利用水资源、能源和环境、材料和资源、室内环境质量和革新设计。对每个方面，LEED 提出评定目的（intent）、要求（requirements）和相应的技术及策略（potential technologies and strategies），其评定条款数目所占分值如表 2-1 所示。根据评定建筑物的不同，评定标准中条款要求和所占比重不同，分为必备条款和分值条款，评定得分为全部分值条款评定得分总和，但必须实现必备条款。

LEED 评价分类及评分条款数目所占分值　　　　表 2-1

	LEED NC	LEED EB	LEED CI	LEED CS	LEED for school
可持续场地设计	14	14	7	15	16
有效利用水资源	5	5	2	5	7
能源和环境	17	23	12	14	17
材料和资源	13	16	14	11	13
室内环境质量	15	22	17	11	20
革新设计	5	5	5	5	6

LEED 室内环境部分共 17 个指标，其中包括 2 个控制项和 15 个评分指标。2 个控制项是建筑参加室内环境评估的最低要求，给定了最小空气质量、环境吸烟的控制要求。如果满足，则可继续参加下面指标的评估，若不满足控制项要求，其他指标做得再好，也不可能得到 LEED 认证。LEED 对室内环境的评价主要考虑三个方面：室内空气质量、热舒适及采光，如表 2-2 所示。室内空气质量的涉及内容最多，包含 9 个指标，共 3 个方面，室内通风、挥发性材料和室内污染源的控制，共有 4 个指标关于室内通风，考虑到了建筑建造、使用前和使用 3 个阶段室内空气对建筑工人和使用人员健康和热舒适的影响，挥发性材料也是由 4 个指标组成，主要考虑到相关胶粘剂、涂料、地毯及合成材料所挥发的 VOCs，室内污染源的控制就一个指标，要求的是管道除尘系统。热舒适包含了 3 个指标，分别是热舒适的设计、区域控制和核实，室内空气温度、相对湿度和空气流速是可以测量的，但是对室内热舒适度的感知因人而异，该标准对此只作定性的评价，通过室内人员的反馈，不断地调整室内影响热舒适各参数，因此设立了区域控制这一指标。采光包含 3 个指标，具体是可控照明系统、自然采光和视野，在可控照明系统中要求室内至少 90% 人员可以根据自己的需求调节周围的光照强度，而没有对房间功能不同作硬性要求，自然采光和视野指标的设置，一方面为室内提供照明，另一方面强调室内人员和室外环境的联系，

以缓解人们长时间工作造成的视觉疲劳。此标准中没有单独设置声环境评价指标。

LEED 室内环境质量主要评价内容 表 2-2

条　　目		主 要 内 容
控制项		1. 最低室内空气质量 2. 吸烟环境控制
评分指标	室内空气质量	1. 提高通风 2. 室外新风监控 3. 最低室内空气质量 4. 施工室内空气质量管理 5. 使用前室内空气质量管理 6. 低挥发性材料 7. 室内化学品及污染源空气 8. 系统可控性 9. 吸烟环境
	热舒适	1. 热舒适设计 2. 热舒适区域控制 3. 热舒适合适
	采光	1. 可控照明系统 2. 自然采光 3. 视野

2.2.3　WELL 建筑标准

2014 年 10 月，美国 WELL 建筑研究所颁布了 WELL 建筑标准，其是世界上第一部完善的、专门针对人体健康提出的建筑设计与评价标准，其目标是基于现有的知识证据，通过测量、认证和监控建筑的性能表现，实现研究成果的系统化与可应用化，促进人类生活的健康幸福。WELL 建筑标准最显著的特点是使建筑室内环境与人体系统（Body Systems）关联影响充分结合，为了更好地说明建成环境与人体健康的关系，WELL 建筑标准着重研究了建成环境对人体系统的影响，标准中的每一条款在提出详细规定的同时，都会对相应受影响的人体系统给出明确的图示，以便更加直观明确地说明此项规定与人体健康之间的对应关系。

WELL 建筑标准包括空气（Air）、水（Water）、营养（Nourishment）、光（Light）、健身（Fitness）、舒适（Comfort）、精神（Mind）7 大类别，如图 2-1 所示。并且 WELL 建筑标准还进一步区分了规律作息（Alignment）、康复力（Resilience）、活力（Vitality）、生长发育（Development）、长寿（Longevity）、压力（Stress）、睡眠（Sleep）、体型（Form）、精力（Energy）和注意力（Focus）10 项日常活动特征，并将其与 7 大类别联系起来，对二者之间的对应关系给出了充分说明。作为世界范围内第一部系统性的、建筑与人体健康的评价标准，WELL 建筑标准 1.0 版于 2014 年 10 月由 IWBI 制定完成并发布，主要由类别（Concept）、条款（Feature）、项目（Part）和要求（Requirement）组成，每一大类别下分设若干条款，总计 102 项规定，全面涵盖了建筑健康的相关问题种类（见表 2-3）。以下对 WELL 建筑标准的主要标准进行说明。

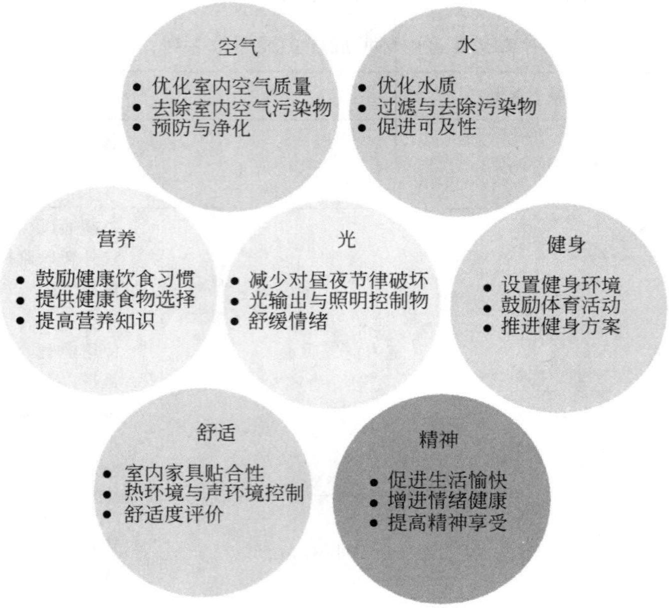

图 2-1　WELL 标准认证的七大体系

WELL 建筑标准　　　　　　　　　　　　　　　　　　　　　　表 2-3

类别	序号	条款	核心与外壳	新建与既有室内	新建与既有建筑	类别	序号	条款	核心与外壳	新建与既有室内	新建与既有建筑
空气	1	空气质量标准	P	P	P	空气	19	可开启窗口	0	0	0
	2	禁烟	P	P	P		20	室外空气系统		0	0
	3	通风效果	P	P	P		21	置换新风		0	0
	4	减少有机挥发物	P	P	P		22	害虫防治		0	0
	5	空气过滤	P	P	P		23	高级空气净化	0	0	0
	6	细菌与霉菌控制	P	P	P		24	燃烧最小化	0	0	0
	7	施工污染管理	P	P	P		25	减少有毒物质		0	0
	8	健康入口	P	0	P		26	增强的材料安全		0	0
	9	清洁协议		P	P		27	抗菌表面		0	0
	10	杀虫剂管理	P		P		28	可清洁环境		0	0
	11	基本材料安全	P	P	P		29	清洁设备		0	0
	12	湿气管理	P	0	P	水	30	基本水质	P	P	P
	13	空气吹洗		0	0		31	无机污染物	P	P	P
	14	空气渗透管理	0		0		32	有机污染物	P	P	P
	15	增加通风量	0	0	0		33	农业污染物	P	P	P
	16	湿度控制		0	0		34	生活用水添加剂	P	P	P
	17	直接源通风			0		35	定期水质检测		0	0
	18	空气质量监控和反馈		0	0		36	水处理	0	0	0
							37	改善饮用水	0	0	0

续表

类别	序号	条款	核心与外壳	新建与既有室内	新建与既有建筑	类别	序号	条款	核心与外壳	新建与既有室内	新建与既有建筑
营养	38	水果与蔬菜		P	P	健身	70	健身设备	0	0	0
	39	加工类食品	P	P	P		71	活动性家具		0	0
	40	食物过敏	P	P	P	舒适	72	ADA 无障碍设计标准	P	P	P
	41	洗手		P	P		73	人体工程学:视力和身体		P	P
	42	食品污染		P	P		74	外部噪声入侵	P	0	P
	43	人工添加剂	0	P	P		75	内部噪声	0	P	P
	44	营养信息	0	P	P		76	热舒适	P	P	P
	45	食品广告	0	P	P		77	嗅觉舒适	0	0	0
	46	安全的食品初加工材料		0			78	混响时间		0	0
	47	食品摄入量		0	0		79	声掩蔽系统		0	0
	48	特殊膳食		0	0		80	消音表面		0	0
	49	可靠的食品生产		0	0		81	声屏障		0	0
	50	食物储存		0	0		82	个人热环境控制		0	0
	51	食品生产	0	0	0		83	辐射热舒适		0	0
	52	精细饮食		0	0	精神	84	健康和幸福意识	P	P	P
光	53	可见光设计		P	P		85	一体化设计	P	P	P
	54	昼夜节奏照明设计		P	P		86	入住后调查		P	P
	55	电光源防眩光控制		P	P		87	美与设计 I	P	P	P
	56	太阳光防眩光控制	0	P	P		88	近生命的本性 I-定性	0	P	P
	57	低眩光工作间设计		0	0		89	适应性空间		0	0
	58	颜色质量		0	0		90	健康的睡眠政策		0	0
	59	表面设计		0	0		91	商业旅行		0	0
	60	自动遮阳和调光控制		0	0		92	工作场所的健康政策		0	0
	61	直面阳光	0	0	0		93	工作场所的家庭支持		0	0
	62	日光模型	0	0	0		94	自我监督		0	0
健身	63	日光窗扇	0	0	0		95	压力与成瘾治疗		0	0
	64	室内健身通道	P	0	P		96	利他主义		0	0
	65	活动奖励计划		P	P		97	材料信息透明	0	0	0
	66	有组织的健身计划		0	0		98	正义组织		0	0
	67	室外活动设计	0	0	0		99	美与设计 II		0	0
	68	物理活动空间	0	0	0		100	近生命的本性 II-定量		0	0
	69	活动性交通工具支持	0	0	0		101	创新条款 I		0	0
							102	创新条款 II		0	0

1. 类别

WELL 建筑标准的类别部分由空气、水、营养、光、健身、舒适、精神构成（见图 2-1）。

2. 条款

条款是 WELL 建筑标准的主要组成部分，它们分别包含在 7 大类中，共计 102 条，每个条款都针对一个具体的健康问题，通过一个或多个项目，对特定建筑类型给出具体的设计要求，根据不同的要求内容，条款可能是以下 3 种情况之一。

（1）表现（Performance）：此类条款要求项目通过综合设计与运行策略以达到某一水平的性能指标。

（2）设计（Design）：此类条款要求采用某项特殊的设计或者技术手段。

（3）规章（Protocols）：此类条款要求建筑未来采用某项专门的运行制度，比如管理政策、时间表等，来实现建成环境的健康标准。

3. 先决条件与优选项

根据不同类型项目的认证要求，条款分为先决条件（Preconditions，简称 P）与优选项（Optimizations，简称 O）。先决条件（P）是 WELL 建筑标准的基础，要获得 WELL 认证，每一类别中所规定的先决条件必须全部满足；优选项（O）是在先决条件的基础上展开的更高标准的优化要求，要获得更高级别的认证等级，必须满足一定数量的优选项。

4. 认证类别

根据项目的类型选择相应的认证类别是进行 WELL 认证的第一步。WELL 建筑标准 1.0 对 3 种项目类型进行认证。

（1）新建及既有建筑（New and Existing Buildings）：适用于所有新建建筑以及既有建筑的大型改造，包括全面的建筑结构与运行方式的重大变更。

（2）新建及既有室内（New and Existing Interiors）：适用于商业室内项目、未完全占据主体建筑的办公空间，以及未进行整体大规模改造的既有建筑。

（3）核心与外壳（Core and Shell）：适用于为了满足未来租户需要而进行的建筑基础结构，包括建筑结构、窗口位置和玻璃、供暖与制冷、通风系统以及水质等内容。

5. 认证等级

与 LEED 认证等级类似，WELL 认证同样采用评分制进行等级认证。根据满足先决条件与优选项的情况，对 7 大类的条款分别评分。满足所有先决条件得 5 分，满足所有先决条件与优选项得 10 分，介于二者之间的情况则根据满足优选项的数量进行折算。根据项目的健康得分（Wellness Score）获得相应认证等级。得分为 5～6 分获得银级认证，得分为 7～8 分获得金级认证，得分为 9～10 分获得铂金级认证。

6. 认证流程

一个 WELL 项目认证的主要流程分为项目注册、文件准备、性能验证（Performance Verification）、项目认证和再认证。

2.3　英国室内健康环境评价标准

2.3.1　HHSRS

英国的室内健康环境评价标准（Housing Fitness Regime，HFR）从 1985 年开始实施，主要内容涉及室内环境质量，室内潜在伤害威胁（如跌落、烫伤）等。2001 年，英国政府又颁布了健康住宅标准（Decent Homes Standard，DHS），该标准提出了健康住宅的基本定义，指出英国将在 2010 年底实现住宅 100％满足健康住宅的相关要求。

2006 年，英国颁布了住房健康与安全评价体系（Housing Health and Safety Rating System，HHSRS），用于替代已经不能满足社会发展的 HFR 标准。HHSRS 标准是基于风险评价工具的评价体系，用于帮助地方政府部门应对住宅建筑潜在的健康威胁。

HHSRS 体系对 29 种房屋潜在健康或安全威胁进行调研，并对每种威胁进行权重评价，用于帮助确定该方面是否存在严重的隐患[11~15]，HHSRS 评价体系主要内容如表 2-4 所示。

HHSRS 评价体系主要内容　　　　　　　　　　　　表 2-4

评价内容	具体内容
生理需要	热湿环境、潮湿和霉菌生长、过冷、过热
污染物	石棉、农药、一氧化碳及燃烧产物
心理需要	空间感、安全感、噪声、空间拥挤程度、可能的闯入性、照明、噪声
传染病防护	卫生设备、水流供给、室内卫生虫害及垃圾情况、食物安全、供水系统、个人卫生及排水系统
意外事故防护	浴室跌落、水平表面跌落、楼梯跌落、楼梯间跌落、电源使用安全、防火、明火及高温表面、碰撞、爆炸、设备可操作性及位置、结构倒塌和坠落

HHSRS 评价对安排调研人员提前与房主（或租住人员）预约时间，前往房屋所在地进行现场评测和主观问卷调研。通过数据收集系统对每种危害进行权重分析，对引起危害或潜在威胁的原因进行分析，进而对危害程度进行评分，最终得到房屋的评分的风险等级水平。

对于 29 个方面可能存在的威胁中，评价权重基于表 2-5 所示。级别越低，危害越大，权重也就越高。每个等级的得分 W 不同，如第一级的得分为 10000，而第二级为 1000。算出每一级别事件发生的可能性 $1/L$ 和传播率 O，三者相乘即可得出每一级别得分，四个等级的分数相加即是这一危害的危险分数 HS，不同影响方面的最终危害评分相加即为该建筑整体的最终评分。

住宅对人员危害权重水平　　　　　　　　　　　　表 2-5

级别	范　　例	权重
1	死亡,肺癌,长期严重的肺炎,永久失去意识,80％烧伤等	10000
2	哮喘,非恶性呼吸病,铅中毒,军团病等	1000
3	眼部疾病,鼻炎,睡眠障碍,病态建筑综合征,持续的皮炎,过敏症,腹泻等	300
4	偶尔的严重不适,偶然的轻度肺炎,经常严重的咳嗽和感冒等	10

危害评分计算公式如下：

$$S_1 = W \times O/L \tag{2-1}$$

$$HS = \Sigma S \tag{2-2}$$

在 HHSRS 中，与室内环境相关的主要包括热湿环境、潮湿和霉菌生长、过冷、过热、石棉、农药、一氧化碳及燃烧产物、铅、辐射、未燃烧的可燃气体、VOC 等方面的内容，用 HHSRS 评价方法进行评判，从而得到健康室内环境评价标准。HHSRS 的评价体系充分考虑了各种影响住宅健康和安全的因素，并且这种以权重为基础的分级方式使发生概率高但危险低的事件可以与发生概率低但危险高的事件进行比较，也可以让长期存在缓慢影响的危险与短期迅速发生的危险进行比较，让引起身体损伤与引起疾病的事件进行比较。该评价体系还考虑了最易受危害人群、居住者的生活习惯、社区的环境等，这些因素对我国健康住宅的研究具有一定的借鉴意义。

2.3.2 BREEAM

英国建筑研究院环境评价方法（Building Research Establishment Environmental Assessment Method，BREEAM）被称为英国建筑研究院绿色建筑评估体系。该评价方法始创于 1990 年，是世界上第一个也是全球最广泛使用的绿色建筑评估方法。美国的 LEED 标准创立于 1998 年，是在 BREEAM 的基础上进行开发的。因为该评估体系采取"因地制宜、平衡效益"的核心理念，也使它成为全球唯一兼具"国际化"和"本地化"特色的绿色建筑评估体系。在全世界，有超过 11 万幢建筑完成了 BREEAM 认证，另有超过 50 万幢建筑已申请了认证。目前，BREEAM 按照各地的项目具体情况来制定标准体系，在英国主要包括 6 大认证体系：

（1）BREEAM NEW Construction—新建建筑；

（2）BREEAM Communities—社区建筑；

（3）BREEAM NEW In-Use—运行建筑；

（4）BREEAM Refurbishment—旧建筑改造；

（5）EcoHomes—生态住宅；

（6）Code for Sustainable Homes 可持续住宅。

BREEAM 体系下的绿色建筑评估主要包括 9 个方面内容，分别是：1）管理；2）健康与舒适；3）能源；4）交通；5）水；6）材料；7）土地利用与生态；8）垃圾；9）污染。其中，室内环境质量是健康与舒适重要内容，包括室内空气质量、热舒适度、光环境和声环境等方面。室内空气质量评价包括提供充足的通风保证室内空气质量，尽量采用自然通风策略，使用合格的绿建材料减少挥发性有机化合物的散发，以及对微生物污染的控制，尤其是通过水媒传播的病毒、细菌等；热舒适则是使用符合要求的模拟软件通过对建筑热湿环境仿真模拟，预测室内热湿环境是否满足设计和标准，还包括对室内热湿环境的区域控制和扩大室内人员的视野；从自然采光到电灯照明，从眩光的控制到建筑内外照度的控制，光环境在此标准中占了很大比例，而且对照明的要求也特别高。声环境则要求室内声环境在合适的范围。具体内容如表 2-6 所示。

所有关于申请 BREEAM 绿色建筑项目的评估须由至少两位经过 BREEAM 专门培训的、持有 BREEAM 执照的 BREEAM 注册评估师操作完成。评估师将在评估结束后出具评估报告，详细指出项目中每一部分的表现和存在的问题，并根据总体表现打分和评级。评估完成后，委托人将收到经认证的 BREEAM 评级报告。评估师越早参与到设计的流程中，就越容易通过经济有效的方式获得更高的评级。积分结果分为 5 个等级，分别是：

（1）通过（pass）≥30%；

（2）良好（Good）≥45%；

（3）优秀（Very Good）≥55%；

（4）优异（Excellent）≥70%；

（5）杰出（Outstanding）≥85%。

BREEAM 中室内环境质量评价指标　　　　表 2-6

条　目		主要内容
室内空气品质	室内通风性能	自然通风； 新风口与室外污染源最小距离； 最小新风量
	化学污染	VOC 的挥发性
	微生物污染	霉菌的控制； 水体质量
热湿环境		热湿参数设计管理计划； 室内热湿环境的控制
光环境		自然采光系数； 人工照明质量； 照明的控制； 炫光控制
声环境		室内噪声水平； 噪声性能
其他		室外视野

2.4　德国室内健康环境评价标准

目前，德国最通用的健康住宅规范为 SBM-2008，自 1999 年以来，委员组成员不断更新规范，并指导制定了指导方针与特定的测量方法草案。建筑生物评价指导方针是基于预警原则制定的，特别是为了睡眠区所遭受的长期风险，依照本指导方针提供的建筑生物测试方法，可以尽可能地确认、最小化、避免环境中的风险因子，创造免于暴露于风险下的室内健康环境[16~20]。

2.4.1　睡眠区建筑生物调查方法规范 SBM-2008 评价判定内容

SBM-2008 评价判定分为 4 个等级，分别为：安全、轻微、严重、极严重。下面对四个等级进行简单界定。

（1）安全：这个类型提供最高等级的预防。它反映了自然条件，或现代生活环境中的一般背景值。

（2）轻微：作为预防，尤其是对病患来讲，需要时的补救方法。

（3）严重：从建筑生物学的观点来看，这类型的数值无法被接受，需要行动来改善。补救计划需要立即实施。科学家指出，此类型的参考范围内，污染物将对人体健康有所影响。

（4）极严重：这些数值需要立即有效的改善方案，此类型代表已经达到国际上关于公共暴露量源的标准及建议值，甚至是超过的量。

SBM-2008评价方法设计的评价指标包括以下几种：

1. 场、波、辐射

（1）交流电场；

（2）交流磁场；

（3）无线电频辐射；

（4）直流电场；

（5）直流磁场；

（6）放射线；

（7）地质扰动；

（8）声音与扰动。

2. 室内毒素、污染源、室内气候

（1）甲醛与其他有毒气体：甲醛、臭氧、氯、都市及工厂废气、天然瓦斯、一氧化碳、二氧化氮与其他燃烧所产生的有毒气体。

（2）溶剂与其他挥发性有机化合物（VOC）：丙烯酸酯类、乙醛、脂肪、烷烃、烯属烃、醇、胺、环烷、酯、乙醚、乙二醇、卤素、碳氢化合物、异氰酸盐酯、酮、甲酚、酚、矽氧烷、烯、其他芳香族或有机化合物（VOC）所产生挥发性有机化合物。

（3）杀虫剂与其他挥发性的有机化合物（SVOC）：抗生素、杀虫剂、杀真菌剂、木制保护剂、防虫菊粉、防染剂、塑化剂、多氯联苯等半挥发性有机化合物。

（4）粒子与纤维：细微物质、奈米粒子、石棉、无机纤维。

（5）室内气候：温度、湿度、二氧化碳、空气离子、空气循环、气味、空气交换率、空气静电等。

3. 真菌、细菌、过敏源

（1）真菌与其孢子、代谢物；

（2）酵母与其代谢物；

（3）细菌与其代谢物。

2.4.2 睡眠区建筑生物调查方法规范SBM-2008评价标准

下面对室内毒素、污染源、室内气候类，真菌、细菌、过敏源类的评价标准进行具体介绍。

1. 室内毒素、污染源、室内气候

（1）甲醛与其他有毒气体

甲醛与其他有毒气体评价标准具体数值见表2-7。

甲醛与其他有毒气体评价表 表 2-7

评价指标	安全	轻微	严重	极严重
甲醛（$\mu g/m^3$）	<20	20~50	50~100	>100

世界卫生组织的要求是小于 $100\mu g/m^3$；德国工业标准为 $25\mu g/m^3$；对黏膜及眼睛产生刺激的阈值是 $50\mu g/m^3$；气味检测阈值：$60\mu g/m^3$；对生命产生即时危害：$30000\mu g/m^3$。

（2）溶剂与其他挥发性的有机化合物（VOC）

溶剂与其他挥发性的有机化合物（VOC）评价标准具体数值见表 2-8。

溶剂与其他挥发性的有机化合物评价表 表 2-8

评价指标	安全	轻微	严重	极严重
VOC（$\mu g/m^3$）	<100	100~300	300~1000	>1000

这些数值用于室内所有挥发性的有机化合物综合值。引起过敏症的、刺激性的、或刺鼻性的个别物质或组合类别，应更严谨地评价，尤其是有害物质或致癌的空气污染物。

（3）粒子与纤维

粒子物质、纤维或微粒的室内浓度，应低于一般值与未受污染的室外浓度。曾经颁布实施的石棉标准见表 2-9，目前规定石棉则不应该存在于室内空气中。

石棉评价表 表 2-9

评价指标	安全	轻微	严重	极严重
石棉/m^3	<100	100~200	200~500	>500

（4）杀虫剂与其他挥发性的有机化合物（SVOC）

杀虫剂与其他挥发性的有机化合物（SVOC）评价标准见表 2-10。

杀虫剂与其他挥发性的有机化合物评价表 表 2-10

评价指标	载体	单位	睡眠区的建筑生物评价指导方针 SBM-2008			
			安全	轻微	严重	极严重
杀虫剂	空气	ng/m³	<5	5~25	25~100	>100
例：五氯酚、林丹、防蛀剂	木材、织品	mg/kg	<1	1~10	10~100	>100
镇静剂、DDT	灰尘	mg/kg	<0.5	0.5~2	2~10	>10
Dichlofluanid 等	与皮肤接触织品	mg/kg	<0.5	0.5~2	2~10	>10
多氯联苯	微粒	mg/kg	<0.5	0.5~2	2~5	>5
含氯耐燃剂	微粒	mg/kg	<0.5	0.5~2	2~10	>10
非卤素耐燃剂	微粒	mg/kg	<5	5~50	50~200	>200
PAH	微粒	mg/kg	<0.5	0.5~2	2~20	>20
塑化剂	微粒	mg/kg	<100	100~250	250~1000	>1000

（5）室内气候

室内气候评价标准具体数值见表2-11。

室内气候评价表 表 2-11

评价指标	安全	轻微	严重	极严重
相对湿度（%）	40～60	<40 或>60	<30 或>70	<20 或>80
二氧化碳（ppm）	<600	600～1000	1000～1500	>1500
微小空气离子（个/cm³）	>500	200～500	100～200	<100
气体静电（V/m）	<100	100～500	500～2000	>2000

2. 真菌、细菌、过敏源

室内空气的真菌孢子数应低于周围的室外环境或是对照组中未受污染的房间。室内环境的孢子类型应与周围或未受污染的房间接近。不应存在危害性极大的孢子。真菌与其孢子、代谢物评价标准具体数值见表2-12。

真菌与其孢子、代谢物评价表 表 2-12

评价指标	安全	轻微	严重	极严重
孢子菌落 CFU（m³）	<200	200～500	500～1000	>1000
二氧化碳（ppm）	<600	600～1000	1000～1500	>1500
微小空气离子（个/cm³）	>500	200～500	100～200	<100
气体静电（V/m）	<100	100～500	500～2000	>2000

3. 酵母与其代谢物

在室内空气、表面、厕所、卧室、厨房及食物储存室，酵母不应被检出，即使有也应最小化。

4. 细菌与其代谢物

室内空气的细菌值应低于周遭的室外环境或是对照组中未受污染的房间。在室内空气、表面、厕所、卧室、厨房及食物储存室，酵母不应被检出，即使有也应最小化。

2.5 日本室内健康环境评价标准

基于日本出生率下降和老龄化社会到来的现实，为进一步提高环境制约能力，满足人们生活多样化需求问题，让每一个公民都可以活得健康，使国民真正体会到富裕的社会，日本积极促进健康住宅开发，并开展健康住宅项目研究。2001年，由日本学术界、企业家、政府三方面联合组成"建筑综合环境评价委员会"，并联合研究开发了建筑物综合环境性能评价体系（Comprehensive Assessment System for Built Environment Efficiency，CASBEE）。

日本建筑物综合环境性能评价体系（CASBEE）是以节能、节资、循环利用等减少环境负荷为基础，并考虑室内的舒适性等环境品质方面来综合评价建筑物环境性能的评价体系。该体系以各种不同用途、规模的建筑物作为评价对象，从"环境效率"定义出发进行评价，评价建筑物在限定的环境性能下通过某种措施降低环境负荷的效果[21]。

CASBEE 住宅评价体系把住宅综合环境性能分为住宅自身的环境品质 Q（Quality）和住宅外部的环境负荷 L（Load）。Q 与 L 分别由从三个方面来具体评价，其中 Q 的三个方面分别是：Q1—室内环境；Q2—服务性能；Q3—室外环境。用 LR 表示环境负荷降低程度，LR 的三个方面包括：LR1—能源；LR2—资源、材料；LR3—建筑用地外环境，LR 值越高越好[19,20]。CASBEE 住宅评价体系室内环境评价内容如表 2-13 所示[22,23]。

室内环境评价内容　　　　　　　　　　　　　　　　表 2-13

Q1 室内环境	声环境	1.1 噪声
		1.2 隔声
		1.3 吸声
	热环境	2.1 室温控制
		2.2 湿度控制
		2.3 空调方式
	光环境	3.1 自然光利用
		3.2 眩光利用
		3.3 照度
		3.4 照明控制
	室内空气品质	4.1 污染源对策
		4.2 新风
		4.3 运行管理

声环境：对于室内舒适性、工作方便性有关的背景噪声水平进行评价，同时还需评价空调等设备的噪声对策、防止噪声进入居室的隔声措施以及降低室内噪声等级的吸声措施。

热环境：室内温度、湿度的设定，对控制与维持管理方式及与这些因素有关的空调设备与系统进行评价。

光环境：对如何利用建筑开口及设备进行高效采光、防止炫光，如何根据桌面照度进行照明控制等进行评价。

室内空气品质：对确保室内空气品质的材料选定、通风换气方法、施工方法进行评价。评价项目包括避免污染源物质产生的"污染源对策"以及去除污染物为目的的"通风换气"和"运行管理"3 部分。

CASBEE 体系根据不同的建筑类型及建筑的不同时期设定相应的评分标准，是建筑物环境效率的综合评价工具。以下列举 CASBEE 体系中室内健康环境的几个评价标准：

1. 背景噪声

对因空调噪声及外部交通噪声引起的室内噪声状况进行评价，对于不同的建筑，评价标准不同，同时对应不同声压级给予不同评价，见表 2-14。

噪声评价表 表 2-14

用途	医院	宾馆	住宿	备注
评分 1	50＜背景噪声	45＜背景噪声	45＜背景噪声	
评分 2	47＜背景噪声≤50	42＜背景噪声≤45	42＜背景噪声≤45	单位 dB(A)
评分 3	43＜背景噪声≤47	38＜背景噪声≤42	38＜背景噪声≤42	技术设计与竣工
评分 4	40＜背景噪声≤43	35＜背景噪声≤38	35＜背景噪声≤38	阶段标准
评分 5	背景噪声≤40	背景噪声≤35	背景噪声≤35	

2. 热环境-室温控制评分标准

评价室温设定制的评价指标,采用最具代表性的热环境指标——设定温度来大致评定热环境质量,见表 2-15～表 2-17。

热环境评价表 1 表 2-15

用途	办公室、医院、宾馆
评分 1	设定冬季 20℃,夏季 28℃,需要使用者忍耐
评分 2	—
评分 3	一般设定冬季 22℃,夏季 26℃
评分 4	—
评分 5	参考 ASHRAE 舒适区 POEM-O,设定冬季 22～24℃,夏季 24～26℃ 的范围

热环境评价表 2 表 2-16

用途	学校
评分 1	设定冬季 10℃,夏季 30℃,需要使用者忍耐
评分 2	—
评分 3	一般设定冬季 18～20℃,夏季 25～28℃
评分 4	—
评分 5	参考 ASHRAE 舒适区 POEM-O,设定冬季 22～24℃,夏季 24～26℃ 的范围

热环境评价表 3 表 2-17

用途	商店、餐厅、会议室
评分 1	设定冬季 18℃,夏季 28℃,需要使用者忍耐
评分 2	—
评分 3	一般设定冬季 20℃,夏季 26℃
评分 4	—
评分 5	参考 ASHRAE 舒适区 POEM-O,设定冬季 22～24℃,夏季 24～26℃ 的范围

3. 恶臭评分标准

恶臭评分标准见表 2-18 和表 2-19。

恶臭评价表 1 表 2-18

办公楼、学校、商场、餐厅、会馆评价内容	性能优劣程度	
	有	无
(1)考虑可能成为恶臭发生源的设备的位置,或考虑恶臭发生源的排气口、换气口和开口位置	2	0

续表

办公楼、学校、商场、餐厅、会馆评价内容	性能优劣程度		
	有		无
(2)设置除臭、减臭装置	2		0
(3)对运营过程产生的垃圾散发的恶臭采取了控制措施	2		0
(4)其他	2	1	0
小计	分数		
②最高分数	①总分数	分数	
③得分率(①/②)			

恶臭评价表 2 表 2-19

医院、宾馆、住宅评价内容	性能优劣程度		
	大	小	无
(1)对垃圾散发的恶臭采取了控制措施	2	1	0
(2)其他	2	1	0
小计	分数		
②最高分数	①总分数	分数	
③得分率(①/②)			

对于较为模糊的恶臭、振动等设置了自己的考核标准,见表 2-20。

恶臭评价表 4 表 2-20

用途	办公室、学校、商店、餐厅、会议室、宾馆、医院、住宅
评分 1	评价内容的得分率:0<得分率<0.2
评分 2	评价内容的得分率:0.2≤得分率<0.4
评分 3	评价内容的得分率:0.4≤得分率<0.6
评分 4	评价内容的得分率:0.6≤得分率<0.8
评分 5	评价内容的得分率:0.8≤得分率<1.0

CASBEE 采用 5 分评价制,满足最低要求的评为 1,达到一般水平评为 3[24]。并且根据指标不同的重要性,体系设计者制定了相应的权重系数,参评项目 Q 或 LR 最终得分 S_Q 或 S_{LR} 为各子项得分乘以其对应权重系数的结果之和。

CASBEE 将 Q 和 L 的比值作为评价指标定义为环境效率(Buliding Environmental Efficiency,BEE),定义式如下:

$$BEE = Q/L \tag{2-3}$$

BEE 等级表见表 2-21,并且 CASBEE 可以将各项的得分标在柱状(图 2-2)和雷达图中(图 2-3)。在雷达图中,将各项得分标注在相应坐标轴中,连成多边形,根据多边形的形状很容易看出各大项的优劣性均衡与否。而 BEE 值则可在以环境负荷 L、环境品质 Q 为 x、y 轴的二元坐标系中表现出来(图 2-4),并可根据其所处位置评判出该建筑物的可持续性:优秀(Exeellent)、很好(Very Good)、好(Good)、略差(Slightly poor)、差(Poor)[25~30]。

BEE 值等级   表 2-21

等级	评语	BEE 等级	图标
S	优秀（Exeellent）	$BEE \geqslant 3.0, Q \geqslant 50$	★★★★★
A	很好（Very Good）	$3.0 > BEE \geqslant 1.5$	★★★★
B$^+$	好（Good）	$1.5 > BEE \geqslant 1.0$	★★★
B$^-$	略差（Slightly poor）	$1.0 > BEE \geqslant 0.5$	★★
C	差（poor）	$BEE < 0.5$	★

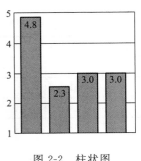

图 2-2　柱状图

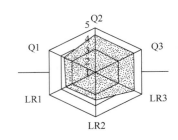

图 2-3　雷达图

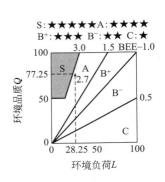

图 2-4　BEE 值分布图

日本 CASBEE 对建筑的全生命周期各阶段都做了评价，且在不同的阶段其评价标准值是不同的，不同功能的建筑标准值也是不同的，对建筑加以综合考虑，考虑到各项的影响权重值不同，在实际计算中多重加权计算。由此可见，日本 CASBEE 在健康建筑评价方面具有其创新与独到之处，对我国室内健康环境评价体系研究具有重要的参考价值。

2.6　芬兰健康室内环境质量评价标准

1995 年，芬兰室内空气质量与气候协会（The Finnish Society of Indoor Air Quality and Climate，FiSIAQ）发布了室内气候、建筑以及装饰材料分类标准（The Classification of Indoor Climate，Construction，and Finishing Materials）。2001 年，FiSIAQ 对标准又进行了修改。该标准旨在为建筑设计、施工与设备安装提供参考依据，综合考虑了建筑建造方式、供暖、通风与空调、装饰装修材料等因素，同时也鼓励设备与材料供应商采用低挥发性建筑产品。

1. 评价标准基本结构

对芬兰而言，最重要的标准是由国家颁布的建筑规范，规范明确指出强制性的要求，并且给出具体的操作程序。并且，各种非政府组织机构发布相应信息，以对建筑规范进行补充说明。这些非政府组织机构颁布的相关标准不具有强制性，一般只涉及建筑设计与施工阶段。室内气候、建筑以及装饰材料分类标准是在芬兰室内空气质量与气候协会主导下制定的推荐性标准，主要包括室内空气质量与气候目标值、设计与建造说明、建筑产品要求、建筑与施工、HVAC 系统、建筑材料分类与通风系统分类，基本框架如图 2-5 所示。

该标准旨在优化建筑全生命周期各个阶段，以确保室内具有良好的空气环境、热环境等。

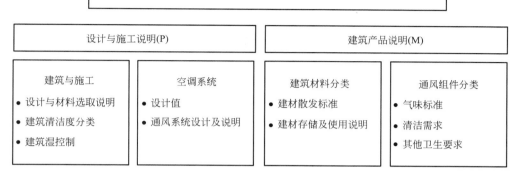

图 2-5　室内环境质量框图

2. 评价标准的实际应用

自 1995 开始，一些实际工程开始采用室内气候、建筑以及装饰材料分类标准作为建筑评价标准，特别是该标准的第一部分（室内空气质量与气候目标值）更是被多个建筑工程作为参考依据。另外，一项来自于 1997 年的调查也表明该标准已被众多建筑设计者熟知。2001 年，Tuomainen 等人对该标准使用情况进行了评估。研究结果表明，相对于使用传统建筑标准建造的建筑，使用室内气候、建筑以及装饰材料分类标准的建筑室内环境质量更为优越。

3. 室内环境质量分类

室内环境质量主要分为 3 类：S1、S2 与 S3。其中 S1 对应于最佳的室内环境质量，意味着高满意率与较小的健康风险。例如，对室内温度而言，S1 对应的室温满意率高达 90％。而 S3 对应的室内环境质量仅仅满足国家颁布的基本建筑规范。

（1）S1：最佳的室内环境质量

该室内环境下室内空气品质最佳，并且不论是夏季还是冬季，室内热舒适均保持在良好的状态。通过建筑通风系统调节，建筑使用者可以自主调节热湿环境与室内空气品质。同时，室内环境也满足特殊人群需求（例如老年人、哮喘及呼吸道疾病人群等）。

（2）S2：良好的室内环境质量

该环境下室内空气质量处于良好状态，且无吹风感。但是在夏季最炎热的时间段，室内温度高于热舒适温度。

（3）S3：一般的室内环境质量

该室内环境中室内空气品质与热环境满足国家建筑规范。居住者在该环境下可能感到室内闷热，特别是在夏季炎热时间段，室内温度高于舒适温度。

建筑设计者可以根据具体要求，选择使用具体的目标值。

4. 室内环境目标值

标准中的 S3 级别参考依据主要来自健康保护法令（Health Protection Act，1994）与土地使用与建筑法令（Land Use and Building Act，1999）。根据目前文献回顾，可知当通风系统处于正常状态、不存在特殊污染源时，S3 级别中目标值不会引起人员健康损害。

在 1995 年颁布的标准中，热舒适的目标值是非常严格的，特别是对于 S1 级别中室内风速（0.1m/s），后期实践中发现很难实现。因此，在后期标准修改中，采用了 CEN document 1752 作为热舒适目标值选择的依据，如表 2-22 所示。

室内热舒适目标值   表 2-22

类别	季节	单位	级别			备注
			S1	S2	S3	
室温	冬季	℃	21～22	20～22	20～23	
	夏季		23～24	23～26	22～27	
风速	冬季(20℃)	m/s	0.13	0.16	0.19	—
	冬季(21℃)		014	017	0.20	
	夏季(24℃)		0.20	0.25	0.30	

对于室内空气质量标准，在 1995 年版本中，S3 级别中甲醛与氨的标准是一样的，且高于社会事务与健康部的要求。后期的标准对它们进行了修订。根据建筑行业约定，室内甲醛、氨与 TVOC 浓度限值只局限于建筑本身产生的，不包括人员等其他污染源产生的。并且，通过实践发现，尤其对于办公建筑，室内 CO_2 浓度限值过于严格，如表 2-23 所示。

室内空气品质目标值   表 2-23

名称	单位	等级		
		S1	S2	S3
氡	Bq/m³	100	100	200
CO_2	ppm	700	900	1200
	mg/m³	1300	1650	2200
氨	μg/m³	30	30	40
甲醛	μg/m³	30	50	100
TVOC	μg/m³	200	300	600
CO	mg/m³	2	3	8
O_3	μg/m³	20	50	80
气味强度	—	3	4	5
PM10	μg/m³	20	40	50

2.7 我国绿色建筑评价标准

从 20 世纪 90 年代开始，绿色建筑概念开始引入我国。为推进绿色建筑的发展，近几年我国相关部门出台了一系列相关办法和规范性文件。2001 年 5 月，由原建设部住宅产业化促进中心牵头管理绿色生态住宅小区的开发建设，发布了《绿色生态住宅小区建设要点与技术导则（试行）》，同时《中国生态住宅技术评估手册》、《商品住宅性能评定方法和指标体系》和《上海市生态住宅小区技术实施细则》、《绿色奥运建筑评估体系》也陆续推出。2006 年 6 月 1 日我国开始施行《绿色建筑评价标准》GB/T 50378-2006，2007 年 11 月 15 日，《绿色建筑评价标准细则》发布，标志着我国的绿色建筑评价进入了一个崭新的阶段。

《绿色建筑评价标准》用于评价住宅建筑和办公建筑、商场、宾馆等公共建筑。其评价体系由节地与室外环境、节能与能源利用、节水与水资源利用、节材与材料资源利用、室内环境质量和运营管理 6 类指标组成。各大指标中的具体指标分为控制项、一般项和优选项 3 类。其中，控制项为绿色建筑的必备条款，优选项主要指实现难度较大、指标要求较高的项目。按满足一般项和优选项的程度，绿色建筑划分为一级、二级和三级。室内环境质量评分项共 13 项，控制项共 7 项，为条文数量最多指标。而在设计阶段，室内环境质量评分权重在所有指标类别中排位第二，仅次于节能与能源利用指标。因此，室内环境质量已成为《绿色建筑评价标准》中较为重要的内容。

室内环境质量包括声环境、光环境、热环境和空气品质四个部分，具体内容如表 2-24 所示。从表中可以看出，室内空气品质部分条文分配值最高，其次为室内光环境与视野，然后为室内声环境，室内热湿环境最低。对于声环境评价，围护结构的隔声性能是重要措施，同时补充了排水噪声、专项声学设计的评价。对于室内光环境与视野评价，应重视天然采光质量，兼顾视野，重视采光空间和采光效率的综合提升。对于室内热湿环境评价，注重与节能的衔接，重视个性化被动调控手段和主动式供暖空调措施。对于室内空气质量，关注自然通风效果、气流组织、污染物监测与控制措施。

绿色建筑评价标准中室内环境质量各类技术指标及评分值　　　　　　表 2-24

条目	主要内容	评分值	总评分所占比例
室内声环境	1. 主要功能房间室内噪声级	6 分	22%
	2. 主要功能房间隔声性能	9 分	
	3. 采取减少噪声干扰的措施	4 分	
	4. 重要房间的专项声学设计	3 分	
室内光环境与视野	1. 主要功能房间良好户外视野	3 分	25%
	2. 主要功能房间采光系数	8 分	
	3. 改善室内天然采光效果	14 分	
室内热湿环境	1. 采取可调节遮阳措施	12 分	20%
	2. 供暖空调末端现场独立调节	8 分	
室内空气质量	1. 改善自然通风效果	13 分	33%
	2. 气流组织合理	7 分	
	3. 室内空气质量监控系统	8 分	
	4. 地下车库一氧化碳浓度监测	5 分	

本章参考文献

[1] Klepeis N E，Nelson W C，et al. The national human activity pattern survey（NHAPS）：a resource for assessing exposure to evironmental pollutions. Journal of Exposure Analysis and Environmental Epidemiology，2001，11：231-252.

[2] 世界卫生组织如何定义"健康住宅". 新华网 . http：//news. xinhuanet. com/house/2003-04/15/con-
tent＿833056. htm，2003.

[3] 李培祥 . 世界卫生组织定义：健康住宅的十五大标准 . 中国社会医学杂志，2006，23（1）：18.

[4] Healthy Housing Reference Manual，2006.

[5] Ehlers V E，Steel E W. Municipal and rural sanitation. Sixth edition. New York：McGraw-Hill Book
Company，1965.

[6] National Institute on Aging. Hyperthermia—too hot for your health，fact sheet health information.
Bethesda，MD：US Department of Health and Human Services. http：//www. niapublications. org/
engagepages/ hyperther. asp.

[7] US Environmental Protection Agency. Information on levels of environmental noise requisite to protect
public health and welfare with an adequate margin of safety. Washington，DC：US Environmental
Protection Agency，1974.

[8] Public Health，England and Wales. The Household Appliances（Noise Emission）Regulations 1990.
London：Her Majesty' s Stationery Office，1990.

[9] Home Safety Council. The state of home safety in America—executive summary. Washington，DC：
The Home Safety Council，2002.

[10] Nonfire carbon monoxide deaths：2001 annual estimate. Washington. DC：US Consumer Product Safety
Commission，2004.

[11] 李宝鑫 . LEED 与天津市绿色建筑评价标准对室内环境要求的对比分析 . 中华建设科技，2014，4：
209-211.

[12] 刘博宇，张强 . 连接建筑与健康的桥梁——美国 WELL 建筑标准简介 . 动感：生态城市与绿色建
筑，2016，2：14-19.

[13] Chen C M，Mielck A，et al. Social factors，allergen，endotoxin，and dust mass inmattress. Indoor
Air 2007，17：384-393.

[14] Housing and health. Local Authorities，health and environment briefing pamphlet series 41. Copen-
hagen，WHO Regional Office for Europe，2004.

[15] Housing statistics in the European Union 2004. National Board of Housing Sweden and Ministry of
Regional development of the Czech Republic.

[16] Living conditions in Europe. Statistical Pocketbook 2003，Eurostat.

[17] Housing health and safety rating system，2004.

[18] Housing and health regulations in Europe，2006.

[19] 朱荣鑫，王清勤，李楠，叶凌 . 国外典型绿色办公建筑评价标准中室内环境指标设置及比较 . 第
九届国际绿色建筑与建筑节能大会论文集，2013.

[20] Babisch W，Kamp I. Exposure-response relationship of the association between aircraft noise and the
risk of hypertension. Noise Health，2006，11：61-168.

[21] Ashmore M R，Dimitroulopoulou C，et al. Personal exposure of children to air pollution. Atm. En-
vironment，2009，43：128-141.

[22] Bernard A，Carbonnelle S，et al. Chlorinated pool attendance，atopy，and the risk of asthma during
childhood. Environment Health Perspect，2006，114：1567-1573.

[23] Bougault V，Turmel J，et al. The respiratory health of swimmers. Sports Med，2009，39：295-312.

[24] Berglund，B，Lindvall，T，Schwela，D H. Guidelines for community noise. World Health Organi-
zation-WHO，1999.

[25] 张晟 . 德国集合住宅研究 . 天津：天津大学，2007.

[26]　计永毅，张寅. 可持续建筑的评价工具-CASBEE 及其应用分析. 建筑节能，2011，39（6）：62-70.

[27]　村上周三. CASBEE・すまいの開発とサステナブル建築の推進. 住宅，2008，1：8-10.

[28]　清家剛，秋元孝之. CASBEE--すまい（戸建）の概要. 住宅，2008，1：16-19.

[29]　三井所清史. CASBEE———すまい（戸建）におけるケ-ススタディ. 住宅，2008，1：24-26.

[30]　CASBEEの 概要. http://www. ibec. or. jp/CASBEE/about _ cas. htm.

[31]　日本可持续建筑学会著. 建筑物综合环境性能评级体系-绿色设计工具. 石文星译. 北京：中国建筑工业出版社，2005.

[32]　伊香贺俊治著. 建筑物环埂效率综合评价体系 CASBEE 最新进展. 彭渤，崔维霖译. 生态城市与绿色建筑，2010，3：20-23.

[33]　张志勇，姜涌. 从生态设计的角度解读绿色建筑评价体系———以 CASBEE、LEED、GOBAS 为例. 重庆建筑大学学报，2006，28（4）：29-33.

[34]　林波荣. 绿色建筑评价标准——室内环境质量. 建设科技，2015，4：30-33.

第3章　中医整体观念与室内环境

3.1　中医整体观念的基本理论内涵概述

中医药学是我国人民在同疾病作斗争的长期医疗实践中，逐步形成并发展成为具有独特理论体系的一门医学科学。它具有自身完整的理论体系，其丰富的理、法、方、药理论知识和临床经验，在疾病的预防和人类卫生保健事业中发挥了不可忽视的作用，在漫长的历史发展进程中一直有效地指导着临床实践，不仅得到了世界医学界的重视，而且也引起了其他学科领域的关注。

中医药学是世界医学科学的一个组成部分，与西方医学一样，同属于生命科学的范畴，同样承担着促进生命科学不断前进和创新的使命。中医药学独特的医学理论模式和临床诊疗特色所形成的医学理论体系，将不断为世界医学的发展和全人类的健康事业贡献自己的力量。

3.1.1　中医学的基本概念和学科属性

中医学是研究人体生理、病理以及疾病的诊断和防治等内容的一门科学，是世界医学科学的一个组成部分。

科学是关于自然、社会和思维的知识体系，是社会实践经验的总结，并能在社会实践中得到检验和发展的知识体系，是运用范畴、定理、定律等思维形式，反映现实世界各种现象的本质和规律的知识体系。医学科学是研究人类生命过程及其同疾病作斗争的一门科学体系，属于自然科学范畴。它的任务是：从人的整体性及其同外界环境的辩证关系出发，用实验研究、现场调查、临床观察等方法，不断总结经验，研究人类生命活动和外界环境的相互关系；研究人类疾病的发生、发展及其防治的规律，以及增进健康、延长寿命和提高劳动能力的有效措施。中医学是经过千百年临床应用发展起来的，集理、法、方、药理论知识为一体，强调临床实践为主，以研究人体生理、病理、疾病诊断和防治，以及养生康复等理论为主要内容，因此是具有明确的医学科学特性的知识体系。

医学科学主要的研究对象是人类自身生命的生存、繁衍和运动变化。人是社会性劳动的产物，它的生存离不开自然和社会两大环境，因此，它是具有自然属性和社会属性两大特性所构成的有机体而不同于其他生物。中医学在研究人类生命现象和疾病变化时，一个明显的特征是在关注有形之脏腑气血变化的同时，又重视人的社会属性，结合我国的人文社会科学的某些学术思想和人自身的思维、意识、精神情绪，阐述关于生命、健康、疾病等一系列的医学问题，形成了中医学独特的医学理论和医学理论体系。中医学按照研究内容、对象和方法，分为基础医学、临床医学和养生康复预防医学。

3.1.2　中医学的整体观念

所谓整体，即是指事物的统一性和完整性。整体观念源于古代唯物论和辩证法思想，中医学的整体观念，是其独特理论体系的一个基本特点，它是贯穿于中医学理论的核心。它对中医学生理、病理、诊法、辨证、治疗等各个方面知识体系的构成具有指导作用，有些认识直接融入中医学理论体系之中，并结合成为有机的组成部分。中医学整体观念突出之处就是重视人体本身的统一性、完整性，及其与自然界和社会的相互关联性。它认为人体是一个有机的整体，构成人体的各个组成部分之间，在结构上是不可分割的，在功能上是相互协调、相互为用的；在病理上是相互影响的。同时也认识到人体与自然环境、社会环境密切相关，人类在能动地适应自然和改造自然的斗争中，维持着机体的正常生命活动。这种内外环境的统一性和机体自身整体性的思想，就是中医学的整体观念。

1. 人体是一个有机的整体

这是说人体是由若干脏器和组织、器官所组成的有机整体。各个脏器、组织或器官，都有着各自不同的功能，这些不同的功能相互关联，不可分割，从而决定了机体的整体统一性。机体整体统一性的形成，是以五脏为中心，配以六腑，通过经络系统"内属于脏腑，外络于肢节"的联络作用，把五体、五官、九窍、四肢百骸等全身组织器官联结成一个有机的整体，并通过精、气、血、津液的作用，完成人体统一协调的功能活动来实现的。

在生理上，中医学在这一整体观念指导下，认为人体正常的生理活动既依靠各脏腑组织发挥自己的功能作用，又需要脏腑组织之间相辅相成的协同作用和相反相成的制约作用，才能维持其生理上的平衡。每个脏腑都有着各自不同的功能，但又是整体活动下的分工合作和有机配合，这就是人体局部与整体的统一。

在病理上，重视整体病理反应与局部病变的相关性。既重视局部病变与直接相关的脏腑、经络的关系，又不忽视病变的脏腑、经络对其他相关脏腑所产生的影响，这就是整体观在中医病机学中的具体反映。中医学认为人体某一局部的病理变化，往往与全身脏腑、气血、阴阳之盛衰有关。因而就决定了在诊治疾病时，可以通过五官、形体、色脉等外在的变化，来了解和判断其内脏的病变，从而做出正确的诊断和治疗。例如舌体通过经络可以直接或间接与五脏相通。故清代杨云峰《临证验舌法》一书说："查诸脏腑图，脾、肝、肺、肾无不系根于心。核诸经络，考手足阴阳，无脉不通于舌。则知经络脏腑之病，不独伤寒发热有胎（苔）可验，即凡内外杂证，也无一不呈其形、著其色于舌。据舌以分虚实，而虚实不爽焉；据舌以分阴阳，而阴阳不谬焉；据舌以分脏腑，配主方，而脏腑不差，主方不误焉。"由于人体内在脏腑的虚实、气血的盛衰、津液的盈亏，以及疾病的轻重顺逆，都可以呈现于舌象，所以观察舌象的变化，就可以测知内脏的功能状态。

在治疗上，正因为人体是一个有机的整体，所以治疗局部病变，就可以从整体出发，确立治疗的原则、方法和措施，以获取疗效。如心开窍于舌，心与小肠相表里，所以可用清心热泻小肠火的方法治疗口舌糜烂。其他如"以右治左，以左治右"（《素问·阴阳应象大论》），"病在上者下取之，病在下者高取之"（《灵枢·终始》）等，都是在整体观念指导下确定的治疗原则。

综上所述，中医学在阐述人体的生理功能、病理变化以及疾病的诊断和治疗时，都贯穿着"人体是一个有机的整体"这一"五脏一体"的基本学术观点。由此，中医学在对人体生理病理的研究中，将人体所有的器官形体组织及相关功能，以五脏为中心划分为五大功能活动系统，强调人体内部器官是一个相互关联、具有统一调节机制的有机整体。

2. 人与自然界的统一性

自然界存在着人类赖以生存的必要条件，它的变化可以直接或间接地影响人体，人体就会产生相应性反应，这是贯穿《黄帝内经》全书的一条红线，也称之为"天人相应"或"天人一体"。故《灵枢·邪客》说："人与天地相应也。"《灵枢·岁露》亦说："人与天地相参也，与日月相应也。"所谓"相应"、"相参"，即是指人体与自然界变化的相互适应，并形成一定的周期规律。一般来说属于生理范围内的，即是生理上的适应性调节；超越了生理范围的，即是病理性反应。

1）生理上的适应性

季节、气候对人体生理的影响：在一年四季气候的变化中，春属木，其气温；夏属火，其气热；长夏（农历六月）属土，其气湿；秋属金，其气燥；冬属水，其气寒。春温、夏热、长夏湿、秋燥、冬寒，是一年之中气候变化的一般规律。生物在这种气候变化的影响下，就会有春生、夏长、长夏化、秋收、冬藏等相应的适应性变化。如《灵枢·五癃津液别》说："天暑衣厚则腠理开，故汗出"，"天寒则腠理闭，气湿不行，水下留于膀胱，则为溺与气。"说明春夏季节，阳气发泄，气血容易趋向于体表，表现为皮肤松弛，疏泄多汗。机体通过出汗散热调节了自身的阴阳平衡。秋冬季节，阳气收敛，气血趋向于里，表现为皮肤致密，少汗多尿，既保证了人体水液代谢排出的正常，又使人体阳气不过分地向外耗散。人体在一年四季之中，随着自然界季节气候的变化，其阴阳气血亦进行着相应的生理性调节。再如，人体的脉象随着气候的变化，也同样有着四时适应性变化。如李时珍《四言举要》说："春弦，夏洪，秋毛，冬石，四季和缓，是谓平脉。"这是说春夏脉象多见浮大，秋冬脉象多见沉小，此种脉象的形成是四时气候更替影响下，通过气血所引起的适应性调节反映。这反映了人体气血的循环运行，与季节气候变化的寒热阴晴有关。故《素问·八正神明论》指出："天温日明，则人血淖液而卫气浮，故血易泻，气易行；天寒日阴，则人血凝泣而卫气沉。"即是说，气候温和，日光明亮，则人体的血液濡润流畅而卫气充盛外浮；如果气候寒冷，日光阴晦，则人体的血液就会滞涩不畅而卫气沉伏。

昼夜晨昏对人体生理的影响：中医学认为，人体的阴阳气血在每天的昼夜晨昏变化中，也有相应的调节规律。如《灵枢·顺气一日分为四时》说："以一日分为四时，朝则为春，日中为夏，日入为秋，夜半为冬。"《素问·生气通天论》说："故阳气者，一日而主外，平旦人气生，日中而阳气隆，日西而阳气已虚，气门乃闭。"气门，即汗孔，又称玄府，为人体出汗散热的主要途径。早晨阳气初生，中午阳气隆盛，因而人体的阳气白天运行于外，趋向于表，推动着人体的组织器官进行各种功能活动。至夜晚阳气内敛，便于人体休息，恢复精力，故中医学认为"阳入于阴则寐"是有一定道理的。昼夜的寒温变化，在幅度上没有四时季节那样明显，但昼夜阴阳的自然变化对人体生理活动的影响越来越受到医学界的关注。

地区方域对人体生理的影响：一般来说，人类的生存环境有地区气候、地理环境和生活习惯的差异，这也是直接影响人体生理功能的一个重要因素。如我国江南多湿热，人体腠理多疏松；北方多燥寒，人体腠理多致密。俗话说"一方水土养一方人"。有一部分人易地居住，自然生活环境突然改变，初期多有不适，俗称"水土不服"，经过一定时间才能逐渐适应。

2）病理上的相关性

自然环境除能直接影响人体生理之外，人体的发病也常常与自然环境变化存在同一性的相关变化。比如，四时气候的变化，是生物生、长、化、收、藏的重要条件之一，人类在漫长的进化过程中，已经形成了一整套适应性调节规律，一旦气候剧变，环境过于恶劣，超过了人体正常调节功能的限度，或者机体的调节功能失常，不能对反常的自然变化做出适应性的调节时，就会发生疾病。

在四时的气候变化中，每一个季节都有它不同的特点，因此，除发生一般性的疾病外，常常可以发生某些季节性的多发病，或时令性的流行病。如《素问·金匮真言论》说："春善病鼽衄，仲夏善病胸胁，长夏善病洞泄寒中，秋善病风疟，冬善病痹厥。"这是说春天多发作鼻塞或鼻出血之病；夏天多发作胸胁之病；长夏多发作里寒泄泻之病；秋天多发作风疟之病；冬天多发作痹病，多见四肢寒冷痹痛之病。这指出了季节不同，其发病也常不同这一特点。此外，某些慢性疾病，往往亦在气候剧变或季节交换之时发作或增剧，如痹病（包括风湿性或类风湿关节炎等）、哮喘等，即是如此。

在昼夜晨昏的变化中，对于疾病的发生发展亦有一定的影响。一般疾病，大多是白天病情较轻，夜晚较重，故《灵枢·顺气一日分为四时》说："夫百病者，多以旦慧昼安，夕加夜甚"，"朝则人气始生，病气衰，故旦慧；日中人气长，长则胜邪，故安；夕则人气始衰，邪气始生，故加；夜半人气入脏，邪气独居于身，故甚也。"所谓"人气"，即指阳气而言。正因为早晨、中午、黄昏、夜半人体的阳气存在着生、长、收、藏的周期规律，因而其病情亦随之有"旦慧昼安，夕加夜甚"的变化。

此外，某些与地理环境相关的地方性疾病，更是明证。如《素问·异法方宜论》说："南方者，天地所长养，阳之所盛处也，其地下，水土弱，雾露之所聚也。其民嗜酸而食胕（当腐字解），故其民皆致理而赤色，其病挛痹。"即是说南方地区，类似于自然界长养万物的夏季气候，是阳热旺盛之地。地势低洼，水土卑湿而弱，雾露多。该地区之人，喜食酸类及腐制食品，其人皮肤致密而稍赤，经常发生拘挛湿痹等病证。其他如东方、西方、中央及北方地区的气候差异及生活习惯等，与地方性疾病也有密切关系。

人与自然界存在着统一的整体关系，人体的生理病理受到自然界的制约和影响，所以对待疾病要因时、因地、因人制宜，就成为中医治疗学上的重要原则。中医学在辨证论治过程中，就十分注意把握人体外在环境与内在环境的整体有机联系，从而进行有效的治疗。《素问·五常政大论》就强调"必先岁气，无伐天和"，《素问·异法方宜论》说："医之治病也，一病而治各不同，皆愈何也……地势使然也。"就是人与自然界统一性在治疗上的体现。

3. 人与社会环境的和谐与统一

人类是社会劳动的产物，除了有确切的自然属性之外，还因存在精神意识思维活动，创造了人类文化和文明而具有社会属性。中医学在一开始就注意到人的社会属性，重视精神意识思维活动与脏腑形体的联系，并将其列入自身的医学理论体系之中，成为重要的组成部分，并具有坚实的理论基础。

形神一体观，或说形神统一观，是中医学认识人与社会和谐统一规律的理论基础。形与神俱，不可分离，形即形体。神，广义是指人体生命活动外在表现的总称，包括生理性或病理性人体表现于外的生命征象；狭义是指精神意识思维活动。中医学认为有形体才有生命，有生命才能产生精神活动和具有生理功能。形体是本，神是生命活动及功用。所以说："血气者，人之神"（《素问·八正神明论》），"神者，水谷之精气也"（《灵枢·平人绝谷》）。这里指出神的物质基础是气血，气血又是构成形体的基本物质，而人体脏腑组织的功能活动，以及气血的运行，又必须受神的主宰。这种"形与神"两者相互依附而不可分割的关系，称之为"形与神俱"。形乃神之宅，神乃形之主。"神"作为精神意识活动，是人类在共同的物质生产活动基础上，建立的相互联系的社会生活的纽带，是人类健康生存的条件之一。无形则神无以附，无神则形不可活，两者相辅相成，不可分离，形神统一是生命存在的主要保证。

形神相依，互为影响，说明人类精神意识的形成和变化，既不能脱离社会的物质生活和精神生活，也不能脱离形体，是互为影响的一个整体。中医学在长期的医疗实践中，认识到社会活动对人精神意识的作用；人的精神意识对机体健康的反作用，精神活动和生理活动互相联系、互为影响。如《素问·天元纪大论》说："人有五脏化五气，以生喜怒思忧恐。"《素问·阴阳应象大论》说："怒伤肝"、"喜伤心"、"思伤脾"、"忧伤肺"、"恐伤肾"；《素问·疏五过论》说："凡欲诊病者，必问饮食居处，暴乐暴苦，始乐后苦，皆伤精气，精气竭绝，形体毁沮"，"诊有三常，必问贵贱，封君败伤，及欲侯王。故贵脱势，虽不中邪，精神内伤，身必败亡。"中医学中丰富的记载，强调了形与神俱、形神相依、形神互为影响，这是促进人与社会环境和谐统一，保证肌体健康的基础。

从上可见，中医学理论告诉我们人类能否健康地生存与繁衍，除与人体自身形体结构脏腑组织功能相关之外，与自然、社会环境也是不可分割的。人类在与自然、社会环境共存的历程中，从露宿到穴居，继而走出洞穴到建造房屋，生存环境的变化，促进了自身的发展与进步。因而，房屋的建筑装修不尽是家的概念，同时也与人类的健康密切相关。把中医的整体观念融入到建筑装修的设计之中，将对今天的建筑业起到新的推动作用。

3.2　中医学对健康的辨识及评价的原则

3.2.1　现代医学对于健康的认识

现代医学对于健康的认识也是在不断地发展中的。起初，普遍的观点认为"无病即是健康"。疾病的有无成为健康的重要衡量标准。但是随着心理学的发展，现代医学认识到心理健康也是健康不可或缺的一部分。同时人们也渐渐认识到人是社会的人，人对于社会环境的适应能力也是人类健康评价的重要指标。因此，目前世界卫生组织关于健康的定义为："健康是一种集生理、心理和社会的完美状态，而不仅仅是没有疾病或不虚弱。"（Health is a state of complete physical, mental and social well-being and not merely the absence of disease or infirmity.）也就是说，健康是指一个人在身体、精神和社会等方面都处于良好的状态。

3.2.2　中医学对健康的认识

整体观念是中医学的重要特点，这一理念也贯穿于中医对健康的认识。中医学认为，人不仅是个生物的人、社会的人，同时还是一个自然的人。因此，中医学的健康是指人能够顺应自然，身心合一，气血畅达的平衡状态，即"阴平阳秘"。这也是中医健康评价的重要原则。

1. 顺应自然是维持健康的前提

中医学认为人处在天地之间，生活在自然环境之中，是作为自然界的一部分而存在的。人类生于自然，长于自然，归于自然。人与自然在根本上是相通相融的。所以，人类自身的生存与健康应当建立在与自然界的规律协调一致的基础之上。正如《老子》指出："人法地，地法天，天法道，道法自然。"

在人与自然的关系上，人类的盲目自大是无济于事的。尤其是现代人，认为人类的科技手段和物质文明已经到了很高的境界，人可以生活在人类自我创造的人工环境下，可以改造自然，可以摆脱自然，这种想法是很愚蠢的。其实，人类行为相对于自然规律来说是微不足道的。人类文明再辉煌，地球也是我们永远的家。只要是在地球上生存，人类就也无法脱离太阳对地球的影响，就无法改变因为地球绕着太阳公转而产生的季节气候周期性变化，也无法改变月亮对地球引力所产生的潮汐变化，当然也无法改变地球自转而产生的昼夜晨昏的变化。即使未来人类能够在其他星球定居，那也无法摆脱其所在星球拥有的自然规律的影响。因此，"人定胜天"这句话只是人类的一种英雄主义气概的表达，人类永远不可能超越自然，人类只能顺应自然。中国的祖先早就认识到了这一点，所以在成书于2000 多年前的中医经典著作《黄帝内经》中就指出了，"人以天地之气生，四时之法成"，"人与天地相参也，与日月相应也"。因此，只有顺应自然才是人类能够生存和维持健康的前提。

（1）顺应四时的变化

四季的气候变化对人体的影响最大。春夏阳气发泄，气血易趋向于体表，故皮肤松弛，疏泄多汗；秋冬阳气收藏，气血易趋向于里，表现为皮肤致密，少汗多尿等。一年四季中，春夏属阳，秋冬属阴。自然节气也随着气候变迁而发生春生、夏长、长夏化、秋收、冬藏的变化。因此，健康的人应该能够顺应自然四时的变化规律，春夏人体之阳气能够顺应自然之阳气的升发而正常的升发，而秋冬之时人体的阳气也能顺应自然之阳气的收藏而有效地收藏。否则，人体就会失去原有的平衡而导致疾病，比如春季阳气升发不好的人就会产生情绪烦躁或精神性疾病，秋季不能很好地适应天气转凉的人就很容易引起肺系疾病。

（2）顺应昼夜的变化

昼夜变化是地球自转的结果。中医认为，一年分四季，一天分四时。一天之内随昼夜阴阳消长进退，人的新陈代谢也发生相应的改变。《黄帝内经·灵枢》指出"以一日分为四时，朝则为春，日中为夏，日入为秋，夜半为冬"。一天之内随昼夜阴阳消长进退，人体新陈代谢也要发生相应的变化。如果人体不能很好地适应昼夜的变化，就会出现内分泌的失常，比较常见的病就是失眠。

（3）顺应月相的变化

中医的最基本的养生原则是"法于阴阳"，太阳为阳，月亮为阴。人体的生物节律不仅受到四季的太阳变化的影响，还受到月亮盈亏变化的影响。这是因为人体的大部分是由液体组成，月球的吸引力就像引起海潮那样对人体的体液发生作用，这就叫生物潮。人体的生理气血的盛衰随着月亮盈亏发生不同变化。新月时，人体的气血偏弱；而在满月时，人体头部的气血最充实，内分泌最旺盛。因此，《素问》指出："月生无泻，月满无补"就是这个道理。现代研究证实，月相的周期变化对人体的体温、激素水平、性器官状态、免疫和心理状态等，都有规律性的影响，特别是对女性影响更为明显。

由此可见，人的生理活动是受年节律、季节律、月节律、昼夜节律等自然规律的影响的。人体必需随时随地的与自然保持和谐一致，顺应这些自然规律，否则就很容易发生各种各样的病理变化。

（4）顺应地理环境

中医在长期的实践过程中发现，人的体质与所处的地域方域的地理条件、气候条件也有密切关系。一般而言，舒适的气候环境造就了人较弱的体质和温顺的性格，恶劣的气候环境造就了人健壮的体魄和强悍的体质。方域不同，气候各异，中国的地理环境具有"东方生风"、"南方生热"、"西方生燥"、"北方生寒"、"中央生湿"的特点。不同的地理环境下，由于受着水土性质、气候类型、饮食习惯的影响，形成了不同的体质。现代交通日益发达，人们迁移和旅游的频率越来越大，及时地调整身体并适应当地的地理环境也是保证健康的重要条件。

2. 形神合一是健康的重要保障

形就是形体，神就是精神。中医学认为人体自身是一个有机整体。人的精神活动与人的形体是密不可分的。人的精神情志是以气血为物质基础的，因此人的情志变化其实是人体内在气血的反映，人体的内在气血的变化也能影响情绪的变化。没有内在气血的平和畅达，就不可能有真正意义的心静如水；而没有恬淡虚无，也就不可能有真正的形体健康，因此形神是密不可分的。现代医学虽然也已经开始重视精神健康，但是这个精神健康是心理学，是脱离人的形体之外的单独体系，所以西医中的精神科和内科是分"家"的。而中医学则一直强调精神和形体是一体的，只有做到形神合一才是真正的健康。

中医学认为形与神是相辅相成的。形为生命之基，神为生命之主。从本原上讲，神生于形；从作用上讲，神又主宰形，形神的对立统一，便构成了人体生命这一有机统一的整体。形体健壮，精神才旺盛。

中医认为，精和气都是构成形体的基本物质，是最基本的形。神是先天之精所化生，出生之后，又依赖于后天之精的滋养。故《黄帝内经》说："生之来，谓之精，两精相博谓之神。""神者，水谷之精气也。"由此可见，精能生神，精足则神健，形健则神旺；反之，精衰则体弱神疲。气是生命活动的根本动力，与神相互依存，相互为用。古有"气者，精神之根蒂也"之说。因此，精、气、神被喻为人体"三宝"。其中精是生命的物质基础，气是生命活动的动力，神是主宰，构成了形神统一的完整体系。精气神旺盛是人体健康的基本保证；精气神虚衰是衰老的根本原因。

明代著名医家和养生家张景岳在《治形论》反复强调养形对保证身体健康的重要意义。他曾经提出过这样的问题："善养身者，可不先养此形以为神明之宅？善治病者，可不先治此形以为兴复之基平？"意思就是说，善于养生的人，能够不先养好身体就可以为精神提供一个好的载体吗？善于治病的人，能够不先治好病人的身体就可以使病人康复吗？这足以可见保持形体健康的重要性。因为五脏是形体活动的中心，所以，形体摄养首先要协调脏腑功能，保证十二脏腑的协调统一。《黄帝内经》指出"人有五脏化五气，以生喜怒悲忧恐。心藏神，肺藏魄，肝藏魂，脾藏意，肾藏志。"有了健康的形体，才能产生正常的精神情志活动。五脏精气充盛，功能协调，则神清气足，情志正常。反之，五脏精气不足，功能失调，可出现情志异常。正如《黄帝内经·灵枢》指出的"肝气虚则恐，实则怒；心气虚则悲，实则笑不休。"由此提示，许多的精神情绪的异常实质是由于人体脏腑气血失常造成的。

3. 气血充足畅达是身体健康的基础

中医认为气血是人体的物质基础。气和血（水）都是组成人体和维持人体生命活动的最基本物质。它们的区别就在于其存在的形式不同。气是以无形的形式存在，而血（水）是以有形的形式存在。在中医看来，无论是血还是水，其实都是气的另一种形式而已。所以《素问·宝命全形论》说："人以天地之气生，四时之法成。""天地合气，命之曰人"。这就是说，人的形体构成，实际上亦是以"气"为最基本的物质基础。故《医门法律》说："气聚则形成，气散则形亡"。

人体的气，是不断运动着的具有很强活力的精微物质，它流行于全身各脏腑、经络等组织器官，无处不到，无处不有，时刻推动和激发着人体的各种生理活动。正如《灵枢·脉度》说："气不得无行也，如水之流，……其流溢之气，内溉脏腑，外濡腠理。"气的运动形式，虽然有多种多样，但升、降、出、入，则是其最基本的形式。人体的脏腑、经络等组织器官，都是气升降出入的场所。气的升降出入运动，是人生命活动的根本，气的升降出入运动一旦止息，则也就意味着生命活动的终止而死亡。故《素问·六微旨大论》说："非出入，则无以生长壮老已；非升降，则无以生长化收藏。是以升降出入，无器不有。故器者，生化之宇，器散则分之，生化息矣。"这里的"器"，即指生命体。这段话是说，有生命的形体，乃是气的活动场所，而气的运动乃是维持生命的最基本规律。

另外，中医认为脏腑是气血的化生者和运行者。《素问·调经论》曰："五脏之道，皆出于经隧，以行血气，血气不和，百病乃变化而生，是故守经隧焉。"因此，人体气血的充足则可以反映人体五脏化生气血的功能正常，比如，肺的主气功能，脾的主运化功能，肾的藏精功能都与气血的运行正常有关。同时，人体气血运行的畅达也可以反映人体脏腑协调配合能力的正常，比如，血液运行顺畅，说明心肝脾的协调正常；水液运行正常，说明肺、脾、肾、肝、小肠、大肠、膀胱等的配合正常；而气的运动正常，说明了肝升肺降，心肾交通，脾胃升降的正常。

另一方面，气血的充足和运行的正常也是人体脏腑功能正常的保证。如果气的运行失常就会出现各种病症。《素问·举痛论》说："百病生于气也。"如果气在某些局部发生阻滞不通时，称作"气滞"，气滞就会造成血液和水液的停滞，导致局部的瘀血或者痰饮，如果停滞在心就会出现心血瘀阻，停滞在肺就会造成咳嗽咯痰等。如果气的上升太过或下降不及时，称作"气逆"，气逆最容易影响胃和肝，出现恶心、呕吐、打嗝、血压升高等。如果气的上升不及或下降太过时，称作"气陷"，气陷最容易影响中医的脾，导致中气下陷，脏器下垂。如果气不能内守而外逸时，称作"气脱"，最容易造成心的阳气暴脱而休克。如果气不能外达而郁结于内时，称作"气郁"或"气结"，甚则发展可致"气闭"，则最容易影响肝的疏泄功能，导致抑郁等。故中医的著名经典著作《类经》中就明确指出："夫百病皆生于气"。由此可见，只有气血充足且畅达才能维持人体脏腑功能的正常，才是保持人体健康的基础。

总之，顺应自然，身心合一，气血畅达是中医评价健康的三大重要原则。

3.3　人体健康与环境影响

3.3.1　人体健康与中医居住环境养生

健康与长寿，自古以来一直都是人类的共同愿望和普遍关心的一件大事。特别是随着物质生活的提高和精神生活的日益丰富，人们越来越渴望健康、盼望长寿，以"尽终其天年，度百岁乃去"，而"天年"就是天赋之寿命。这其中，健康是保障，长寿是目的。中医学认为人类寿命的自然限度是120岁。如《养生论》中记载"上寿百二十，古今所同"，在《尚书·洪范》亦提到"五福"中第一福就是"寿"，且明确指出"寿，百二十岁也"。另外，现代科学经过大量统计研究发现，动物胚胎细胞在成长过程中，分裂次数是有规律的，分裂周期为2.4年，到一定阶段就出现衰老和死亡，照此推算，人的寿命为120岁。但事实上，人类的实际寿命却远远低于预期生存年限，超过百岁之人已经颇为少见。人们之所以不能普遍活到这个岁数，很大原因在于有生之年，肆意挥霍自己的健康，造成早衰。而且生命本身必须符合"生、长、壮、老、已"的自然规律，人体会在壮年之后慢慢衰老，生理机能逐渐降低。这个过程无法避免，但中医学在长期发展过程中，也逐渐形成了独具特色的理论和方法，使人"壮"的阶段持续更久以促使健康与长寿，也就是通常所说的养生。养生一词最早见于《庄子·内篇》，又称摄生、道生、养性、卫生、保生等。所谓养，即保养、调养、补养之意；所谓生，就是生命、生存、生长之意。总之，养生就是保养生命以延年益寿。

中医学养生历史悠久，方法多样，如顺应自然、形神兼养、保精护肾、调养脾胃等。这里需要注意的是，天地自然是人类生存所必需的环境，而人类的产生和存在是在自然选择的前提下逐步形成的。《素问·宝命全形论》说"人以天地之气生，四时之法成……天地合气，命之曰人"。也正因为此，环境的各种变化，如四季交替、昼夜晨昏、磁场、气场、气候等因素的差异也能对人体的生理、病理等产生影响。故《灵枢·邪客》曰"人与天地相应也"；《灵枢·岁露》曰"人与天地相参也，与日月相应也"。总之，中医学认为人要想健康长寿，就必须同环境相和谐，这是保健益寿的重要内容之一。因此，通过合理的选择，远离和减少造成身体疾病的环境因素，或利用以及营造良好环境因素，以保健益寿的环境养生法，是中医学"天人相应"思想在养生中的具体运用。而这其中，因为人每天的大部分时间都在居住建筑室内度过，与人的生产、生活联系最为紧密，故居住环境也被视为养生之中的重中之重。

3.3.2　居住环境养生的理论依据

居住环境能够在养生方面起到作用，是因为其可以部分满足人的生理、精神需求。

1. 对人类生理需求的满足

衣食住行是人类最基本的生活需求。在《闲情偶寄·居室部》里，李渔开宗明义道："人之不能无屋，犹体之不能无衣。衣贵夏凉冬燠，房舍亦然。"因此，居住也就成为人类生活的一个焦点问题，安居方能乐业，有了住所，人们才能免受风雨侵袭、虫扰兽害、流徙漂泊之苦，才可以成长、婚嫁、生育、养老。

2. 对人类精神需求的满足

养生贵在养心，这一直是中医养生倍加关注的问题。居住环境一定程度上可以满足人的精神需求。中国传统住宅具有自然性与社会性的双重意义，这与中国古典文化中始终包含的强烈的人文精神是高度一致的。通过居住环境的改善，方便人们与家人共同生活，通过各种活动结交朋友、建立新的人际关系从而获得更多的信息，获得与他人交流和进行感情宣泄的机会，这有利于调节人们的忧郁情绪，改善精神状态，精神得以调养。如《论语·里仁篇》曰"里仁为美，择不处仁，焉得知？"，指选择有仁者的地方居住，有利于学问和修养的提高；《孟子·尽心上》曰"居移气，养移体，大哉居乎"，指居住环境可以改变人的气质，奉养可以改变人的体质。人们可以通过对整个居住环境的精心配置，一则悦目，二则怡情，三则寄托精神追求。

总之，将养生与居住环境整合为一体，有利于满足人们生理和精神需要，从人性化的角度出发，尊重人的行为规律，以达到物质和精神的统一。

3.3.3　居住环境养生方法

1. 选址

古人认为环境养生中宅舍位置选择为第一要务。汉末刘熙著《释名》曰："宅，择也，择吉处而营之也"。人们选择住宅位置一般会尽量选择背阴向阳、避风、背山近水、幽静、林秀之地。如孙思邈就认为"地势好"方可"居者安"，良好的地理位置是环境养生的前提，认为选择何处安居与人体健康、寿夭密切相关。如《素问·五常致大论》曰："一州之气，生化寿夭不同，其故何也？岐伯曰：高下之理，地势使然也。崇高则阴气治之，污下则阳气治之。阳胜者先天，阴胜者后天，此地理之常，生化之道也……高者其气寿，下者其气夭，地之大小异也。小者小异，大者大异"，指居住在空气清新、气候寒冷的高山地区的人多长寿，而那些住在空气污浊、气候炎热的低洼地区的人则寿命相对较短。在现代生活中，人们选择住所受到诸多限制，外界环境达到适宜即可，但也要尽量避免如高压线强电场、强磁场、过于嘈杂的环境等。

2. 居室结构

居室结构主要包括居室朝向、居室空间。就我国的地理位置而言，房屋的朝向一般以坐北朝南为佳，这有利于室内采光、通风及温度、湿度的调节。居室空间的大小应适度，如董仲舒在《春秋繁露》中说："高台多阳，广室多阴，远天地之和也，故人弗为，适中而已矣"；《吕氏春秋·重己》曰："室大多阴，台高多阳，多阴则蹶，多阳则痿，此阴阳不适之患也"，这些均说明居室空间大小不合适易导致阴阳失衡而引发疾病。现代认为居室太大不利于采光和保暖，也不利于湿度和温度的调节；太小则不利于空气的流通。居室高度以 3m 左右为宜。但需要注意的是，选择合适的居室结构一定要因地制宜，必须考虑到各地区的地理气候特点、人民的生活习惯、物质条件和人口的发展情况等。

3. 居室内环境

居室内环境养生主要涉及光照、温度、湿度、通风、洁净、选材、装饰、养生氛围等。

（1）光照

居室内光线一定要充足。清代养生学家曹廷栋在《老老恒言》中就言明"室取南向，乘阳也"，故就我国而言，一般均选择门窗向南、室内阳光充足的房间作卧室。这样，夏天可以避免过热，冬天可以避免过冷。朝南一面的窗户面积都应适当大一些，这样的房间自然采光好，光线充足，有利于紫外线的杀菌和促进人体中钙的代谢作用。当然北面的房屋也有一定的养生作用，其具有清凉的微小气候，《内经》曰"阴居以避暑"。另外，高血压及易烦躁发怒的人也宜居住北面的房屋，其有助于清除高血压病人的急躁、紧张情绪。

（2）温度、湿度

居室内的温度与适度的要求是冬天温暖舒适，夏天清爽凉快。如孙思邈于《千金翼方·退居·缔创》中就提到"若无瓦，草盖令厚二尺，则冬温夏凉"，无论如何，一定要使居室内温度、湿度适宜。但需要注意的是，现代社会由于空调、暖气的过度应用，夏天过冷和冬天过热，导致皮肤末梢神经温度感的钝化、退化，中枢神经掌控免疫、循环、神经的能力失调，致人体免疫力退化，这并不符合中医养生。中医认为首先居室内的温度与湿度应该顺应四时阴阳的变化同步调整，人切不可夏过于贪凉，冬极度温暖，如《伤寒论·伤寒例》曰："君子春夏养阳，秋冬养阴，顺天地之刚柔也"；晋代葛洪在《抱朴子·内篇》也提到人应该"冬不欲极温，夏不欲穷凉"。

（3）通风

居室内的自然通风可以保障房间内的空气新鲜洁净，排除室内湿热秽浊之气，还可加强蒸发散热，改善休息环境。如《老老恒言》曰"每日清晨，室中洞开窗户……否则渐生故气。故气即同郁蒸之气，入于口鼻，有损脾肺。"孙思邈在《千金翼方·退居·缔创》也提及"折缝门窗，依常法开后门"，强调要开门窗通风换气。但需注意的是，居室通风虽然重要，但人却不宜直面风吹，即《素问·上古天真论》中所说："虚邪贼风，避之有时"；孙思邈在《千金要方·养性·居处法》同样指出"凡人居止之室，必须周密，勿令有细隙，致有风气得入。小觉有风，勿强忍，久坐必须急急避之，久居不觉，使人中风"；曹廷栋在《老老恒言》提出"窗作左右合者，槛必低……虽坐窗下，风不得侵"；"秋冬垂暮，春夏垂帘，总为障风而设。"

（4）洁净

清洁、整齐的居住环境，可以预防和减少疾病，促进健康和长寿。陈直在《寿亲养老新书》明言"栖息之室，必常洁雅"，而周守中在《养生类纂》曰："积水沉之可生病，沟渠通浚，屋宇清洁无秽气，不生瘟疫病。"现代社会对此研究也很多，制定了详尽的室内卫生指标，对人们的健康生活有重要的指导意义。

（5）选材

古人在材料选择和用量上，以达到舒适为度，多选土、木、石，即便如此，也需要在满足一定条件后，方搬入新居。如孙思邈指出"初造屋成，恐有土木气，待泥干后于庭中醮祭讫，然后择良日入居"。这就提示我们，尽量不要选择不适当的建筑材料和室内装饰物，刚建成或装修的住宅需要经过一段时间待有害物质挥发后方可入住。

（6）装饰

简约实用而非华丽的装饰才有助于养生。如孙思邈认为"凡居处不得过于绮靡华丽，令人贪婪无厌，损志。但令雅素清洁，能避风雨暑湿为佳"。在其养生理论中，他认为雅素清洁有助于做到清新寡欲，不为外物所累，"多思则神殆，多念则志散，多欲则志昏，多事则形劳"，对于房屋"亦居者安，非它望也"。现代医学也认为，一个人内心清静，他的情绪会由紧张、焦虑趋向平和，血压会降低，心跳会缓和，呼吸也会均匀，从而有利于健康长寿；另一方面，在内心清静的情况下，人的能量消耗会大大降低，使机体的结构和组织功能更加有序，有助于健康长寿。

（7）养生氛围的营造

为了营造适合养生的居住环境，古人运用多种手法来增加居住环境的养生氛围，如以福、禄、寿、喜等字的形体变化，"福如东海长流水，寿比南山不老松"类似楹联、题词的悬挂等，来渲染养生环境的气氛。除此之外，还经常运用种植、堆山、水池、叠石等方法。我国传统居住环境的独特之处就在于运用人工的手法，将自然的与人工的物质实体巧妙地统一起来，再现自然，实现"虽由人作，宛自天开"的效果。这些方法只要运用得当，就可以营造适合养生的居住环境，对人起到涵养作用。

总之，随着时代的发展和进步，养生理念越来越受到人们的重视。将养生文化运用到居住室内环境中，有助于我们抓住人与环境和谐的本质，从而指导我们顺境养生、择境养生、造境养生。

3.4 中医个体健康状况表征参数的表述

中医一直是从整体观出发看待人体的，主张人体是一个有机的整体。人体的各脏腑、组织、器官在生理、病理上是相互联系和相互影响的。因此，人体内在脏腑的变化也是可以通过外在的五官、形体、色脉等器官表现出来的。正如《孟子·告子章句下》说："有诸内，必形诸外"。所以，中医个体健康状况的表征参数可以用以下的人体外在状况表征。

（1）面色红润而有光泽。古人说"十二经脉，三百六十五络，其血气皆上于面"，因此面色是气血盛衰的"晴雨表"。脏腑功能良好，气血充足则脸色红润，气血亏虚则颜面没有光泽。中国人正常面色是红黄隐隐，明亮润泽，红黄之色隐于皮肤之内，不特别显露于外。这是人体精充神旺，气血津液充足，脏腑功能正常，精气内含而不外泄的表现。

（2）两目灵活，明亮有神。《黄帝内经》说："五脏六腑之精气，皆上注于目而为之精。"意思是眼睛为脏腑精气的汇聚之所。古人将眼睛的不同部位分属五脏，整个眼窝是精气的表现，其中肾表现在瞳孔，肝表现在黑眼球，心表现在眼睛的血络，肺表现在白眼球，脾约束整个眼睑。由此可见，眼睛的状况与五脏六腑的精气息息相关。目光炯炯有神，无呆滞之感，说明精充、气足、神旺，脏腑功能良好。如果两目晦暗，目光无神，说明精气神匮乏。

（3）神志清晰，表情自然。人的精神意识和面部表情，是心神和脏腑精气盛衰的外在表现。神志清晰，表情自然提示精气充足，为健康的表现。若精神萎靡不振，思维迟钝，意识模糊，则表明精亏神衰，心神扰乱。

（4）体形适宜。即保持体形匀称，不胖不瘦。标准体重＝身高（厘米）－100（女性减105）（千克）。中医认为，人体外形的强弱胖瘦与内脏气血阴阳的盛衰是统一的。正常人胖瘦适中，各部组织匀称。过于肥胖或过于消瘦都是病态。胖人多气虚，多痰湿，易患痰饮、中风等病；瘦人多阴虚，多火旺，易患糖尿病、甲亢等病。

（5）动作协调，反应灵敏。人的姿态自如还是反常，动作灵活还是迟钝，都是人的机体功能强弱的重要标志。正常人能随意运动而动作协调，若发生病变，常可导致肢体动静失调。中医认为，肢体活动受心神支配，与经脉、筋骨、肌肉状况密切相关，肢体的异常动作表现也与一定的疾病有关。比如我们常见的突然昏倒，四肢抽搐，多见于癫痫患者；儿童手足伸屈扭转，状似舞蹈，多是由于气血不足，风湿内侵所致。

（6）头发润泽。中医认为，"肾者，其华在发"，"发为血之余"。发黑浓密润泽者，是肾气盛的表现。头发的生长与脱落、润泽与枯槁，不仅依赖于肾中精气之充养，还有赖于血液的濡养。健康的人，精血充盈，头发润泽；反之，精血亏虚时，头发易变白而脱落。

（7）鼻色正常，鼻道通气。鼻居于面部中央，是呼吸的通道，主嗅觉。鼻梁属肝，鼻翼属胃，鼻之周围有各脏腑的相应部位，《灵枢·五色》："五色独决于明堂"。正常的鼻色是红黄隐隐，明润光泽，是胃气充足的表现。鼻道通气良好，提示脾胃精气充足，肺气宣发畅通。

（8）耳郭厚大，色泽红润。耳为肾窍，中医认为耳为"宗脉所聚"，耳郭上有脏腑和身形各部的反应点。耳的色泽、形态及耳道的异常变化对于诊察肾、肝胆及全身的病变具有一定意义。耳郭厚大是正常人肾气充足的表现。耳郭色泽红润，是正常人气血充足的表现。

（9）牙齿洁白润泽而坚固。中医认为，"肾主骨"，"齿为骨之余"，牙齿是骨的一部分，与骨同源，所以牙齿也依赖肾中精气来充养。肾精充足，则牙齿坚固、齐全；精髓不足，则牙齿松动，甚至脱落。

（10）淡红舌，薄白苔。"舌为心之苗，又为脾之外候"，心血上荣于舌，所以人体的气血运行情况，可反映在舌体上。舌苔是由胃气蒸化水谷之气上承于舌面而成，舌体又依赖于气血的充养，脾胃为气血生化之源，所以舌象与脾胃运化功能直接相关。正常人的舌体柔软灵活，舌色淡红明润，舌苔薄白均匀，苔质干湿适中。舌象正常说明人体气血津液充盈，脏腑功能正常。

（11）腰腿灵便。腰为肾之府，肾虚则腰乏力。膝为筋之府，肝主筋，肝血不足，筋脉失于濡养，则四肢屈伸不利。灵活的腰腿和从容的步伐是肾精充足，肝血旺盛的表现。

（12）皮肤润泽，柔韧光滑。皮肤为一身之表，与肺相关，有保护机体的作用。脏腑气血通过经络荣养于皮肤，凡感受外邪或是脏腑有病，都有可能引起皮肤发生异常变化而反映于外。正常人的皮肤润泽、柔韧光滑而无肿胀。如果皮肤出现异常的变化，则提示机体有相关病变的发生。比如，皮肤常出现干燥粗糙，则说明肺的津液不足。

（13）呼吸匀畅。《难经》指出："呼出心与肺，吸入肝与肾"，可见呼吸与人的心、肺、肝、肾关系极为密切。只有呼吸不急不缓、从容不迫，才能证明脏腑功能的良好。正常人呼吸均匀，节律整齐，每分钟16～18次，胸廓起伏左右对称。

（14）声音洪亮。肺主气，气动则有声。肺气足，则声音洪亮；肺气虚，则声音低弱无力，所以声音的高低取决于肺气充足与否。但是由于年龄、性别及禀赋的不同，正常人的声音也有差异，一般男性多声低而浊，女性多声高而清，儿童则声音尖利清脆，老年人声音多浑厚而低沉。

（15）口中无异味。正常人呼吸或讲话时，口中无异常气味散出，如若口中有异味散出，则提示体内有相关病变的发生。比如口中散发臭气者，称为口臭，多因口腔不洁或者消化不良导致；口中散发酸臭味，多提示胃肠有积滞；口气臭秽，提示胃肠有热。

（16）七情调和。七情指的是喜、怒、忧、思、悲、恐、惊七种情志活动。七情能正常表达则身体健康，七情过度表达则直接伤及五脏：过怒伤肝，过喜伤心，思虑过度伤脾，过度悲忧伤肺，惊恐过度伤肾。因此，对于日常产生的各种情绪，能正确对待，善于调节，才是健康的表现。

（17）寤寐正常。睡眠是人体生命活动过程中不可缺少的一个重要组成部分。中医认为，睡眠的形成与人体卫气的循行、阴阳的盛衰、气血的盈亏以及心肾的功能活动密切相关。正常情况下，卫气白天循行于阳经，阳气盛则醒；晚上循行于阴经，阴气盛则眠。如果机体气血充盈，心肾相交，阴平阳秘，则睡眠正常；如果机体气血亏虚，心肾不交，阴阳失调，则睡眠出现异常。

（18）饮食正常。饮食的摄纳与消化吸收，主要与脾胃、肝胆、大小肠、三焦等功能活动密切相关。饮食正常是评价人体健康的重要指标。通过考察饮食的情况，可以反映体内津液的盈亏和水谷精微的盛衰，辨别脾胃以及相关脏腑的功能状态。如果胃气和降，脾气健运，则有食欲，并能保持适当的食量；若脾胃或相关的脏腑发生病变，则可引起食欲或进食的异常改变。

（19）二便正常。大小便的排出是人体新陈代谢的必然现象。正常人一般每日或隔日大便一次，色黄质软成形，排便顺畅，便内无脓血、黏液或未消化的食物等。正常成年人在一般情况下，日间排尿3～5次，夜间0～1次，每昼夜总尿量1000～1800ml，尿的颜色淡黄而清亮，无特殊气味。中医认为，大便的排泄虽然直接由大肠所主导，但与胃、肝、肺等的功能密切相关；小便的排泄虽然直接由膀胱所主导，但与肾、脾、肺、三焦等功能密不可分。所以二便的状况不仅可以反映机体消化功能强弱、水液代谢的情况，而且也是判断疾病寒热虚实的重要依据。二便的正常排出，可提示体内的新陈代谢状况正常，以及运化水谷的相关脏腑功能正常。

（20）记忆力好。"脑为元神之府"，"脑为髓之海"，"肾主骨生髓"。脑是精髓和神明高度汇聚之处，人的记忆全部依赖于大脑的功能，肾中精气充盈，则髓海得养，表现为记忆力强、理解力好。另外，记忆力好也可以反映中医脾的功能正常，即消化系统的功能正常。中医有"脾藏意"之说。脾胃功能很差的人，往往容易出现健忘的症状。

（21）脉搏节律均匀，和缓有力。中医认为，脉象的形成与心脏的搏动、脉道的通利和气血的盈亏有着直接的联系。人体的血脉贯通全身，内连脏腑，外达肌表，运行气血，周流不休，所以，脉象能够反映全身脏腑和精气神的整体状况。正常人的脉搏节律均匀，和缓有力，中医上称之为平脉。但是平脉会随着人体内外因素的影响而发生相应的生理性变化，比如说年龄，年龄越小，脉搏越快，婴儿每分钟脉搏120次；五、六岁的幼儿，每分钟脉搏90～100次；年龄越大则脉象渐和缓。再比如说性别，妇女的脉象较男子弱而略快。

综上所述，中医对正常人的评价指标是：神志清晰，表情自然；面色红润而有光泽；两目灵活，明亮有神；体形适宜；动作协调，反应灵敏；腰腿灵便；头发润泽；鼻色正常，鼻道通气；耳郭厚大，色泽红润牙齿洁白润泽而坚固；皮肤润泽，柔韧光滑；口中无异味；呼吸匀畅；声音洪亮；饮食正常；二便正常；七情调和；寤寐正常；记忆力好；淡红舌，薄白苔；脉搏节律均匀，和缓有力。

3.5 个体健康状况差异的修正与住宅

3.5.1 中医学的健康观与住宅

人类以个体的生存组成社会的群体，繁衍和发展着自身，延续和推动着人类社会的前进。在社会历史的进程中，个体作为人类社会不断发展前进的载体，其能保持健康的生存状况是最基本的条件之一。为了保证人类的健康，医学科学作为研究人类生命过程及其同疾病作斗争的一门科学体系，油然而生。它的任务明确指出是：从人的整体性及其同外界环境的辩证关系出发，用实验研究、现场调查、临床观察等方法，不断总结经验，研究人类生命活动和外界环境的相互关系；研究人类疾病的发生、发展及其防治的规律，以及增进健康、延长寿命和提高劳动能力的有效措施。中医学经过千百年的临床应用，集理、法、方、药理论知识为一体，强调临床实践为主，以研究人体生理、病理、疾病诊断和防治，以及养生康复等理论为主要内容，是具有明确的医学科学特性的知识体系。同时，中医学还注重自己的研究对象，即人类自身生命的生存、繁衍和运动变化。深刻认识到人是社会性劳动的产物，它的生存离不开自然和社会两大环境，因此，中医学在研究人类生命现象和疾病变化时，十分重视人的自然属性和社会属性互为相关的生物学特性。一个明显的特征是在关注有形之脏腑气血变化的同时，又结合和运用了我国人文社会科学中某些学术思想和人自身的思维、意识、精神情绪变化规律，阐述关于生命、健康、疾病等一系列的医学问题，形成了中医学独特的医学理论和医学理论体系。在这个医学理论体系中有关整体观念的医学思维模式就是其主要的特色之一，在这个思想的指导下，对于保护人体健康要和外界环境相协调的观点，贯穿于临床诊断、治疗和预防的各个医学环节。它突出强调了人与自然统一，即"天人相应"的整体观。人类的生存与外环境的变化密切相关，人要适应自然。"天人相应"的观点成为中医学健康观形成的基础。在建筑界对于与人体健康密切相关的住宅环境建设，如何更科学化，更适应人体的生理需求也就一直成为住宅建筑与设计者考虑的主体。笔者认为在中医学中有关人体的健康与环境之间的相关性认识，值得借鉴，并阐述于下。

3.5.2 中医学的健康观与"五脏应时"论

"五脏应时"是天人相应整体论思想中的一个重要内容。"四时"，即春、夏、秋、冬四个季节。在中华民族的发源地黄河流域一年中有温、热、湿、燥、寒的气候特点，因此，也称为春温、夏热、长夏湿、秋燥、冬寒。五脏，是指人体以心、肝、脾、肺、肾为主的五大功能活动系统，实际泛指人体的整体机能状态在不同时令季节影响下，所表现出来的五大生理功能活动规律。五脏应时，是指人体的整体机能在一年中具有不同的变化，它与四时季节变化存在同步性的规律。

1. 自然通风四时阴阳与五脏的生理功能特性

四时气候是自然界阴阳之气运动的表现，四时虽然各有特点，但它们是一个不可分割的整体，是一个连续变化的过程。按照阴阳学说，一年四时寒热温凉的变化，是由于一年中阴阳气消长所形成的，故四时分阴阳，春夏属阳、秋冬属阴。也正因为有了寒热温凉，万物才有"生、长、化、收、藏"的消长变化，进而才有生命的正常发育和成长。因此，人体的生理机能随四时季节有相应的变化，这种变化虽然是变动的，然而有一定的规律。按照阴阳五行学说，春属"木"与肝相应，夏属"火"与心相应，秋属"金"与肺相应，冬属"水"与肾相应。"土"在五行中属中央，古代的医药学家就将夏季末与初秋相交时分，气候以"潮湿闷热"特点为主的时间段，列为"长夏"之季，与脾相应。这样五行配五季，五季配五脏成为"五脏应时"说形成的基础。如《管子·四时篇》说："东方曰星，其时曰春，其气曰风，木与骨……春三月以甲乙之日发。""南方曰日，其时曰夏，其气曰阳，阳生火与气……夏三月以丙丁之日发。""中央曰土，土德实辅四时入土，以风雨节土益力，土生皮肌肤。""西方曰辰，其时曰秋，其气曰阴，阴生金与甲……秋三月以庚辛之日发。""北方曰月，其时曰冬，其气曰寒，寒生水与血……冬三月以壬癸之日发。"明确提出五方即东、南、中央、西、北归属五行，中央属土行，并与五时结合。如《素问·六节藏象论》云"心者，生之本，……为阳中之太阳，通于夏气。肺者，气之本，一为阳中之太阴，通于秋气。肾者，主蛰，封藏之本，……为阴中之少阴，通于冬气。肝者，罢极之本，……此为阳中之少阳，通于春气。脾胃……，仓廪之本，……此至阴之类，通于土气。""通"即包含着与自然界相通应之意。人能适时调节遵循规律，那么就是健康而不易生病。如《庄子·知北游》云："阴阳四时，运行各得其序，惛然若亡而存，油然不形而神。"再如《素问·水热穴论》云："春者，木始治，肝气始生"；"夏者，火始治，心气始长"；"秋者，金始治，肺将收杀"；"冬者，水始治，肾方闭"。这是说：春天是草木开始升发的季节，木当令，在人体，肝脏相应而生气萌动；夏天是火，是火气开始当令的季节，人体内与之相应的心气才开始生长；秋天是金，金气开始当令，在人体内与之相应的是肺，肺属金，与秋令收杀之气相应；冬天是水，水气开始，在人体内与之相应的是肾，肾气开始闭藏。明代医学家张景岳也说："春应肝而养生，夏应心而养长，长夏应脾而养化，秋应肺而养收，冬应肾而养藏。"说明人体五脏之气应五时而旺，五脏生理活动必须适应四时气候变化，人体才能保持机能平衡并与外界环境相互协调。由此，中医学认为，人体五脏的正常生命活动一方面靠系统本身来维持，同时又受到自然环境的影响。外界环境通过诸多方面因素作用于人体，其中四时气候对人体生理病理影响最大。

2. 四时阴阳与人体气血津液的运行

气血津液是人体气化运行的基本产物，也是人体维持和进行生命活动的基本物质，它的变化与人体生命的健康密切相关，它也与四时阴阳变化保持着同步的规律。如《灵枢·五癃津液》云："天暑衣厚则腠理开，故汗出……天寒则腠理闭，水湿不行，水下留于膀胱，则为溺与气。"说的是在气候炎热之季，气血浮行于表，腠理松弛，津泄多汗等；而气候寒凉之季，气血沉降于里，皮肤致密，汗少而转溺，体现了人体生理机能顺应自然的变化。如《素问·八正神明论》云："天温日明，则人血淖液而卫气浮，故血易泻，气易行；天寒日阴，则人血凝泣而卫气沉。"说明在气候炎热时血脉滑利通畅，气血易于流行；天气寒冷时则血脉收引，气血凝滞沉涩。并且反映在脉象上，所以《素问·平人气象论》说："春胃微弦曰平……夏胃微钩曰平……长夏胃微大而弱曰平……秋胃微毛曰平……冬胃微石曰平……"，这是说在不同的季节里，气血的运行是有变化的，运行气血的脉道反映于外的是，春弦、夏钩、长夏而、秋毛、冬石的五时脉象。《素问·脉要精微论》的解释四时的脉象时说，春天的脉象是脉浮而滑利，好像鱼儿游在水波之中；夏天的脉象是脉在皮肤之上，脉象盛满如同万物茂盛繁荣；秋天的脉象则是在皮肤之下，好像蛰虫将要伏藏的样子；冬天的脉象则是沉伏在骨，犹如蛰虫藏伏得很固密，又如冬季人们避寒深居室内。

3. 四时阴阳与人体的精神情志活动

精神活动是人类特有的生命现象，《内经》有情志和神志之别，由五脏所主，所以五脏又称五神脏。五脏藏精，精以化气，气以生神，《灵枢·本神》指出："血脉营气精，此五脏之所藏也，至其淫溢离藏则精失，魂魄飞扬，志意恍乱，智虑去身，是故五脏主藏精者也，不可伤，伤则失守而阴虚，阴虚则无气，无气则死也。"因此，顺应四时之气，调摄精神，不妄扰阴精，才能保证身体健康。《黄帝内经直解》指出："四气调神者，随春夏秋冬四时之气，调肝、心、脾、肺、肾五脏之神志也"。这里的"四气"，即春、夏、秋、冬四时气候；"神"，指人的精神意志。

4. 四时阴阳与五脏病理

《内经》中阐释五脏发病，或因相应季节气候的变化感受时邪，或因失于调摄致人体阴阳平衡失调。如《素问·四气调神大论》云："春三月……逆之则伤肝，夏为寒交……夏三月……逆之则伤心，秋为疟……秋三月，逆之则伤肺，冬为飧泄……冬三月……逆之则伤肾，春为痿厥……"。《素问·阴阳应象大论》云："冬伤于寒，春必温病；春伤于风，夏生飧泄；夏伤于暑，秋必疟；秋伤于湿，冬生咳嗽。"前者主要就不顺应四时变化规律，导致生理机能失却常度而言，后者则强调四时病邪在发病过程中的重要作用。《庄子·渔父》云："如阴阳不和，寒暑不时，以伤庶物。"《素问·脏气法时论》曰："夫邪气之客于身也，以胜相加，至其所生而愈，至其所不胜而甚，至其所生而持，自得其位而起。"《素问·至机真脏论》曰："五脏受气于其所生，传之于其所胜，气舍于其所生，死于其所不胜病之且死，必先传行，至其所不胜，病乃死。"《素问·宣明五气》篇曰："五脏所恶：心恶热，肺恶寒，肝恶风，脾恶湿，肾恶燥，是谓五恶。"说明自然气候对人体的影响，与疾病的关系。

5. 四时阴阳与五脏疾病的治疗

指导养生"春夏属阳，秋冬属阴"指人在春夏之时，要顺其自然保养阳气，秋冬之时，应保养阴气。并随春夏秋冬四时更替之气，调养相应肝、心、脾、肺、肾诸脏。另外，人们日常生命活动，饮食起居也都要适时而变。

指导治疗最主要体现在"因时制宜"治疗原则上，"因时制宜"指根据不同季节的时令气候特点来考虑治疗用药。"用寒远寒，用凉远凉，用热远热，用温远温"对"四时五脏阴阳"理论研究做出重大贡献的程士德教授在《中医时间证治学纲要》书中，基于中医基本理论，对生命时间节律，时间辨证治疗，时间与康复养生等多方面进行了阐述，使得因时制宜的内容得到了极大的丰富。

3.5.3　个体健康状况差异修正的要素

中医学对待人体健康的判断立足于中医学整体统一的思维模式，认为"阴平阳秘，精神乃治"，突出强调人与自然统一，即"天人相应"。人类的生存与外环境的变化密切相关，人要适应自然。从中医学整体统一的思维模式上去认识人体健康状况，可以说"适者生存"，"天人相应"的观点就是人体健康状况差异修正的关键要素。在住宅的设计和装修中的构思，应该与这个要素相关联。

1. 住宅的含义和功用

人类的居住从自然洞穴到高楼大厦历经千万年之久，住宅作为专供居住的房屋，其功用从遮风避雨到生活栖息，乃至生活和活动的场所，随着人类自身的演变而发生着相应的变化。依据人们的社会属性对住宅的认识，是指供一家人日常起居的、外人不得随意进入的封闭空间。比如《中华人民共和国宪法》第 39 条：中华人民共和国公民的住宅不受侵犯。由此，人们常常把住宅作为一种私密的空间而独立于自然之中，对住宅的建设与装修更多的注意力放在内部空间的利用、对构件的欣赏、装饰的程度等。其实无论怎么变，住宅作为专供居住的房屋，也许是其核心功用之所在。因此，住宅的设计和装修应该和人体的健康相联系。依据中医"天人相应"整体论思想，关键要处理好人与大自然的关系。

2. 个体健康与住宅

"天人相应"的观点是中医学健康观形成的基础。人类的生存与外环境的变化密切相关，人要适应自然，其中一个重要的内容就是强调人体生理功能的变化与季节气候交替转化有关，并将其相应的规律性变化归纳为"五脏应时"。研究认为，从现代意义上看，中医的五脏是指受环境因素刺激后，激动细胞信息转导的载体——细胞信号传导系统，将信号传导于神经内分泌免疫网络和体内器官，形成一系列有规律的综合生理效应。这种综合效应经长期进化，形成了一种相对稳定的模式，具有遗传特性，而且在不断地改变和修饰机体本身以适应环境，它基于脏腑器官又高于脏腑器官，可以说是一种包含了有形物体的整体功能状态。生物学研究也证实：生物体的生长发育主要受遗传信息及环境变化信息的调节控制。目前研究还说明，遗传基因决定了个体发育的基本模式，生命活动在很大程度上受控于环境的刺激或环境信息。因此，与人类个体健康直接相关的住宅，不仅要关注人体自我感觉的舒适度，比如在炎热的夏天打开空调降温，在寒冷的严冬打开暖气升温，而且要考虑人体与外界的适应度。这个适应度是人类在千万年的进化中形成的，是维持生命的基础。人类在生活中不断地建立与其相适应的调节机制，一旦适应度产生偏移，人就会生病。大量的研究证明，自然界正常的四时之气的运动具有一定的规律，人体也形成了一套完整的免疫机制和适应能力，而当气候骤变超出了人体的适应能力或免疫功能，抑或人体自身调节适应度的能力降低和出现差异时，就常使人致病。因此，舒适度与适应度的契合将会是有利于健康的最佳状态。

3. 个体对自然的适应度与健康

中医学"天人相应"整体论一直认为要使个体保持一个健康的状况，必须和自然外界的变化保持同步，如出现差异要及时得到修正，也就是说要及时得到调整以适应自然外界的变化。如《黄帝内经·素问·四气调神大论》说："春三月，此谓发陈，天地俱生，万物以荣，夜卧早起，广步于庭，被发缓形，以使志生，生而勿杀，予而勿夺，赏而勿罚，此春气之应，养生之道也。逆之则伤肝，夏为寒变，奉长者少。夏三月，此谓蕃秀，天地气交，万物华实，夜卧早起，无厌于日，使志无怒，使华英成秀，使气得泄，若所爱在外，此夏气之应，养长之道也。逆之则伤心，秋为痎疟，奉收者少，冬至重病。秋三月，此谓容平，天气以急，地气以明，早卧早起，与鸡俱兴，使志安宁，以缓秋刑，收敛神气，使秋气平，无外其志，使肺气清，此秋气之应，养收之道也。逆之则伤肺，冬为飧泄，奉藏者少。冬三月，此谓闭藏，水冰地坼，无扰乎阳，早卧晚起，必待日光，使志若伏若匿，若有私意，若已有得，去寒就温，无泄皮肤，使气亟夺，此冬气之应，养藏之道也。逆之则伤肾，春为痿厥，奉生者少。"此段文字明确指出了四季气候环境变化下，人体正常的生理活动特点，以及发病与预防的规律都在发生着变化，两者存在着互为适应的关联度。如春季气候转暖，万物生长，草木发芽，天地间生机盎然，为阳气升发之时；人体相应要到户外活动，以适应春季阳气运行的气候特点，身体才能健康。反之，会伤了肝之气，导致夏季生寒病。而在夏季，天气开始炎热潮湿，天地间阳光雨露充足，万物生长茂盛，为阳气旺盛之时；人体皮毛腠理开泄，应对炎热带来的生理特点的改变，比如出汗增加、代谢加快等的机制启动，适应夏季阳气旺盛的气候特点身体才能健康。反之，会伤了心之气，导致秋季发生寒热交错的疾病。到了秋季气候转凉，天地间阴气逐渐上升，万物生长相应减缓平定，为阳气逐渐减弱之时，人体到户外活动时要关注气温的变化，适应秋季阳气逐渐收敛的气候特点，身体才能健康。反之，会伤了肺之气，不仅会患秋燥症，还可导致冬季发生消化不良腹泻的疾病。到了冬季阴气渐渐上升，气候转向寒冷，天地间生机敛藏，树木花草枝叶凋零，为阳气内藏，阴寒偏盛之时；人体肌肤紧闭，减少到户外的活动以保护阳气，适应冬季阳气逐渐内藏，阴寒偏盛的气候特点，身体才能健康。反之，会伤了肾之气，还可导致春季发生四肢不温，阳气被伤的病变。依据气候特点和对人体的影响调理机体的适应能力，是保证健康的特色之一。所以《素问·四气调神论》说："夫四时阴阳者，万物之根本也。圣人春夏养阳，秋冬养阴，以从其根，故与万物沉浮于生长之门"。这里明确指出了所有生物的生长都必须遵循自然四时阴阳变化的规律。

在 20 世纪 80 年代末，有学者（冯玉明，程根群．中医气象与地理学．上海：上海科学普及出版社，1997）对上海地区吸入型（外源性）哮喘患者观察两年，通过对选择的 9 个气象因素进行逐次回归分析，挑选了最优因素，求出观察期的回归方程，结果发现随日平均气温的升高而发作渐增多，当日平均气温为 21℃时发作例数最多，但随着日平均气温的升高超过 21℃时，发作的人数又渐减少，21℃一般多见春夏、夏秋之交，提示哮喘疾病易在夏秋二季发病或加重。这个 21℃就是对我们控制室内温度的一种启示。现代研究也看到影响传染病的因素有很多，其中空气湿度也是影响因素之一。比如肺结核病原体常以飞沫形式喷出，若水分急剧蒸发才能悬浮于空气中，而当空气湿度很大的时候它就很快沉落于地下。结核分枝杆菌常以飞沫和尘埃两种形式的载体进入肺泡，空气传播飞沫直径必须近似于 $2\mu m$ 的才能深入肺泡，"过大"早期沉落于上呼吸道，"过小"随呼吸而呼出肺泡，都不能使携带病原的飞沫实现感染。当环境湿度近似于饱和，而空气携带负离子浓度很高时，可以加速飞沫的沉降，降落到地面的病原在湿度和负离子浓度很高的环境中难于通过尘埃进入空中引起传染。反之，干燥的空气环境不仅有利于携带病原体飞沫漂浮，更易通过尘埃携带而传播于人群。上述举例可见，温湿度对于人体健康差异的修正是十分重要的因素。

目前有学者认为世界上将近 1/4 的疾病都与环境因素有关。《黄帝内经》一书中就提出，按规律变迁的四时之气，属于正常的气候变化，对人体有利，如春季应温而反寒，或者反为热；夏季该热而不热，或者炎热过度；秋季应凉而反热，或者过于寒凉；冬季该冷而不冷，或者寒冷过度，这就可以成为发病的因素，被称为六淫邪气。如《素问·气交变大论》就说："岁木太过，风气流行，脾土受邪。岁火太过，炎夏流行，肺金受邪。岁金太过、燥气流行，肝木受邪。岁水太过、寒气流行、邪害心火。岁木不及，燥乃大行，生气失应，草木晚荣，肃杀而甚。岁火不及，寒乃大行。岁土不及，风乃大行。岁金不及，炎乃大行。岁水不及，湿乃大行。"这里的"太过"、"不及"就是气候变化冷热不均，走向偏移，成为发病的因素，由此提示住宅内的温湿度并不是恒定在一个数值上，掌握好变动的规律，依据其规律去进行住宅的建筑设计和装饰，也许更有意义。

4. 个体健康与社会

人类是社会劳动的产物，除了有确切的自然属性之外，还因存在精神意识思维活动，创造了人类文化和文明而具有社会属性。中医学整体论思想就认识到重视人的社会属性的重要性，精神意识思维活动与脏腑形体的密切联系，强调人与社会环境和谐相应，是保证肌体健康的基础，形神统一也是健康的重要标志。房屋住宅与社会环境直接相连，因此，中国传统中常常会依据居住地的人文习俗以及住宅所有者的文化性情进行住宅的建筑设计和装饰。尤其是在社会经济文化不断发展的当下，人们对住宅的要求，除了要适应自然之外，对人文性情的要求会不断增加，应该引起建筑设计的重视。

第4章 室内健康环境表征参数及评价方法

4.1 居住条件

2008 年 10 月 27 日世界卫生组织发表了《全球疾病负担》，该项调查提供了全球和区域健康状况的全面情况（见图 4-1）。调查利用来自该组织各部门的广泛数据，按区域、年龄、性别和国家收入对 2004 年的死亡人数、疾病和伤害进行了比较。调查还提供了直到 2030 年按原因和区域分列的死亡和疾病负担预测数据。

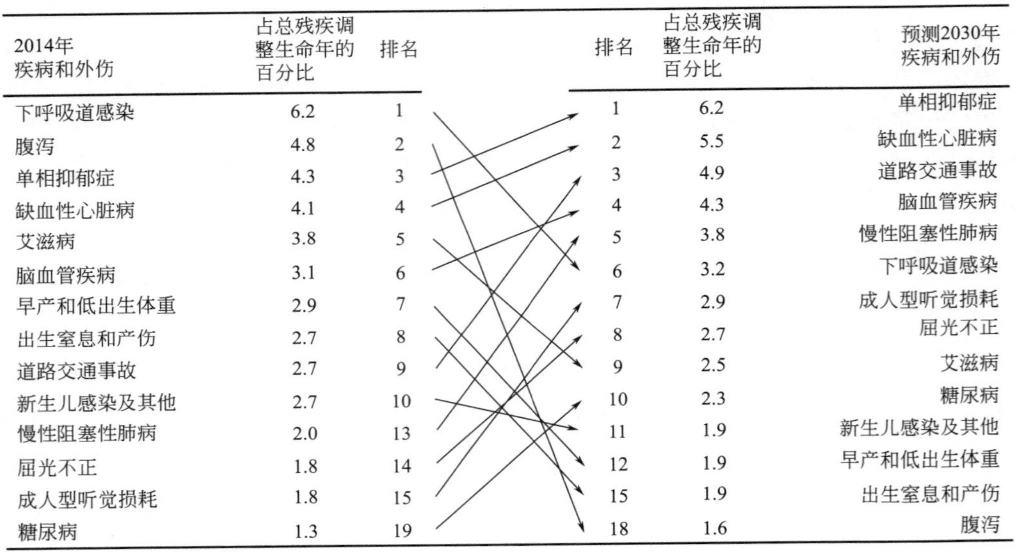

2014年 疾病和外伤	占总残疾调整生命年的百分比	排名		排名	占总残疾调整生命年的百分比	预测2030年 疾病和外伤
下呼吸道感染	6.2	1		1	6.2	单相抑郁症
腹泻	4.8	2		2	5.5	缺血性心脏病
单相抑郁症	4.3	3		3	4.9	道路交通事故
缺血性心脏病	4.1	4		4	4.3	脑血管疾病
艾滋病	3.8	5		5	3.8	慢性阻塞性肺病
脑血管疾病	3.1	6		6	3.2	下呼吸道感染
早产和低出生体重	2.9	7		7	2.9	成人型听觉损耗
出生窒息和产伤	2.7	8		8	2.7	屈光不正
道路交通事故	2.7	9		9	2.5	艾滋病
新生儿感染及其他	2.7	10		10	2.3	糖尿病
慢性阻塞性肺病	2.0	13		11	1.9	新生儿感染及其他
屈光不正	1.8	14		12	1.9	早产和低出生体重
成人型听觉损耗	1.8	15		15	1.9	出生窒息和产伤
糖尿病	1.3	19		18	1.6	腹泻

图 4-1 排名前十位全球疾病负担，2004 年和 2030 年预测数据对比

4.1.1 与建筑室内条件相关的疾病

与室内空气污染相关的健康影响主要可以分成以下五大类[1]：

（1）免疫效应和其他过敏症状：

1）哮喘；

2）过敏；

3）非特异性过敏。

（2）呼吸效应（除免疫）。

（3）细胞效应。

1）癌症；

2）包括生殖等其他细胞效应。

（4）神经和感官效应：

1）气味；

2）刺激；

3）神经性症状。

（5）心血管效应。

1. 癌症

癌症是造成世界范围内疾病死亡的主要病症，2008 年全球范围 760 万人死于癌症（占全球死亡病例 5700 万人的 13％）。肺癌、胃癌、肝癌和乳腺癌是导致死亡的主要病症。吸烟是导致癌症发病的最主要原因，由吸烟导致的癌症大约占全球癌症死亡病例的 22％，占全球肺癌死亡病例的 71％（WHO，2012）。氡被认为是导致肺癌的第二个发病原因，长时间暴露在低浓度的氡微粒环境中（例如清洁用品挥发、燃烧微粒等），这与死亡率有着密切的关系。未来癌症死亡数目预计减少 400 万人（WHO，2011）。

2. 心血管疾病

2008 年，1730 万人死于心血管疾病，占全球死亡病例的 30％。在这些死亡病例中，估计有 730 万人死于冠心病，620 万人死于中风。预计到 2030 年，大约有 2360 万人将会死于心血管疾病，主要包括：心脏病和中风。80％的冠心病和脑血管疾病是由行为风险因素导致的，压力也是发病的重要决定因素（WHO，2011）。室内可吸入颗粒物的暴露量也与心血管疾病、癌症、哮喘密切相关。未来心血管疾病死亡数目预计减少 600 万（WHO，2011）。

3. 慢性呼吸道疾病

2008 年，420 万人死于呼吸道疾病，包括哮喘和慢性阻塞性肺病（WHO，2010）。2350 万人患有哮喘。在儿童人群中，哮喘是最常见的慢性疾病（WHO，2011c）。建筑潮湿和发霉导致某种和健康状况相关的哮喘疾病增长了 30％～50％。2005 年，超过 300 万人死于慢性阻塞性肺病（相当于 2005 年全球死亡病例的 5％），并且预计在未来 10 年内，如果不采取任何措施，死亡病例将会增长 30％（WHO，2011d）。虽然吸烟是最重要的发病风险因素，但是其他的有害微粒和有害气体同样似乎也成为发病的风险因素之一（特别是霉菌）。

4. 肥胖

2008 年，大约 15 亿成年人、年轻人和老年人体重是超出标准的。其中超过 2 亿男人和 3 亿女人患有肥胖症。2010 年，大约有 4300 万 5 岁以下的儿童患有肥胖症（WHO，2011）。肥胖（糖尿病和心血管疾病的诱因）也与室内环境相关。

5. 糖尿病

全世界大约有 3.46 亿人患有糖尿病。2004 年，大约有 340 万人死于高血糖疾病。WHO 组织预计，2005～2030 年糖尿病死亡病例将会翻倍。健康饮食，适当的锻炼，保持正常的体重，避免吸烟，这些举措可以延缓或者杜绝 2 型糖尿病的发生。

6. 抑郁症

抑郁症是很常见的，影响着全球 1.21 亿人。抑郁症是导致残疾的最主要原因，也是导致全球医疗负担排名第四的原因（WHO，2011）。现阶段存在从身体不适到精神障碍的转变，这种转变也被进一步确认是与室内环境相关的。

4.1.2 居住建筑周边环境及居住者健康影响检查表（表4-1～表4-3）

居住建筑周边环境及居住者健康影响检查表（住宅周边环境）　　　　　表4-1

	1	2	3	4	5
住址所处位置	喧闹的市区	周边环境较安静的市区	农村	其他	
200m 范围内交通、汽车数量	靠近交通要道	邻近交通要道	远离交通要道	其他	
商业、农业活动	刺激性气味	刺激性气味(有时)	无气味影响	其他	
住宅底部或周边是商业区	没有	干洗店、复印店	车库、加油站	快餐店、餐馆	其他
车库的位置	没有	与住宅相邻	在住宅下	其他	
鸟巢(鸽子)	鸟的喧杂声	没有鸟	其他		
气味及产生的根源	周边范围内	隔壁近邻	住宅内部	无气味	其他
气味对健康的影响	头疼、恶心	有刺激性	可以忍受	无影响	其他
电车与住宅的距离	$d<25m$	$25m≤d≤50m$	$50≤d≤200m$	没有,距离很远	
无线通信设施	$d<25m$	$25m≤d≤50m$	$50≤d≤200m$	没有,距离很远	
土地类型	沙地、泥炭土	黏土	岩石	其他	
土地污染	有影响,限制使用	认为安全	无	其他	
住宅地下检测空间	潮湿的地下检测空间	干燥的地下检测空间	无地下检测空间	无信息	其他
地下检测空间构造处理方式	土壤表面覆盖锡箔	非固定的绝热层	泡沫混凝土	无处理、无功能	其他

居住建筑周边环境及居住者健康影响检查表（居住者信息）　　　　　表4-2

	1	2	3	4	5
平均每天/夜居住人数	数量				
成人(>12岁)	数量				
儿童(≤12岁)	数量				
宠物	厚重的羽毛	其他类型宠物	无		
宠物数量	数量				
睡觉的地点或位置	室外	卧室内	床上	室内的任何位置	其他
居住年数	年数				
每周洗衣次数	数量				
在室内洗衣烘干	布置在起居室	布置在浴室	冷凝干燥器	布置在阁楼	其他
每天室内吸烟数量	每天数量				

续表

	1	2	3	4	5
呼吸道问题	有	无			
医疗建议	有	无			
与健康相关的改造/装修	光滑表面	相关、床垫	相关、楼梯、升降梯	其他	无
住宅改造类型	舒适、小幅度	舒适、健康	舒适、节能	维护、保养	无
住宅改造时间	正在进行	<4 周	5~12 周	>12 周	其他
住宅改造位置	起居室	使用的卧室	内部的某些房间	非室内	其他
建筑时间	数量				
建筑形式	单户家庭	多户家庭（底层）	多户家庭（高层）	其他	

居住建筑周边环境及居住者健康影响检查表（住宅基本信息）　　表 4-3

	1	2	3	4	5
房间数量	数量				
居住位置	自由空间	半自由空间/靠边	中间	屋顶	其他
建筑所有权	租赁	私有			
结构类型：主要地面	石头	木材	其他/混合		
结构类型：墙	混凝土	石头	木材	其他	
结构类型：内表面	混凝土	石头	木材	其他	
结构类型：屋顶	石头	木材/轻质材料	其他/混合	非屋顶下	
石棉	无	较小隔热区域	较大区域或危险	未知，其他	无
开放程度/楼梯间的烟囱效应	开放 2 层	开放>2 层	封闭	无	其他
通风系统	自然通风	机械排风、自然进风	平衡		
通风系统、排气位置	厨房、浴室、卫生间	厨房、浴室、卫生间、储藏室	2 处排气口	无排气	其他
风箱年龄	年数				
风箱维护频率	从不	每>5 年	每 1~5 年	每年	其他
上次风箱维护时间	<1 年	1~5 年	5~15 年	从不	其他
供暖系统	局部供暖	集中供暖			
热源，开放式或封闭式	开放式、无排出	开放式、有排出	闭式平衡	集中	
供暖系统，局部热源	居住区域	内部储存区域	外部	其他	
供暖形式	热对流/辐射	低温表面	空气	混合/其他	
供暖系统，可用性	个体费用检测	集中，各户费用控制	集中，费用均摊	其他	
供暖系统使用年数	使用年数				
维修频率	从不维修	每>5 年	每 1~5 年	每年	其他
检测空间的循环管道	非隔热	隔热或<2m	不在检测空间内	其他	

续表

	1	2	3	4	5
额外供暖设备	壁炉	火炉（木材）	简易加热器、煤油/天然气	其他	无
额外供暖设备每年使用时间	从不或<20h	20～100h	>100h	其他	
热水系统	缓冲	直流	集中	其他	
热水系统，开放式或封闭式	开放式、无排出	开放式、排出	闭式平衡	集中	
热水系统，类型	热泵/太阳能	锅炉>5L	锅炉1～15L	锅炉<1L	
热水系统，位置	住宅区	住宅内部储存区	外部	其他	
控制温度	无控制>60℃	控制>60℃	控制<60℃	无控制<60℃	其他
热水系统使用年数	年数				
冷水温度	一直供冷水	有时>25℃	热	其他	
热水温度	一直供热水	有时<50℃	不热<50℃	其他	
铅管	小于3m	大于3m	无	未知	其他
交通状况	>80%靠近交通要道	邻近交通要道	安静的街道、院落	其他	
室外噪音	交通	城市的喧嚣	接待所，酒吧	其他	
隔壁/近邻噪声	门、楼梯	说话、音乐	设备、电梯	无噪音	其他
室内噪声	通风	供热	洗衣机	探访者	其他
噪音对健康影响	失眠	刺激、有影响	烦恼	无烦恼	其他
噪音对行为影响	关闭设备	关闭窗户	公众干预	无反应	其他
室外私人空间	阳台	露台	花园	无	
儿童嬉戏区域	可能、安全	监督情况下	无	其他	
设计特色：阳台、人行道	较长的挡热板	局部挡热板	绝热/无热桥	其他	
挑檐，保护墙体	伸出>25～30m	伸出<20～25m	无	其他	
屋顶类型	平屋顶	坡屋顶	混合	不在屋顶下	其他
入侵、盗窃	恐惧、隔离区、危险	入侵危险	低风险，保护隐私	保护隐私、安全	其他
用户行为对入侵的影响	关闭窗户	关闭、睡觉	额外注意	无反应	其他
住宅满意度	非常满意	满意	不满意	非常不满意	其他
室内环境满意度	非常满意	满意	不满意	非常不满意	其他
维护满意度	非常满意	满意	不满意	非常不满意	其他
社区满意度	非常满意	满意	不满意	非常不满意	其他
供热水平	所有房间是暖和的	仅起居室供暖，其余不供暖	较低的温度	短时间供暖	其他
楼梯类型	螺旋式	四等分式	直式	陡峭式	其他
一层或二层不合理的楼梯	非常陡峭	陡峭	正常	平缓	其他
室内意外事故原由	摔倒	切削	擦伤	吸烟，燃烧	无

4.2　生活行为与暴露量

4.2.1　居住环境室内气溶胶暴露水平

发达地区的人大约有 65% 的时间是在住宅度过的。一些研究对住宅与室外气溶胶浓度、个人暴露浓度以及每日累计暴露量进行了测试。其中，有吸烟情况存在的住宅被排除，因为烟气作为一种已知的室内颗粒物来源，会极大地影响室内颗粒物的浓度。例如，Breysse 以及 Stranger 等人的研究表明，吸烟会导致室内颗粒浓度上升 58%～130%。而且，关于室内活动或烹饪产生的颗粒物浓度的研究也不在考虑范围内。大多数研究都同时给出了室内外颗粒物的浓度。其中，14 项研究对不同平均时间段内的个人暴露的 PM2.5、PM1.5 以及 PM10 的质量浓度进行了监测（原文中的 PM2.5 浓度值为"个人暴露浓度"，考虑到暴露量为浓度与暴露时间的乘积，同时兼顾文章的连贯性，所以将其视为"个人监测浓度"）。仅有 3 项研究给出了住宅每日超细颗粒物暴露量（单位为每小时/每天）。个人监测的 PM2.5 浓度范围为 $10.6～54\mu g/m^3$，平均值为 $27.3\mu g/m^3$，中位数为 $26.5\mu g/m^3$。Bhangar、Mullen、Wallace 以及 Ott 等人给出了一个计算住宅室内超细颗粒物（居住者在住宅内）暴露量的简单方式。每日的综合暴露量可以视为一个标准化的对比指标。3 项研究中住宅室内每人每日平均综合暴露量范围为 $11.5\times10^4～29.6\times10^4$（$cm^3 \cdot h$）/a。根据 Wallace 与 Ott 的研究可知，居住者对烹饪以及室外渗漏产生的颗粒物的暴露量占总暴露量的 67%。另外，在这 3 项研究中，住宅每日超细颗粒物暴露量主要从室外、间断以及持续的室内来源方面考虑。并通过室内外的连续监测、居住者活动记录以及调查问卷的方式获得需要的信息。Bhangar 等人研究发现室内产生超细颗粒物量对总超细颗粒暴露量的贡献率为 59%（7 个住宅范围为 38%～76%），而 Mullen 等人的研究结果为 30.5%（2 个住宅范围为 19%～42%）。Wallace 与 Ott 等人对其进行了重新计算，发现烹饪对住宅超细颗粒物贡献率为 47%。Wallace 的研究结果表明，室内产生超细颗粒物量占总量的 55%。这些研究说明了居住者活动、颗粒物发生源以及场所的不同对颗粒物浓度产生重要影响，同时也表明室内颗粒物来源的不容忽视。

图 4-2 的数据（最小值、下四分位、中位数、上四分位以及最大值）给出了室内外 PM10、PM2.5 的分布情况，以及个人监测的 PM2.5 浓度值。考虑到测量方法、测量仪器以及平均时间的范围不同，图中主要给出了测量浓度的大致范围。例如，平均时间范围可以是小时（8h、24h 以及 48h）、季度、年以及非在室时间。对于评估住宅室内个人颗粒物暴露情况来说，最为相关的暴露时间应该是居住者在室时间。如果考虑非在室时间（居住者不在室内），则很可能会低估居住者暴露量。文献中的室内 PM10 浓度的中位数略高于室外（分别为 $34.7\mu g/m^3$ 与 $30.2\mu g/m^3$），而室内 PM2.5 浓度的中值数与室外相同（$17.6\mu g/m^3$），并且室内 PM2.5 浓度波动较大。个体暴露的 PM2.5 浓度中位数为 $26.5\mu g/m^3$，高于室内外 PM2.5 浓度的中位数值。这可能由于居住者经历了一些 PM2.5 浓度高于住宅室内外浓度的场所（烟雾缭绕的酒吧、餐馆、交通工具、木材加工场所等），也有可能是居住者比测试仪器更靠近室内颗粒物发生源。

图 4-2 也包括了 8 项评估室内外颗粒物数量浓度的研究。由于这些研究测量的最小颗粒物尺寸不同（范围为 6～15nm），以及选取平均测试时间的不同（整个测试时间、居住

者在室时间、活动时间以及非活动时间），因此对无法对它们进行对比。只有 2 项研究直接测试了居住者在室时间内颗粒物浓度值，并且这 2 项研究测量的最小颗粒物尺寸相同（6nm）。以这 2 项研究（7 户单栋住宅以及 4 栋住宅）为例，在室时间颗粒物浓度值为 16.1×10^3 粒子/cm^3（范围为 $5.3 \times 10^3 \sim 34.7 \times 10^3$ 粒子/cm^3），室外浓度为 19.0×10^3 粒子/cm^3（范围为 $8.9 \times 10^3 \sim 22.4 \times 10^3$ 粒子/cm^3）。

室内外浓度相似性（图 4-2）可能会误导读者，因为它似乎说明了利用详细的个人暴露评估去替代环境空气暴露评估不是迫切的需要。然而，当对比室内外颗粒物浓度时，需要注意以下几个方面：1）建筑本身过滤掉大部分的室外颗粒物（不同大小颗粒物的渗透率以及室内沉降率不同），所以室内颗粒物暴露与室外具有差异性；2）颗粒物不仅仅来源于室外，室内也存在颗粒物发生源，并且室内外颗粒物成分与物理特性具有显著差异性；3）个体暴露需要考虑室内外相关活动，例如交通以及烹饪等，而环境监测往往很难捕捉到这一点。

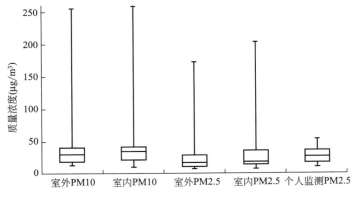

图 4-2　颗粒物浓度分布统计

吸烟、木制品加工以及烹饪等一些活动对室内细颗粒物数量浓度以及个体 PM2.5 暴露具有显著的影响。文献表明，烹饪导致的室内颗粒物浓度达到 $1.6 \times 10^4 \sim 6.3 \times 10^5$ 粒子/cm^3，其比室外颗粒物浓度的最大值还要大。室内颗粒物来源尚未了解透彻，其可以来源于一系列的活动，例如烹饪、清洁、燃烧器具、蜡烛、光化学、打印机，还包括一些消费品，如气溶胶、洗涤剂以及喷雾剂等。然而，这些活动对室内颗粒物定量贡献率（以一定的人数为代表）尚未确定。

除此之外，粒径对颗粒物相关物理过程的影响以及考虑颗粒物成分的情况下颗粒物的暴露与吸入情况（不考虑物理特性），尚未得到充分的研究。例如，不同化学成分的颗粒物具有不同的特征尺寸分布，并且尚不清楚颗粒物成分不同是部分还是全部归因于其物理特性。为了确定所观察到的差异性是否由于颗粒物的成分或暴露不同引起的，以及粒径大小分布是否引起暴露剂量的不同，需要对暴露与剂量特征开展创新性的研究（基于综合监测以及建模方法）。

关于研究室内颗粒物暴露的健康影响的流行病学实验往往受限于小规模的队列研究以及不精确的调查问卷评估方法。欧洲的室内颗粒物（来源于室内与室外）浓度监测数据表明，当室外颗粒物浓度范围为 $6 \sim 20 \mu g/m^3$ 时，来自室内发生源的颗粒物对非吸烟住宅总颗粒物贡献为 $3 \sim 5 \mu g/m^3$，占总浓度的 20%～30%。

4.2.2　环境暴露行为模式评价指标

环境暴露行为模式指人与环境介质或风险因素接触的方式和特征，是环境健康风险评价的关键因素。从 20 世纪末开始，美国环境保护局、韩国环境部等机构相继开展了本国居民环境暴露行为模式的研究，发布人群暴露参数手册。由于我国在该领域的研究缺乏，长期引用国外相关数据。考虑到中国人群的环境暴露行为模式与国外存在较大差异，引用国外暴露参数评价我国环境健康风险会产生较大偏差。基于此，根据"国家环境保护'十二五'环境与健康工作计划"，环境保护部于 2011～2012 年组织完成了成人环境暴露行为模式研究，形成了《中国人群环境暴露行为模式研究报告（成人卷）》。

我国进行环境暴露行为模式评价指标包括三类，即与环境介质相关的暴露特征、与污染源相关的暴露特征和与环境健康风险相关的暴露防范特征。

与环境介质相关的暴露特征依据身体特征、摄入量和暴露时间计算出综合暴露系数，具体计算方法如下：

皮肤表面积（Body Surface Area，SA）：

$$SA = 0.012H^{0.6}W^{0.45} \tag{4-1}$$

式中　SA——皮肤表面积，m^2；

　　　W——体重，kg；

　　　H——身高，cm。

呼吸量（Inhalation Rates，IR）：

$$IR = \frac{E \times H \times VQ}{1440} \tag{4-2}$$

式中　IR——呼吸量，L/min；

　　　H——消耗单位能量的耗氧量，通常取 0.05L/kJ；

　　　VQ——通气当量，常取 27；

　　　E——单位时间消耗能量，kJ/d。

综合暴露系数（Exposure Index，EI）：

$$IR = \frac{IR}{BW} \times \frac{ET}{AT} \tag{4-3}$$

式中　EI——某介质的综合暴露系数；

　　　IR——人群对该介质的摄入量，L/d，m^3/d 或 mg/d；

　　　BW——体重，kg；

　　　ET——暴露时间，h；

　　　AT——总时间，24h。

鉴于本书重点关注室内环境暴露风险，因此暴露时间和综合暴露系数均指室内暴露时间和室内空气综合暴露系数。在进行暴露于某种污染物的健康风险评价时，可将综合暴露系数与污染物浓度和毒性系数相结合进行计算，具体方法如下：

对于致癌物质：

$$R = C \times EI \times SF \tag{4-4}$$

式中　R——致癌风险，无量纲；

　　　C——污染物浓度；

EI——综合暴露系数；

SF——致癌斜率因子。

对于非致癌物质：

$$R = \frac{C \times EI}{RfD} \times 10^{-6} \tag{4-5}$$

式中　RfD——污染物的参考剂量，mg/(kg·d)；

　　　R、C、EI 同上式。

与污染源相关的暴露特征将重点关注室内固体燃料燃烧所引起的暴露风险，评价指标包括室内烧煤和生物质燃料（柴草、炭、木头、动物粪便等）用于取暖或烹饪的人数比例。

与环境健康风险相关的暴露防范特征将关注与室内空气相关的评价指标，如开窗通风时间、有独立厨房、做饭时使用通风设施的人数占总人数的比例。

4.2.3　环境暴露行为模式调查结果

我国居民环境暴露行为模式与国外存在明显差异，调查结果见表4-4。我国不同地域、年龄、性别人群综合暴露系数调查结果见表4-5和表4-6。与日本、韩国的主要差异体现在室外空气暴露方面，我国居民室外综合暴露系数分别是日本和韩国的2.7倍和3.4倍，室内空气综合暴露系数是美国的1.46倍。从性别来看，室外空气综合暴露系数男性是女性的1.2倍，室内空气综合暴露系数差别不大；从年龄分布来看，45～49岁人群室外空气综合暴露系数最大，80岁及以上人群最低，前者是后者的1.9倍；从地区来看，西北地区室外空气综合暴露系数最高，华东和东北地区最低，分别是全国平均水平的1.2倍和0.8倍；从城乡分布来看，我国城市居民室外空气综合暴露系数是农村的0.7倍，室内空气综合暴露系数差别不大。

我国人群综合暴露系数与国外的比较　　　　　　　　表 4-4

类别		指标		中国	美国	日本	韩国
综合暴露系数	空气	室外空气综合暴露参数		0.040	0.036	0.015	0.012
		室内空气综合暴露参数		0.216	0.148	—	0.203
	水	饮水综合暴露参数		0.031	0.013	0.011	0.024
		水经皮肤综合暴露参数*		0.128	0.295	0.479	0.316
	土壤	土壤经皮肤综合暴露参数		3.740	1.042	—	—
暴露参数	身体特征	体重(kg)		60.6	80.0	58.5	62.8
		皮肤表面积(m²)		1.6	2.0	1.6	1.7
	摄入量	呼吸量(m³/d)		15.7	14.7	17.3	14.3
		饮水量(ml/d)		1850	1043	667	1502
	暴露时间	室外活动时间(min/d)		221	281	72	78
		室内活动时间(min/d)		1200	1159	—	1284
		洗澡时间(min/d)	盆浴	7.0	17.0	25.2	3.3
			淋浴			6.6	16.8
		土壤暴露时间(min/d)		204	60	—	—

* 水经皮肤综合暴露参数是取"盆浴"和"淋浴"洗澡时间中的较大值计算所得，未包括游泳时间。

我国不同地域、年龄、性别人群空气综合暴露系数　　　　　　　　表 4-5

		室外空气综合暴露系数	室内空气综合暴露系数
合计		0.040	0.22
性别	男	0.045	0.23
	女	0.037	0.22
年龄	18～44 岁	0.041	0.23
	45～59 岁	0.043	0.22
	60～79 岁	0.033	0.19
	80 岁以上	0.023	0.19
城乡	城市	0.032	0.22
	农村	0.047	0.21
地区	华北	0.040	0.20
	华东	0.032	0.22
	华南	0.045	0.22
	西北	0.048	0.21
	东北	0.032	0.22
	西南	0.046	0.22

我国不同地域、年龄、性别人群空气与水综合暴露系数　　　　　　表 4-6

		空气综合暴露系数		水综合暴露系数	
		室外空气综合暴露系数	室内空气综合暴露系数	饮水综合暴露系数	水经皮肤综合暴露系数
合计		0.040	0.22	0.031	0.13
性别	男	0.045	0.23	0.031	0.13
	女	0.037	0.22	0.030	0.14
年龄	18～44 岁	0.041	0.23	0.031	0.15
	45～59 岁	0.043	0.22	0.030	0.13
	60～79 岁	0.033	0.19	0.030	0.11
	80 岁及以上	0.023	0.19	0.028	0.09
城乡	城市	0.032	0.22	0.031	0.15
	农村	0.047	0.21	0.031	0.12
地区	华北	0.040	0.20	0.036	0.10

　　呼吸速率是人体暴露和健康风险评价中的关键性暴露参数之一，根据我国 2004 年大规模的膳食能量调查数据，计算了各类人群的呼吸速率参数。结果表明：我国男、女性居民长期暴露的呼吸速率为 $47～13.9m^3/d$；20～45 岁男、女性居民轻、中、重 3 种活动强度下的呼吸速率为 $13.5～167m^3/d$；2～5 和 6～17 岁的城市居民呼吸速率分别比农村居民高 15.8％和 12.4％，而 18～45 和 45 岁以上的农村居民的呼吸速率分别比城市居民高 3.9％和 7.6％，城市和农村居民的呼吸速率存在差异（见图 4-3）；各年龄段长期暴露的

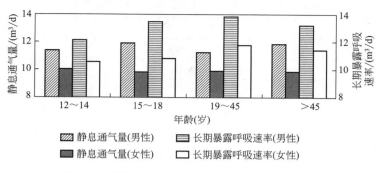

图 4-3　长期暴露呼吸速率与静息通气量的对比

日均呼吸速率是静息通气量的 1.1～1.3 倍[4]，与相关文献的报道相符。如果直接引用外国的呼吸速率参数，将会造成 26%～30.9% 的误差（见图 4-4）。

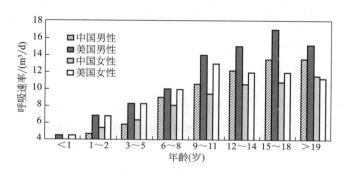

图 4-4　中美两国不同年龄段人群呼吸速率比较

通过研究的估算结果如表 4-7 和表 4-8 所示。

我国居民的长期暴露呼吸速率　　　　　　　　　　　　　表 4-7

年龄 /岁	男性		女性		城市居民		农村居民	
	样本数 /个	呼吸速率 /(m³/d)	样本数 /个	呼吸速率 /(m³/d)	样本数 /个	呼吸速率 /(m³/d)	样本数 /个	呼吸速率 /(m³/d)
3～5	168	5.9	124	6.4	28	6.6	234	5.7
6～18	799	11.6	727	9.6	165	11.8	850	10.5
19～44	2130	13.9	2261	11.8	596	12.6	2234	13.1
45～64	1874	13.7	1995	11.8	941	11.7	2603	12.6

我国居民的短期暴露呼吸速率　　　　　　　　　　　　　表 4-8

年龄/岁	活动强度	呼吸速率/(m³/d)	
20～45	轻体力活动	15.1	13.5
	中等体力活动	15.8	14.1
	重体力活动	16.7	14.9

4.2.4　健康等级评价

1. 参数等级划分

环境对人体的刺激可以分为三个层次，一是人体未感受到刺激或轻微刺激，二是人体能感受到明显的刺激，但身体未发生明显病变且能忍受，三是环境的刺激影响到人体的正常生活活动，且不能忍受这种刺激。室内环境暴露时间可以划分为短时间暴露（＜15min/d）、中等暴露（1～3h/d）和长时间暴露（＞6h/d）三类，综合两方面的影响因素，其风险等级划分如表 4-9 所示。

健康暴露风险的等级划分[26]　　　　　　　　　　　表 4-9

类别	短时间暴露	中等暴露	长时间暴露
轻微刺激	无健康风险	弱势人群风险预警	弱势人群风险警告
中等刺激	弱势人群风险预警	弱势人群风险警告	所有人群风险警告
严重刺激	弱势人群风险警告	所有人群风险警告	极端健康风险警告

考虑到儿童、老人、孕妇和患病人群更易受环境刺激影响，可将其划分为敏感弱势人群，按照环境的健康影响性能，健康等级划分如表 4-10 所示。其中 1 级为健康环境状态，大多数人群在此类环境中会感觉到舒适，且环境不会对人体健康产生健康危害；2 级为存在轻度的暴露风险，即此类环境中的部分环境参数已超过人体的舒适区范围，且会对敏感弱势人群产生轻微的刺激，但这种刺激带来的是不舒适感，还未达到刺激人体健康的水平；3 级为存在严重的暴露风险，此时敏感弱势群体已感到极端不舒适，且会伴随生理反应症状，对弱势群体人体健康造成了威胁；4 级为极端暴露风险，在此类环境中暴露的所有人群均会有强烈的不舒适感，健康人群也会产生相应的生理应激反应。

基于暴露风险的环境健康等级划分　　　　　　　　表 4-10

健康等级	等级描述
1 级	无健康风险,对居住者的健康不会产生健康影响
2 级	轻度暴露风险,对敏感弱势人群会存在一定的刺激影响
3 级	严重暴露风险,敏感弱势人群存在健康风险
4 级	极端暴露风险,所有人群均存在健康风险

通过对既有国内外室内环境相关标准研究可知，其物理参数限值的确定大多都是基于舒适性研究和健康性研究得来，且大多是以引起人体刺激的最低阈值来确立。目前欧美国家和日本在健康住宅领域研究成果积累较多，本节将对比分析美国 ASHRAE 标准、欧洲 EN 标准、国际 ISO 标准、日本健康住宅规范和中国标准的标准限值，并基于环境表征参数对人体的剂量效应研究，对本书提出的环境健康表征参数等级进行划分。

研究表明，冬季相邻两天室内平均温度的变化幅度超过 3℃就会对人体产生不利的影响[27]，室温的瞬时变化超过 8℃时，人体皮肤毛细血管血流量、皮肤表面湿度、皮肤温度等都会发生显著的变化，推荐瞬时温度变化值不宜超过 4℃[28]，WHO 目前推荐的最佳温度区间是 18～24℃[29]。国内外居住建筑热舒适温度对比图如图 4-5 所示。我国现阶段将人员长期逗留区域空调室内设计温度划分为Ⅰ、Ⅱ两个等级，Ⅰ级热舒适度较Ⅱ级高，冬

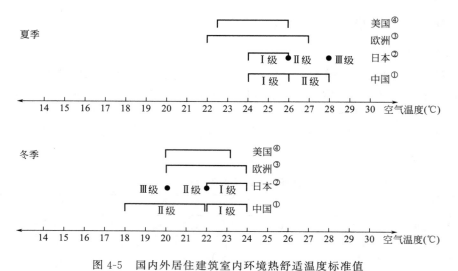

图 4-5　国内外居住建筑室内环境热舒适温度标准值

① 《民用建筑供暖通风与空气调节设计规范》GB50736—2012。

② 《Comprehensive Assessment System for Built Environment Efficiency》。

③ 《Indoor environmental input parameters for design and assessment of energy performance of buildings addressing indoor air quality, thermal environment, lighting and acoustics》(BS EN 15251：2007)。

④ 《Thermal Environmental Conditions for Human Occupancy》(ANSI/ASHRAE Standard 55-2004)。

季供暖工况下热舒适等级Ⅰ级室内温度范围为 22～24℃，Ⅱ级为 18～22℃，夏季分别为 24～26℃和 26～28℃，日本Ⅰ级温度范围与我国Ⅰ级范围相同，但Ⅱ、Ⅲ级划分则采用单点温度方式，与我国相比更为严格。考虑到节能需求和人体适应性热舒适要求，欧美国家的热舒适区要求则更为严格，欧洲采用的 BS EN 15251：2007 标准规定的冬季热舒适区为 20～24℃，夏季热舒适区为 22～27℃，此温度范围均为可接受的温度范围，并非是标准里最严格的规定值，因而可能会不满足儿童、老人和易感人群的舒适性需求。美国 ASHARH-55 采用与国际通用的热舒适评价指标 PMV 和 PPD，要求-0.5＜PMV＜0.5、PPD＜10，换算成冬季的热舒适温度为 20～24℃，夏季热舒适温度为 23～26℃。

　　人体受到空气相对湿度的直接影响是生理上的不舒适感，嘴巴、眼睛、咽喉等生理器官均会受到过干或过湿环境的刺激影响，生活在低温低湿环境下的人群易患有流感、哮喘、支气管炎等，而湿热环境则会诱发心脑血管疾病等，当室内相对湿度超过 80％时，人体的蒸发散热受到影响，湿热环境容易使人产生偏头疼、脑血栓等疾病[30]。室内环境相对湿度低于 30％时，人的眼睛和皮肤就会产生干燥感，低于 10％时人的鼻黏膜也会变得较为干燥，成年人群较老年人群对环境干燥程度更为敏感[31]。当室内相对湿度超过 60％时，室内很多种类真菌的生长就会受到抑制，室内屋尘螨的最佳生长湿度范围是 50％～80％，适宜的相对湿度能够有效降低疾病病毒在室内传播扩散，综合考虑最后推荐的最为适宜的相对湿度范围为 40％～60％[32]。

　　国内外居住建筑室内相对湿度推荐范围如图 4-6 所示，目前的空调房间存在的主要热湿环境问题是冬季增湿和夏季去湿，欧洲提出了四级标准，我国冬季供暖Ⅰ级要求与欧洲要求相同，要求供暖房间室内相对湿度应大于或等于 30％，但未对Ⅱ级舒适区相对湿度范围进行规定，夏季Ⅰ级舒适区的相对湿度范围是欧洲的Ⅰ级和Ⅱ级范围之和，规定要求在

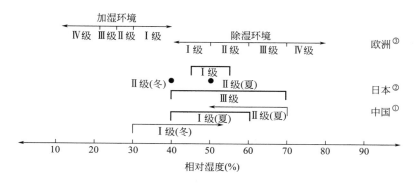

图 4-6　国内外居住建筑室内环境相对湿度标准值

① 《民用建筑供暖通风与空气调节设计规范》（GB50736—2012）。

② 《Comprehensive Assessment System for Built Enviornment Efficiency》。

③ 《Indoor environmental input parameters for design and assessment of energy performance of buildings addressing indoor air quality，thermal environment，lighting and acoustics》（BS EN 15251：2007）。

40％～60％之间。日本规定的Ⅰ级区域为 45％～55％，Ⅲ级范围应在 40％～70％之间，相比之下，日本健康住宅对室内相对湿度的要求更为严格精细。

随着年龄的增长，人体在阅读时对光照的需求会呈现出抛物线性的增加，研究表明，人体的视觉功能会随着照度值的增加而得到增强，同等照明情况下，老年人的视觉功能较年轻人弱[32]。如图 4-7 所示，当室内照度值在 300lx 左右时，青年人从事简单活动时的视觉功能也不足 70％，从事复杂活动时，即使照度值提高到 1000lx，老年人的视觉功能仅为 45％左右。通过主观调查研究室内人员期待的室内照度水平宜维持在 300～500lx 之间，且最大不宜超过 1000lx[33]，实验研究得出，夜间睡眠环境照度水平在 90～180lx 时，人体的警觉性会增强，脑电波加快，会影响到人体的正常睡眠[34]。室内光环境受影响的因素较多，建筑布局、照明设计和居民用灯习惯等都对室内光环境的照度水平产生影响。

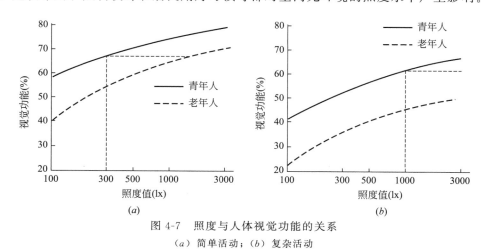

图 4-7　照度与人体视觉功能的关系

（a）简单活动；（b）复杂活动

我国现行的建筑采光设计标准和建筑照明设计标准的规定都是按照室内功能房间和从事的活动类型来划分的，如图 4-8 所示。卧室设计的背景照明值为 75lx，阅读照明与起居室、厨房的背景照明值均为 150lx，而欧洲规定从事简单活动的照明值应高于 300lx，复杂

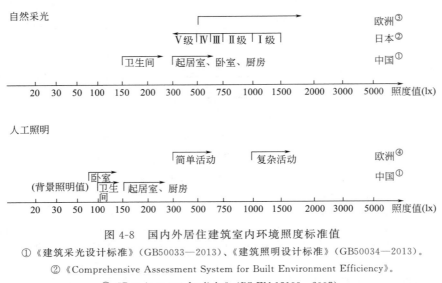

图 4-8　国内外居住建筑室内环境照度标准值

① 《建筑采光设计标准》（GB50033—2013）、《建筑照明设计标准》（GB50034—2013）。

② 《Comprehensive Assessment System for Built Environment Efficiency》。

③ 《Requirements for light》（BS EN 15193：2007）。

④ 《Light and Lighting-Lighting of work places，Part1：Indoor work places》（BS EN 12464-1：2007）。

活动不得低于 1000lx。欧洲和日本规定的自然采光最低值不宜低于 500lx，我国采用的是 300lx 标准限值，卫生间仅为 150lx，这与居住建筑的类型和小区规模存在一定的关系。

居住建筑室内声环境主要受邻户生活活动、室外交通、商业和工业等噪声源影响，长期暴露在噪声环境中容易导致人的听力功能下降，且暴露人群患高血压的概率会增高，室内噪声对人体的影响可以分为三种，一是对人体听力系统的影响，长期暴露在高噪声环境下会导致听力下降；二是对人体的休息睡眠质量产生影响，会使人产生不舒适感；三是影响人的情绪，容易使人变得烦恼[35]。睡眠环境中噪声强度与人体烦躁感之间存在一定的线性关系，在室内有明显噪声源和无明显噪声源的情况下，人群烦躁感率为 0％时对应的噪声值分别为 52dB（A）和 57dB（A），有明显噪声源的情况下人体能够忍耐的最大噪声强度是 82dB（A）左右[37]。人体的生理指标如皮质醇、血脂、血糖和肾上腺素等在环境噪声超过 70～75dB（A）时会发生明显的变化[38]，当室内的噪声达到 64dB（A）时人的觉醒概率会提高，噪声低于 38dB（A）时基本不会对人体的睡眠造成影响[38]。为保证良好的睡眠质量，睡眠期间的噪声宜维持在 35dB（A）左右，超过 55dB（A）时居住者的睡眠质量就会受到影响[39]。

我国 2008 年颁布的《声环境质量标准》和日本 1993 年执行的环境法规中对居住建筑小区周边室外的声环境要求基本一致，如图 4-9 所示，其中等级划分原则如表 4-11 所示，我国 3、4 类功能区主要是针对工业区域声环境而设定，并按照昼（06：00～22：00）、夜（22：00～06：00 次日）划分，0 类（AA 类）、1 类（A&B 类）、2（C 类）功能区昼间限值分别为 50dB（A）、55dB（A）、60dB（A），夜间限值分别为 40dB（A）、45dB（A）、50dB（A）。日本在健康住宅评价体系中将最高标准限值提到了 30dB（A），与欧美国家水平基本持平，欧洲 EN 标准中则按照不同建筑类型内不同功能分区进行详细划分，起居室、卧室和厨房宜分别维持在 20～35dB（A）、25～40dB（A）和 40～50dB（A）之间，其设计推荐值分别为 30dB（A）、26dB（A）、45dB（A）。

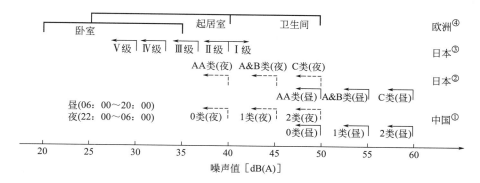

图 4-9 国内外居住建筑室内环境背景噪音标准值

①《声环境质量标准》(GB3096—2008),《城市区域环境噪声适用区划分技术规范》(GB/T 15190—2014)。

②《the Basic Environment Law》(Law No. 91 of 1993)。

③Comprehensive Assessment System for Built Environment Efficiency》。

④《Indoor environmental input parameters for design and assessment of energy performance of buildings addressing indoor air quality,thermal environment,lighting and acoustics》(BS EN 15251:2007)。

中日不同居住区声环境等级划分 表 4-11

中国	日本	功能区共同特点
0 类	AA 类	疗养居住建筑
1 类	A&B 类	居住建筑为主
2 类	C 类	商业、居住建筑一体

在 BSR/ASHRAE 62-1989 R 中提出按照个体自适应能力强弱程度划分为自适应群体与非自适应群体两类人群,并将人群的主观不满意度百分比作为划分污染物等级的依据。当不满意率 $PD=5.8\%$ 即环境 CO_2 浓度为 873ppm 时,人体生理就会受到轻微刺激,但这种刺激并不明显,且不会影响人体的健康。当 PD 分别为 10%、20%、30% 时,对应的自适应人群的健康值、舒适值与最大允许值分别为 1015ppm、2420ppm、4095ppm,非自适应人群所对应的浓度值分别为 615ppm、1015ppm、1570ppm[41]。如图 4-10 所示,日本和我国目前均采用 1000ppm 作为标准限值,该浓度范围基本能够满足非自适应人群及弱势敏感人群健康需求。欧美发达国家的标准则是以与室外 CO_2 浓度差值作为参考标准,美国按照室内每人 7.5L/s 的通风换气量考虑时,认为室内空气 CO_2 浓度在不高于室外 700ppm 的情况下不会对人体产生健康危害。欧洲则将室内外浓度差值划分为四个等级,其差值分别为 350ppm、500ppm 和 800ppm,差值超过 800ppm 则室内空气品质为最低。若将室外 CO_2 浓度基准值视为 300ppm,我国目前现行的 1000ppm 标准值与欧洲Ⅲ级和美国限值基本相同。

烹饪油烟产生的细颗粒物(PM2.5)中含有的多环芳香烃(PAHs),极易诱导人体癌症、呼吸道疾病等[42],加拿大健康协会早在 1987 年就规定 1h 内的 PM2.5 平均暴露浓度不能超过 $100\mu g/m^3$,长期暴露浓度应不高于 $40\mu g/m^{3[43]}$。超过 $40\mu g/m^3$ 时,敏感人群会出现轻微的生理反应,超过 $150\mu g/m^3$ 时则会对所有人群健康产生健康风险,死亡率和患病率均会大幅度提高[44]。世界卫生组织在 2005 年对《空气质量准则》进行修订,考虑到

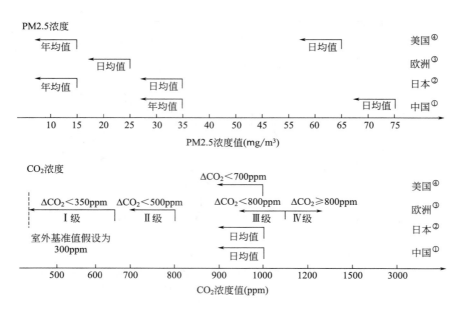

图 4-10　国内外居住建筑室内空气品质标准值

① 《室内空气质量标准》(GB/T 1883—2002)，《环境空气质量标准》(GB3095—2012)。

② 《the Basic Environment Law》(Law No. 91 of 1993)。

③ 《Indoor environmental input parameters for design and assessment of energy performance of buildings addressing indoor air quality, thermal environment, lighting and acoustics》(BS EN 15251：2007)。

④ 《Ventilation for Acceptable Indoor Air Quality》(ASHARH Standard 62.1：2007)。

各地区的经济水平不同，将 PM2.5 限值划分为三个过渡期目标值来参考，日均值分别为 $35\mu g/m^3$、$25\mu g/m^3$、$15\mu g/m^3$，年均值分别为 $75\mu g/m^3$、$50\mu g/m^3$ 和 $37.5\mu g/m^3$。目前我国执行的是 WHO 组织提出的过渡时期目标 1 的限值，欧洲执行的是过渡时期目标 2 的标准，日本执行的是过渡时期目标 3 的标准。美国基于 EPA 组织开展的暴露风险调查研究结果，认为 PM2.5 日均值浓度为 $65\mu g/m^3$，年均值为 $15\mu g/m^3$ 时人体的健康暴露风险最小。

通过对国内外标准限值和暴露风险的研究可知，我国现行标准基本上能够满足多数人群的健康和舒适需求，但有可能满足不了部分敏感弱势人群的舒适性需求，受经济社会发展等因素影响，我国标准与欧美发达国家相比限值更为宽松，其主要是保障居住者的长期暴露风险最小化。基于既有建筑室内环境现状和我国室内环境相关标准，结合短期暴露风险的研究成果，将室内环境健康表征参数划分为四个等级，如表 4-12 所示。划分原则与室内环境综合健康性能相同，其中 1 级对应的参数范围为健康范围，对所有暴露人群的健康影响最低，4 级为最低等级，所有人群暴露在该环境中均不会产生不利的健康影响，1 级和 2 级范围依据我国既有标准设定，3 级和 4 级则参考国外标准和既有的研究成果设定。既有标准中只对供暖空调房间的热舒适区范围进行了规定，因而将舒适性指标中的空气温度和相对湿度按照三类季节划分，分别为夏季、冬季和过渡季，过渡季室外温湿度水平相对较为适宜，且由于人体存在一定热平衡的自我调节能力，因而将过渡季的 1 级温湿度范围设定为 $18\sim32℃$ 和 $30\%\sim80\%$，此季节中出现极端的情况较少，因而只划分为两级，即无健康风险（1 级）和有健康风险（3 级）。室内照度水平受天气和人员行为习惯影响较大，且室内光环境可调控范围较大，因而只作为推荐性指标判断是否合格，不进行风险等级划分。

室内环境健康表征参数等级划分表　　　　　　　　表 4-12

项目	评价指标		标准限值	风险等级评分			
				1 级(L_1)	2 级(L_2)	3 级(L_3)	4 级(L_4)
舒适性	空气温度（℃）	夏季	22～28	$24 \leqslant t \leqslant 26$	$26 < t \leqslant 28$	$28 < t \leqslant 32$	$t > 32$
		冬季	18～24	$22 \leqslant t \leqslant 24$	$18 \leqslant t \leqslant 22$	$12 \leqslant t < 18$	$t < 12$ 或 $t > 24$
		过渡季	—	$18 \leqslant t \leqslant 32$	—	$t < 18$ 或 $t > 32$	
	相对湿度（%）	夏季	40～80	$40 \leqslant \varphi \leqslant 60$	$60 < \varphi \leqslant 70$	$70 < \varphi \leqslant 80$	$\varphi > 80$
		冬季	30～60	$40 \leqslant \varphi \leqslant 60$	$30 \leqslant \varphi < 40$ 或 $60 < \varphi \leqslant 70$	$20 \leqslant \varphi < 30$ 或 $70 < \varphi \leqslant 80$	$\varphi < 20$ 或 $\varphi > 80$
		过渡季	—	$30 \leqslant \varphi \leqslant 80$	—	$\varphi < 30$ 或 $\varphi > 80$	
	照度（lx）	自然采光	150～300	是否合格			
		人工照明	100				
噪声	环境噪声[dB(A)]		45～55	$\leqslant 45$	46～50	51～55	$\geqslant 55$
空气品质	CO_2(%)		0.1	$\leqslant 0.08$	0.08～0.1	0.2～0.15	> 0.15
	PM2.5($\mu g/m^3$)		75	$\leqslant 35$	36～75	76～150	> 150

　　本书已得出了室内环境健康性能表征参数各浓度范围对应的健康暴露风险，且通过调研将室内各功能房间的"时间—活动"模式特征进行了较好的总结，若将室内的整体暴露评价细分到各功能房间进行单独评价，则可以在一定程度上降低既有暴露评价方法的误差，在保证评价的准确性和科学性的前提下，提高了室内环境评价的可操作性。在构建评价模型之前，常见的做法是对各环境表征参数和所属环境进行权重划分，目前多采用 AHP 层次分析法或多元线性回归方法进行计算，参考依据大多为专家意见和群众问卷调查结果，这种权重划分方法在很大程度上带有主观的因素，且得出的权重结果也不尽相同，存在一定的随机性。各类污染物对人体的叠加影响机理较为复杂，但是这种叠加大多数情况下呈现增强的趋势，且在参数等级划分时都已单独考虑到环境对人体的健康影响，因而本评价模型不进行权重计算，具体的健康风险水平计算模型如式（4-6）、式（4-7）所示。

$$R_i = \max\{P_{i1}, P_{i2}, \cdots, P_{ij}\} \tag{4-6}$$

$$P_{ij} = \begin{cases} 1 & (\overline{C}_{ij} \in L_1) \\ 2 & (\overline{C}_{ij} \in L_2) \\ 3 & (\overline{C}_{ij} \in L_3) \\ 4 & (\overline{C}_{ij} \in L_4) \end{cases} \tag{4-7}$$

式中　　　　R_i——功能房间环境健康性能等级，$i=1$，2，3，4（分别为起居室、卧室、厨房和卫生间）；

　　　　　　P_{ij}——该功能房间对应表征参数的健康性能等级，$j=1$，2，3，4，5（分为空气温度、相对湿度、环境噪声、CO_2浓度和PM2.5浓度）；

L_1，L_2，L_3，L_4——分别代表1级、2级、3级、4级环境表征参数对应的范围值，如表4-12所示；

　　　　　　$\overline{C}_{ij}$——该功能房间对应环境表征参数在所属的"时间—活动"模式内的平均浓度值，功能房间"时间—活动"模式如表4-13所示。

各功能房间对应的环境健康表征参数见表4-14所示，各功能房间表征参数存在一定的差异性，未提到的表征参数则不参与该功能房间的评价。

功能房间时间—活动模式　　　　　　　　　　　　　表 4-13

功能房间	起居室	卧室	厨房	卫生间
时间段	06：00～23：00	20：00～08：00（次日）	06：00～08：00 11：00～13：00 17：00～19：00	06：00～08：00 11：00～13：00 17：00～23：00

注：卫生间/浴室仅考虑洗浴时间，其他使用时间暂未考虑。

功能房间环境健康表征参数　　　　　　　　　　　　表 4-14

表征参数	起居室	卧室	厨房	卫生间
空气温度	√	√	√	√
相对湿度	√	√	√	√
照度	√	√	√	√
CO_2	√	√	√	
PM2.5	√	√	√	
环境噪声	√	√		

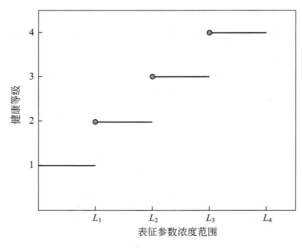

图 4-11　表征参数健康等级分布函数图

室内环境被划分为四类功能房间,人员的接触时间和环境的平均暴露浓度数据的准确性得到保证,使以往的粗略评价模式得到了有效改善,可操作性较高。上述评价方法是针对室内全天 24h 的日评价模型,属于短时间暴露评价模型,其优势在于能够快速、高效地对室内环境可能产生的健康危害进行预警,住户可以根据评价结果快速对室内环境进行相应的改善。但若仅仅通过室内某一天的健康性能等级来评判室内环境整体的性能,则缺乏一定的科学依据,因为室内环境在一定程度上受室外气候和居住者生活活动规律影响,不同月份和季节的室外气候会对室内环境产生不同的影响,同时也会间接影响到居室内住者的生活行为和身体自我调节能力。室内环境整体性能的评价应建立在全年不同季节、月份以及每天的室内环境状况的基础上,这种长期连续评价符合长期暴露评价的基本原则,因而本研究提出的评价方法同时包含多时间尺度评价模型,分别为周评价、月评价、季评价和年评价,如表 4-15 所示。

室内环境周、月、季、年评价原则　　　　　　　　表 4-15

评价周期	评价等级	1 级	2 级	3 级	4 级
周评价		1 级的天数≥4 天	≤2 级的天数≥4 天	≤3 级的天数≥4 天	其他
月评价	4 周制（≤3 天在本月的周不计入本月评价）	1 级的周数≥2 周	≤2 级的周数≥2 周	≤3 级的天数≥2 周	其他
月评价	5 周制（≥4 天在本月的周计入本月评价）	1 级的周数≥3 周	≤2 级的周数≥3 周	≤3 级的天数≥3 周	其他
季评价	严寒地区 冬季（11～4 月）	1 级的月数≥3 月	≤2 级的月数≥3 月	≤3 级的月数≥3 月	其他
季评价	严寒地区 夏季（7～8 月）	1 级的月数≥1 月	≤2 级的月数≥1 月	≤3 级的月数≥1 月	其他
季评价	严寒地区 其他（5/6/9/10 月）	1 级的月数≥2 月	≤2 级的月数≥2 月	≤3 级的月数≥2 月	其他
季评价	寒冷地区 冬季（11～4 月）	1 级的月数≥3 月	≤2 级的月数≥3 月	≤3 级的月数≥3 月	其他
季评价	寒冷地区 夏季（6～8 月）	1 级的月数≥2 月	≤2 级的月数≥2 月	≤3 级的月数≥2 月	其他
季评价	寒冷地区 其他（5/9/10 月）	1 级的月数≥2 月	≤2 级的月数≥2 月	≤3 级的月数≥2 月	其他
季评价	夏热冬冷地区 冬季（12～2 月）	1 级的月数≥2 月	≤2 级的月数≥2 月	≤3 级的月数≥2 月	其他
季评价	夏热冬冷地区 夏季（6～9 月）	1 级的月数≥2 月	≤2 级的月数≥2 月	≤3 级的月数≥2 月	其他
季评价	夏热冬冷地区 其他（3/4/5/10/11 月）	1 级的月数≥3 月	≤2 级的月数≥3 月	≤3 级的月数≥3 月	其他
季评价	夏热冬暖地区 夏季（5～10 月）	1 级的月数≥3 月	≤2 级的月数≥3 月	≤3 级的月数≥3 月	其他
季评价	夏热冬暖地区 其他（11～4 月）	1 级的月数≥3 月	≤2 级的月数≥3 月	≤3 级的月数≥3 月	其他
季评价	温和地区 夏季（6～9 月）	1 级的月数≥2 月	≤2 级的月数≥2 月	≤3 级的月数≥2 月	其他
季评价	温和地区 其他（10～5 月）	1 级的月数≥4 月	≤2 级的月数≥4 月	≤3 级的月数≥4 月	其他
年评价	两季划分	1 级的季数≥1 季	≤2 级的季数≥1 季	≤3 级的季数≥1 季	其他
年评价	三季划分	1 级的季数≥2 季	≤2 级的季数≥2 季	≤3 级的季数≥2 季	其他

本书提出的多时间尺度评价模型以 60% 为标准参考线,周评价以日评价为基础,月评价以周评价为基础,季评价以月评价为基础,年评价则建立在季评价的基础之上,突出环境暴露的长期性和累积性等特点。研究发现,冬季全天在居住建筑室内逗留的人群大多为老人、儿童或患病者等弱势群体,而有固定工作的人群生活则相对较为规律,工作日和休

息日在家活动逗留的时间和从事的生活活动存在显著的差异性，设立周评价模型能够很好地反映出住户的生活作息规律对室内环境的影响。月评价和季评价模型则能够很好地反映出室内环境受室外气候的影响，室内供暖、降温、通风受季节影响较大，而我国室内环境相关标准也是按照季节特征对室内温湿度进行规定，既有调查结果也表明，不同季节居民患病的风险有很大的不同，季评价包括冬季、夏季和过渡季三个季节。由于部分季节时间跨度较大，如冬季的供暖初期、供暖期和供暖末期三个时期，室内外环境会有较大的不同，月评价可以作为季评价很好的补充，月评价能够很好地为季评价提供相应的数据支撑。按照我国气候分区进行季评价，寒冷地区、严寒地区、温和地区、夏热冬冷地区和夏热冬暖地区对应的季评价存在一定的差异性。在季评价基础之上建立的年评价则是住户室内全年每天的环境性能的综合体现，可以作为衡量室内环境整体健康性能的评价指标。

本章参考文献

［1］ Tunga Salthammer，Erik Uhde. Organic Indoor Air Pollutants. WILEY-VCH，2009.

［2］ Philomeana M. Bluyssen. The Health Indoor Environment _ How to assess occupants' wellbeing in buildings. LONDON and NEW YORK：Routledge，2014.

［3］ Andrea Ferro Royal. Kopperud and Lynn M. Hidemann Source Strengths for Indoor Human Activities that Resuspend Particulate Matter. Environ. Sci. Technol. ，2004，38（6）：1759-1764.

［4］ H € anninen，W. Hofmann，C. Isaxon，E. R. Jayaratne，P. Pasanen，T. Salthammer，M. Waring，A. Wierzbicka. Indoor aerosols：from personal exposure to risk assessment. Indoor Air，2013，23：462-487.

［5］ 环境保护部编著. 中国人群环境暴露行为模式研究报告（成人卷）. 北京：中国环境出版社，2013.

［6］ Neil E. Klepels et al. The National Human Activity Pattern Survey（NHAPS）：a resource for assessing exposure to environment pollutants. JOURNAL OF EXPOSURE ANALYSIS AND ENVIRONMENTAL EPIDEMIOLOGY，2001，11（3）：231-252.

［7］ 王贝贝，王宗爽，赵秀阁，黄楠，段小丽，姜勇，王丽敏. 我国成人室内外活动时间研究. 环境与健康杂志，2014，11：945-948.

［8］ Pbilomena M. Bluyssen. The Healthy Indoor Environment—How to assess occupants' wellbeing in buildings. Printed and bound in India by Replika Press Pvt. Ltd，2014.

［9］ J. T. Fokkema. Health performance of Housing—indicators and tools. Printed in the Netherlands by Haveka，Alblasserdam，2006.

［10］ H. Guo，S. C. Lee，L. Y. Chan，W. M. Li. Risk assessment of exposure to volatile organic compounds in different indoor environments. Environmental Research，2004，94：57-66.

［11］ 王叶晴，段小丽，李天昕 等. 空气污染健康风险评价中暴露参数的研究进展. 环境与健康杂志，2012，29（2）：104-108.

［12］ WHO. Principles for evaluating health risks from chemicals during infancy and early childhood：the need for a special approach（R）. Environmental Health Criteria 59. World Health Organization，International Program on Chemical Safety，1986.

［13］ 王宗爽，武婷，段小丽 等. 环境健康风险评价中我国居民呼吸速率暴露参数研究. 环境科学研究，2009，22（10）：1171-1175。

［14］ 王航，李欢，任东晓，梁丽华. 西安市大气污染物健康风险评价. 地下水，2014，36（6）：279-282.

［15］ 日本健康维持增进住宅（中文译版）.

［16］ Philomena M. Bluyssen. The Healthy Indoor Environment：How to assess occupants' wellbeing in buildings. Earthscan from Routledge，2014.

［17］ Clougherty J. E.，Kubzansky L. D. A framework for examining social stress and susceptibility to air pollution in respiratory healthy environment，2009，17：1351-1358.

［18］ Steptoe，A.，Brydon，L. Association between acute lipid stress responses and fasting lipid levels 3 years later. Healthy Psychology，2005，24：601-607.

［19］ Kuvin，J. T.，Patel，A. R.，Sliney et al. Assessment of peripheral vascular endothelial function with finger arterial pulse wave amplitude. American Heart Journal，2003，46：168-174.

［20］ Philomena M. Bluyssen. The Indoor Environment Handbook：How to make buildings healthy and comfortable. Earthsacn & RIBA，2009.

［21］ Taylor，S. E. Tend and befriend：biobehaviourial bases of affiliation under stress［J］. Current Directions in Psychological Science，2006，15：273-276.

［22］ Profschrift. Health performance of housing：indicators and tools. Delft University Press，2006.

［23］ HHSRS. Office of the Deputy Prime Minister. The Housing Health and Safety Rating System：Operating Guidance，2006.

［24］ Hasselaar，E.：Health performance of housing：Indicators and tools. Delft University Press，2006.

［25］ 高梨絵里，伊香賀俊治，村上周三，清家剛，中野淳太. 健康維持増進に向けた住環境評価ツールの有効性の検証. 日本建築学会環境系論文集，2011，76：1101-1108.

［26］ Proefschrift. Health performance of housing. Delft：IOS Press under the imprint Delft University Press，2006.

［27］ Guo YM，Barnett AG，Yu W，Pan X，Ye X，Huang C et al. A large change in temperature between neighbouring days increases the risk of mortality. PLoS One，2011，6（2）：e16511.

［28］ Chen-Peng Chen；Ruey-Lung Hwang；Shih-Yin Chang and Yu-Ting Lu. Effects of temperature steps on human skin physiology and thermal sensation response. Building and Environment，2011，46（11）：2387-2397.

［29］ 何飞. 空气湿度对人体健康的影响. 广西气象，1992，1：64.

［30］ Abusharha，A. A.，Pearce，E. I. The effect of low humidity on the human tear film. Cornea，2013，32（4）：429-434.

［31］ Alfredo C. Cordova，Brandon J. Sumpio，Bauer E. Sumpio. Physiological and Subjective Responses to Low Relative Humidity in Young and Elderly Men. Journal of the American College of Surgeons，2012，214（1）：97-114.

［32］ Arundel AV，Sterling EM，Biggin JH，Sterling TD. Indirect Health Effects of Relative Humidity in Indoor Environments. Environmental Health Perspectives，1986，65：351-361.

［33］ CIE. Guide on interior lighting. CIE Publication，1986.

［34］ Boivin，D. B.，Duffy，J. F.，Kronauer，R. E.，Czeisler，C. A. Dose-response relationships for resetting of human circadian clock by light. NATURE，1996，379（6565）：540-542.

［35］ Cajochen，C.；Zeitzer，J. M.；Czeisler，C. A.；Dijk，D. J. Dose-response relationship for light intensity and ocular and electroencephalographic correlates of human alertness. Behavioural Brain Research，2000，115（1）：75-83.

［36］ Y. Osada. An overview of health effects of noise. Journal of sound and vibration，1988，127（3）：407-410.

［37］ Peter Lercher. ENVIRONMENTAL NOISE AND HEALTH：AN INTEGRATED RESEARCH PERSPEC-

TIVE. Environment International，1996，22（1）：117-129.

[38] Mary Ellen Nivison，Inger M. Endresen. An Analysis of RelationshipsAmong Environmental Noise，Annoyance and Sensitivity to Noise，and the Consequences for Health and Sleep. Journal of Behavioral Medicine，1993，16（3）：257-333.

[39] Muzet，A.，Naitoh，P.，Johnson，L. C. and Townsend，R. E. Body movements in sleep during 30-day exposure to tone pulse. Psychophysiology，1974，11：27-34.

[40] Gezondheidsraad. Over de involved van geluid op de slap en de gezondheid.

[41] Qi Zheng，nghoon Lee，ngho Lee；Jeong Tai Kim，Sunkuk Kim. A Health Performance Evaluation Model of Apartment Building Indoor Air Quality. Indoor and Built Environment，2011，20（1）：26-35.

[42] Rebecca M. Maertens，Jennifer Bailey，Paul A. White. The mutagenic hazards of settled house dust：a review. Mutation Research，2004，567：401-425.

[43] Dales，Robert，et al. Quality of indoor residential air and health. Canadian Medical Association Journal，2008，179（2）：147-152.

[44] 曹军骥 等. PM2.5 与环境. 北京：科学出版社，2014.

第5章　卧室健康影响要素和暴露评价

5.1　卧室的空间布局

除了睡眠之外，卧室还具有娱乐、储藏、更衣、工作等功能。卧室的空间布局首先考虑如何实现相关功能，进而保证人们在卧室内的舒适性和身体健康。长久以来，对住宅空间的研究着眼点更多地被放在套内整体空间设计以及套型的公共空间设计上，而住宅内的私密空间——卧室却往往被人认为使用功能性质比较单一，研究价值不明显而被大家所忽略[1]。尤其是对卧室的空间布局与健康的关系方面的研究较为缺乏。但住户是居住行为的执行者，每一个人对卧室空间的功能需求也都是不相同的。因此需要在满足住户基本需求的前提下，找到通用的对健康有利的空间布局方案是至关重要的。在卧室的空间布局有以下一些方面值得注意[2]。

5.1.1　整体布局

对于卧室来说，应有直接和充足的采光、自然通风，争取朝南向。应该确保每天有不少于 1h 的日照，使主卧室的卫生状况和环境素质得到基本的保障。

5.1.2　功能分区

卧室一般由睡眠区域、储藏区域、交通区域及娱乐工作区域组成。和实现睡眠功能有关的布局主要是床的位置和大小。床的布置的要点有以下几个方面：1）床的布置尽量让床屏靠墙，从人体工程学的角度来讲，这样让人有依托感。2）床头部位不应该在窗户下，避免使人产生不安全感，又可以防止噪声、空气流动而干扰睡眠。3）床不宜采取东西朝向布置。储藏功能的家具主要是指大衣柜，衣柜的位置一般选择两边靠近墙体，尽量利用房间的死角，由于其高度的关系，不能遮挡窗户，影响室内的采光和通风。

5.1.3　其他因素

（1）卫生间的布置。现在很多户型中主卧都配有卫生间，有些卫生间的门正对着床，虽然在一定程度上可以让居住者晚上使用时较为方便，但是晚上主卫生间的灯光、气味会影响人的睡眠质量，长此以往，会对健康造成隐患。主卫生间最常遇到的也是最值得关注的问题就是卫生间用久难免有一些异味，飘散在主卧室里，影响呼吸和健康；其次，有些主卧的卫生间没有窗户，只有一个通风口，而卫生间离不开水，湿气难免进入卧室，导致床上用品吸收了潮气，进而影响睡眠的舒适性和人体健康。所以在设置卫生间时，应当充分考虑其与主卧室的空间组合方式，尽量减少卫生间的门直接面向卧室床的情况、尽量避免异味直接冲向卧室空间，影响居住者的健康[2]。

（2）住宅设计常常是以夫妻作为主要的设计对象，而往往忽视了儿童、老人的生理、心理需求。针对老人、儿童行为与心理进行深入研究，设计满足两者需求的空间和环境，有可能带来设计实践上的突破和创新，这将是一个新的研究课题。不同的职业和不同的地域环境、地方传统生活习惯都会影响家庭的生活方式，进而影响家庭的居住空间需求，今后加强这方面的研究将有助于提高住宅空间设计质量。

（3）改善卧室空间布局的新策略。住宅产业标准化与工业化的完善将有利于实现住宅空间设计和组织上的灵活多变性，并且针对不同类型的家庭可进行系列化套型设计。提倡生态住宅，健康住宅，选用健康节能的材料、构造，并且根据地域特点、室内外空间关系采用多样性空间布局，将会是未来的发展趋势。

5.2 卧室环境研究进展

睡眠是人的一种重要生理现象，人的一生大约有 1/3 的时间是在睡眠中度过的，许多重要的生理过程在睡眠中发生。良好的睡眠质量是人们正常工作、学习、生活的保障。随着现代社会生活节奏的加快，睡眠质量问题越来越受到人们的关注。那么如何提高睡眠质量是一个亟待解决的重要问题。即使在深度睡眠的情况下，机体和周围环境也不是完全隔绝的，外界的刺激能通过感觉系统传入大脑，并通过运动中枢引起相应的运动。不过，机体对环境刺激的整合能力发生了改变，不能产生在觉醒时所具有的完善的行为反应，所以睡眠是一种特殊的行为[3]。睡眠质量与诸多因素相关，如体内稳定因素，激素、外界刺激等，其中很重要的一项就是睡眠环境。目前关于睡眠环境对人体睡眠质量影响的研究还很缺乏。

有研究者对卧室夜间空调负荷和床褥热阻值进行了研究，并尝试将适用于人体清醒活动状态的 Fanger 热舒适方程做简单修改，以期将其应用于人体睡眠环境热舒适评价研究[4-6]。王延觉等人对卧室空调的位置和室内气流组织进行了数值模拟，根据温度场和速度场分布及 PMV-PPD 指标衡量卧室睡眠舒适性[7]。医学的研究已表明，人体诸多生理参数在整晚的睡眠过程中有不同于白天的很独特的明显变化，比如呼吸率下降、新陈代谢率降低、体温波动等。人体这些生理参数的变化为舒适睡眠空调的运行提出了要求，采用 PMV-PPD 指标衡量人体睡眠舒适度是否合适就很值得推敲了。上海交通大学连之伟课题组在睡眠环境方面开展了大量研究[8-14]，分析将清醒状况的各项舒适指标用到夜间的实用性和可靠性，并指出夜间睡眠温度在睡眠过程中需要进行合适的调节。对睡眠环境下热舒适和睡眠质量进行人体实验研究，提出了热环境下睡眠质量客观评价方法，研究了冬、夏季均匀热环境下环境温度对人体睡眠质量的影响，并分析了性别差异。此外，还提出了适用于卧室环境的床头个性化送风系统，经理论和实验研究证实，该系统有助于改善卧室环境的空气质量。

5.3 睡眠周期

正常人的睡眠主要由两个周期性循环组成，即非快速眼动睡眠（Non-Rapid Eye

Movement，NREM）和快速眼动睡眠（Rapid Eye Movement，REM)[15,16]。其中 NREM 睡眠又按照睡眠深浅分为睡眠一期（N1）、二期（N2）、三期（N3）和四期（N4）。各个状态的特点已有较明确的定义：非快速眼动睡眠以同步化的大脑皮层脑电波（包括睡眠纺锤波、K 复杂波和慢波）、较低的肌肉运动和很低的心理运动为特点；而在快速眼动睡眠阶段，脑电波是去同步化的，有松弛性的肌肉运动，通常在这个阶段还会做梦。健康成年人睡眠总时间的 75％左右为 NREM 睡眠，25％为 REM 睡眠。

大多数年轻人都是从 N1 期开始进入睡眠，且这个阶段一般仅持续几分钟（1～7min）。N1 期睡眠很容易被打断，如轻声呼叫一个人的名字、轻轻碰一下这个人以及轻轻地关上门等都有可能打断睡眠。因此，N1 睡眠期的唤醒阈很低。除了从清醒过渡到睡眠期外，整个晚上 N1 过渡期可出现多次。N1 期时长或比例的增加通常是睡眠被破坏的一个标记。

N1 期过后是 N2 期，这个睡眠期以睡眠纺锤波和 K 复合波为特征，通常持续约 10～25min。在 N2 期，更强的刺激才可能产生觉醒。那些在 N1 期能导致觉醒的刺激，在 N2 期通常只能诱发 K 复合波，而不会引起觉醒。

随着 N2 期的进行，EEG 出现高振幅、低频率的活动，并最终进入 N3 期。N3 期的特点是，超过 20％但低于 50％的脑电为高振幅（大于 $75\mu V$）的慢波活动（小于 2Hz）。在第一个睡眠周期，N3 期通常只持续几分钟就进入 N4 期。在 N4 期，超过 50％的脑电为高振幅（大于 $75\mu V$）的慢波活动（小于 2Hz）。这个睡眠期一般持续 20～40min，并在后面的睡眠周期中逐渐减少甚至消失。与 N1 和 N2 期相比，在 N3 和 N4 期更高强度的刺激才可能导致觉醒（学者通常将 N3 和 N4 期统称为慢波睡眠、delta 睡眠或深睡眠。）

随后，一系列的躯体运动通常表明 NREM 睡眠逐渐变浅。在很短（1min 或 2min）的 N3 期后，出现大约 5～10min 的 N2 期，并进入 REM 期（躯体运动进一步增加）。第一个睡眠周期的 REM 期通常很短，大概持续 1～5min。整个晚上 REM 期的唤醒阈都不恒定。对此相关理论解释称，REM 期人体对内部刺激的选择性注意力阻止了对外部刺激的反应，或者这些唤醒刺激被组合进梦境中，从而也不会导致觉醒。

在整个晚上，NREM 与 REM 周期性循环出现。随着睡眠的进行，REM 期逐渐变长，而 N3 和 N4 期在第二个循环周期就开始变短并可能随着睡眠的继续进行而消失，N2 期逐渐占据整个 NREM 期。第一个 NREM-REM 周期平均为 70～100min，第二个 NREM-REM 周期平均时长为 90～120min。整个晚上，一个 NREM-REM 周期时长大概为 90～110min。

5.4　睡眠质量评价方法

睡眠的定义有两种：一种是行为定义的睡眠，即符合睡眠行为特征的状态，包括不动或动作变缓、反应力变差、寻求特定的休息处、长时间睡眠剥夺后睡眠时间延长等；另一种是电生理定义的睡眠，即符合睡眠电生理特征的状态，可由脑电图（EEG）、肌电图（EMG）、心电图（EKG）、眼动图（EOG）及其他可记录的生理电位讯号等界定。如何准确评价睡眠质量，是一个至关重要的问题。

同人员清醒时的热舒适评价一样，睡眠质量调查通常使用的方法也是主观评价，即醒来后填写睡眠质量主观问卷。调查问卷方式的优点是简单直接、易于操作。国际上已有的广泛使用的专门用来衡量睡眠状况的问卷有如下几种：一种是针对近一段时间的睡眠质量的调查，最著名的是 Buysee 等人于 1989 年编制的睡眠自评量表——"匹兹堡睡眠质量指数"[17]。它主要针对最近 30 天内的睡眠情况，包含的内容有如下 7 类：睡眠质量、入睡时间、睡眠时间、睡眠效率、睡眠障碍、催眠药物、日间功能障碍。该表在用于我国精神科临床和睡眠质量评价研究时，也具有显著的信度和效度[18]。另外还有写睡眠日记来记录睡眠情况，记录的内容有入睡时间、醒来时间、睡眠时长等[19]，除了专门用于睡眠质量调查的问卷，还有将情感问卷应用于睡眠状况调查的例子[20,21]，主要是通过评价睡眠对白天的情绪带来的影响的严重程度，间接来反映睡眠质量。李建明等人自行研发设计的睡眠质量问卷 "SRSS" 对于失眠的评价也有一定的使用价值[22]，但使用不广泛。

以上的调查问卷主要针对长期的睡眠质量或失眠人群进行调查，还有一种问卷主要是针对每天的睡眠质量进行的调查，并且受试者不一定是睡眠出现障碍的人群。主观问卷中用到的指标很多：定量指标，如就寝时间，自评入睡所需时间、卧床时间、睡眠时间、夜间醒来次数、自评夜间醒来持续时间等；定性指标，如入睡难易程度、醒来难易程度、醒后精神状态、睡眠充足程度、自评睡觉满意程度、睡眠足够程度等[23]。很明显，该问卷中的定量指标用主观问卷的方式是不准确的，因为这些参数是可以通过客观的方式测量出来的，而定性的指标值得借鉴。

脑电波记录技术的发展及应用有力地推进了睡眠的实验性研究。脑电波来自大脑的神经组织的电活动[24,25]。根据其频率的不同，脑电信号可分为 δ（0.5～4Hz）、θ（4～8Hz）、α（8～16Hz）和 β（16～35Hz）波[7]。由觉醒至深度睡眠的不同阶段，脑电图（EEG）呈现特征性改变，反映了脑功能状态的变化。

对睡眠的结构和进程的了解，是利用多道睡眠检测仪记录多道睡眠图来完成的。通常应包括脑电图（EEG）、眼动图（EOG）、肌电图（EMG）等。有时还应包括体动、腿动、体位等信号。睡眠结构一般划分为五期：觉醒期、NREM 睡眠 1 期、NREM 睡眠 2 期、NREM 睡眠 3 期、REM 期。对睡眠结构的分析，则应包括以下内容：1）睡眠潜伏期；2）觉醒次数和时间；3）总睡眠时间；4）觉醒比；5）睡眠效率；6）睡眠维持率；7）NREM 各期的比例；8）REM 睡眠的分析。内容包括：REM 睡眠潜伏期；REM 睡眠次数；REM 睡眠时间（RT）和百分比；REM 活动度（RA）；REM 强度（RI）；REM 密度（RD）。

5.5 卧室健康环境表征参数

睡眠的质量取决于睡眠的用具、睡眠的姿势、睡眠的时间、睡眠的环境。环境因素有：温度环境、湿度环境、通风环境、空气质量等。

5.5.1 热湿环境

采用 *PMV* 来反映室内的热湿环境，*PMV* 的影响因素包涵环境参数和人体参数两部分，环境参数有空气温度、辐射温度、相对湿度及室内风速四项，人体参数包含服装热阻和新陈代谢率两项。

$$PMV = [0.303\exp(-0.036M) + 0.028]\{M - W - 3.96 \times 10^{-8}$$
$$f_{cl}[(t_{cl} + 273)^4 - (\overline{t_r} + 273)^4] - f_{cl}h_c(t_{cl} - t_a) - 3.05$$
$$[5.73 - 0.007(M - W) - 0.001P_a] - 0.42[(M - W - 58.15] -$$
$$0.0173M(5.87 - 0.001P_a) - 0.0014M(34 - t_a)\} \tag{5-1}$$

式中　t_a——空气温度，℃；

　　　$\overline{t_r}$——平均辐射温度，℃；

　　　M——人体新陈代谢率，W/m^2，一般人体的基础代谢率为 58W/m^2，对应的代谢水平为 1met；

　　　W——人体做功率，W/m^2；

　　　f_{cl}——穿衣人体与裸体表面积之比；

　　　t_{cl}——穿衣人体外表面平均温度，℃；

　　　h_c——对换热系数，W/(m^2·K)；

　　　P_a——环境空气中水蒸气分压力，Pa。

其中：

$$P_a = RH \times 610.6\, e^{\frac{17.260t_a}{273.3 + t_a}} \tag{5-2}$$

式中　RH——室内相对湿度值，%。

使用式（5-3）来计算 f_{cl}：

$$f_{cl} = \begin{cases} 1.0 + 0.2\, l_{cl}; l_{cl} < 0.5clo \\ 1.05 + 0.1\, l_{cl}; l_{cl} \geqslant 0.5clo \end{cases} \tag{5-3}$$

式中　l_{cl}——服装热阻值，clo。

对流换热系数 h_c 可由式（5-4）求得：

$$h_c = \begin{cases} 2.7 + 8.7\, v^{0.67}; 0.15 < v < 1.5\text{m/s} \\ 5.1; v \leqslant 0.15\text{m/s} \end{cases} \tag{5-4}$$

式中　v——室内风速值，m/s。

t_{cl} 可以由式（5-4）迭代得到：

$$t_{cl} = 35.7 - 0.028(M - W) - R_{cl}\{3.96 \times 10^{-8}f_{cl}[(t_{cl} + 273)^4 - (\overline{t_r} + 273)^4] + f_{cl}h_c(t_{cl} - t_a)\} \tag{5-5}$$

式中　R_{cl}——服装的热阻值，m^2·℃/W。

则式（5-1）可知，PMV 可以用上述六项影响因素的函数来表示：

$$PMV = f(t_a, \overline{t_r}, v, RH, M, l_{cl}) \tag{5-6}$$

PMV 值的变化范围为 [-3，3]。

5.5.2　光照强度

根据照度标准（CNS 12112-1987，表 5-1）可得到睡眠环境的上下限照度值分别为 15lx 和 100lx。

常用照度标准（夜间） 表 5-1

用房名称		推荐照度(lx)		
病房、监护病房		15～30		
类别	参考平面及高度	照度标准值		
		低	中	高
一般活动区	0.75m 水平面	20	30	50
床头	0.75m 水平面	50	75	100
写字台	0.75m 水平面	100	150	200
卫生间	0.75m 水平面	50	75	100
会客间	0.75m 水平面	50	50	75

5.5.3 噪声水平

《民用建筑隔声设计规范》GBJ 118—1988 规定：当人员附近的噪声声级小于 30dB 时，认为是优良的睡眠声环境；当噪声声级大于 30dB 小于 50dB 时，认为是良好的睡眠声环境；当噪声声级大于等于 50dB 时，认为是较差的睡眠声环境。

5.5.4 空气品质

室内空气品质采用二氧化碳浓度（AQ，ppm）作为衡量睡眠环境的空气品质的标准，由室内空气中二氧化碳卫生标准（GB/T 17094—1997）结合笔者的研究可以得到：

当人员附近的二氧化碳浓度小于 1000ppm 时，认为空气品质优良。

当人员附近的二氧化碳浓度大于 1000ppm 且小于 3000ppm 时，认为空气品质良好。

当人员附近的二氧化碳浓度大于 3000ppm 且小于 5000ppm 时，认为是空气品质一般。

当人员附近的二氧化碳浓度大于或等于 5000ppm 时，认为空气品质较差。

5.6 卧室健康环境暴露评价

在对上述影响因素研究的基础上，提出睡眠环境综合评价指标（Sleeping Environment Index，SEI），是综合考虑多种室内环境因素对睡眠质量影响程度的指标。通过输入这些参数进行计算，得到睡眠环境的综合评分值，分值的高低可用于判断该环境适合睡眠的程度。上述 4 项影响参数（PMV，N，L，C）存在一定的阈值，意味着不论其他参数的取值高低，当这些参数的值超过该阈值时，该睡眠环境总体上是不能被接受的。根据上述关系，得到如下的拟合公式：

$$SEI = f(PMV, LI, NL, AQ) \tag{5-7}$$

依据 SEI 值的大小，将睡眠环境分为四级，不同的睡眠环境评级及其描述为：

一级：优异的睡眠环境。绝大多数睡眠者感到环境是舒适的，当前环境对睡眠质量有一定的积极作用。

二级：良好的睡眠环境。多数睡眠者认为当前环境无影响睡眠的因素，普遍表示可以接受。

　　三级：一般的睡眠环境。部分睡眠者认为环境存在有不舒适的因素，但基本可接受。

　　四级：不可接受的睡眠环境。存在严重影响睡眠的因素，普通睡眠者感觉难以入睡。

本章参考文献

［1］　朱昌廉．住宅建筑设计原理．北京：中国建筑工业出版社，1999.

［2］　刘柯．城市住宅卧室空间居住实态调查研究．西安：西安建筑科技大学，2011.

［3］　韩济生．神经科学原理（第二版，下册）．北京：北京大学医学出版社，1999.

［4］　林忠平，邓仕明．亚热带地区应用于卧室的房间空调器的制冷量分析．制冷技术，2006，22：
　　　30-33.

［5］　Lin，Z. P.，Deng，S. M. A study on the thermal comfort in sleeping environments in the subtropics：developing a thermal comfort model for sleeping environments. Building and Environment，2008，43（1）：70-81.

［6］　Lin，Z. P.，Deng，S. M. A study On the thermal comfort in sleeping environments in the subtropics：measuring the total insulate on values for the bedding systems commonly used in the subtropics. Building and Environment，2008，43（5）：905-916.

［7］　王延觉，杨柳，陈焕新　等．卧室空调位置对睡眠及舒适性影响的研究．低温与超导，2007，35（2），164-167.

［8］　叶晓江，连之伟．夜间空调舒适温度初探．制冷学报，2000，2，36-40.

［9］　Pan L，Lian ZW，Lan L. Investigation of Gender Differences in Sleeping Comfort at Different Environmental Temperatures. Indoor and Built Environment，2012，21（6）：811-820.

［10］　Li Pan，Zhiwei Lian，LiLan. Investigation of sleep quality under different temperatures based on subjective and physiological measurements. HVAC&R Research，2012，18（5）：1030-1043.

［11］　LiLan，Zhiwei Lian，Hongyuan Huang，Yanbing Lin. Experimental study on thermal comfort of sleeping people at different air temperatures. Building and Environment，2014，73：24-31.

［12］　Li Lan，Zhiwei Lian，Xin Zhou，Chanjuan Sun，Hongyuan Huang，Yanbing Lin，Jiangmin Zhao. Pilot study on the application of bedside personalized ventilation to sleeping people. Building and Environment，2013，67，160-166.

［13］　Xin Zhou，Zhiwei Lian，LiLan. Experimental study on a bedside personalized ventilation system for improving sleep comfort and quality. Indoor and Built Environment，2014，23（2）：313-323.

［14］　魏本钢，连之伟，兰丽，周鑫．床头睡眠送风末端装置的实验研究．暖通空调，2012，（8）：104-108.

［15］　Hobson，J. A. REM sleep and dreaming：towards a theory of protoconsciousness. Nature Reviews，2009. 10（11）：803－813.

［16］　Fontvieille AM，Rising R，Spraul M，Larson DE，Ravussin E. Relationship between sleep stages and metabolic rate in humans. Am J Physiol，1994，267：732-737.

［17］　Buysse DJ，Renolds CF，Monk TH，et al. The Pittsburgh sleep quality index：a new instrument for psychiatric practice and research. Psychiatry Research，1989，28：193.

［18］　刘贤臣，唐茂芹，胡蕾　等．匹兹堡睡眠质量指数的信度和效度研究．中华精神科杂志，1996，29（2）：103-107.

［19］　Robert K. Szymczak. Subjective Sleep Quality Alterations at High Altitude. Wild Environ Med，2009，20：305-10.

［20］ Soldatos CR，Dikeos DG，Paparrigopoulos TJ. Athens Insomnia Scale：validation of an instrument based on ICD-10 criteria. J Psychosom Res，2000，48：555-560.

［21］ Marquié JC，Foret J. Sleep，age，and shiftwork experience. J Sleep Res，1999，8（4）：297-304.

［22］ Jianming Li，Sufeng Ying，Jianxun Duan，Qingbo Zhang. SRSS，Self-Rating Scale of Sleep. Health Psychology Journal，2000，8（3）：351-5.

［23］ Iole Zilli，GianlucaFicca，Piero Salzarulo. Factos involved in sleep satisfaction in the elderly. sleep medicine，2009，10：233-299.

［24］ 吴克俭，沈霞. 临床脑电图速成指南. 上海：第二军医大学出版社，2002.

［25］ 伍国锋，张文渊. 脑电波产生的神经生理机制. 临床脑电学杂志，2000，9（2）：120-123.

第6章 起居室健康影响要素和暴露评价

　　起居室是一套住宅中可同时实现多功能活动的公共空间，有别于卧室、厨房、卫生间等具有针对性的功能房间。它是以家庭聚会、文娱活动为首要内容的行为空间，同时它还可以满足家人用餐、读书、娱乐、休闲及接待客人的多种需求。起居室在住宅中起着承接卧室、厨房与卫生间的过渡作用。在烹饪过程中产生的 PM2.5 和 PM10 的浓度会增加 5 倍[1]，通过起居室与厨房的通道扩散使起居室内的可吸入颗粒物浓度增高。此外，人在起居室吸烟的过程中，向空间释放的颗粒物、烟尘及焦油等有害物质将严重影响居住者的身体健康，易使居住者患呼吸道疾病、心血管系统疾病等[2]。在每日长时间使用后，起居室内会产生许多对健康有危害的污染物，一些居住者可能会意识到起居室内有异味、空气不新鲜以及墙体内表面出现霉菌等现象的发生。尤其在冬季室内外温差较大的情况下，如果室内的通风率较低，室内温湿度分布不均衡，易导致起居室内空气混浊、舒适度降低、室内潮湿、墙体发霉的现象。因此，优良的起居室内环境是人们保持身体健康的重要前提。

6.1 起居室的功能和设计要点

6.1.1 使用功能

　　起居室是实现娱乐活动、看电视、看报纸、会客、会餐、交通等综合功能的住宅区域，是汇集吃、住、行于一体的综合体。首先，起居室的核心功能是家庭聚会、交流，通常于起居室的集合中心展开上述活动，家人围坐在电视机周围开展综合性的娱乐活动等，进而形成一种亲切而热烈的氛围。其次，起居室兼顾客厅的功能，是一个家庭与会宾客的对外交流场所，起居室可适合各宾客和主人之间的舒适交流。因此，起居室处于一套住宅的核心位置，通过不同的布局形式将几个不同的功能房间进行联通。

6.1.2 设计问题

1. 面积无上限

　　新的《住宅设计规范》GB 50096—2011[3]中明确规定起居室的面积不应低于 $12m^2$，对其上限未作规定。起居室的面积不仅要考虑起居生活的需要，还应考虑与当前的经济发展水平相适应。对于经济收入一般的家庭来说，频繁的家庭沙龙是不多的，$20\sim25m^2$ 的起居室即可满足需要。其中面宽是控制起居室空间质量的重要指标，面宽为 4m 左右既能满足舒适性要求，又能兼顾起居室的经济性，使用效果较好。综合考虑各地区之间经济、自然条件的差异，面宽不应低于 3m。若客厅形状过于狭长，则会给人带来紧张、不愉快的心理感受，因此，起居室的长宽比是设计过程中应控制的重要参数。起居室的长宽比控制在不大于 1.8 的范围内较为合理[4]。

2. 朝向不妥

从起居室的演变历程看，起居室的朝向正在从朝北向朝南转变。由于设计师对建筑热工性能的基础知识不了解，以及对建筑节能意识的淡薄，设计的建筑均需要配套能耗较大的人工调节设施使室内达到舒适理想的环境。目前，起居室照明仍存在不足以及用光的盲目性，北京地区 22.5% 的起居室达不到 100lx 照度值，19% 的家庭使用极易产生眩光的灯具[5]，照度对起居室的影响是非常显著的。我国地域辽阔，横跨数个气候带，各地自然条件差异大，硬性规定建筑的固定朝向是没有任何科学依据的。然而，根据当地的自然气候条件确定合适的建筑朝向既能使建筑室内得到良好的阳光照射及自然通风，又能有效降低建筑能耗。

3. 各功能空间的组织欠佳

起居室是家庭公共活动的场所，也是组织户内其他各功能空间的枢纽。一个宜人的起居室不仅应有适宜的面积和空间尺度，还应有与其他功能空间联系合理、公私分离、居寝分离、洁污分离的布局。但是在设计过程中，将起居室空间内开设过多的门洞易使连续墙面变得过短，使起居室变成一个交通"厅"，致使部分空间难以有效布置利用、使用面积减少。

4. 细部设计考虑不周

起居室细部设计主要是门窗洞口的设置、阳台的设计、鞋柜、遮阳板、空调搁板的设置等。若窗体设计的风格不同，人们会感受到空间的线条变化，从而不会产生单调乏味、千篇一律的感觉。在起居室细部上的粗线条设计，不仅影响着建筑的使用寿命，而且影响着人们的身体健康，例如建筑热桥部位的设计处理、起居室内功能性扶手等细部设计。

5. 智能化设计欠缺

信息、通信以及计算机的普及和发展，互联网时代的到来，使人们的生活发生了巨大变化。许多事足不出户便可完成。如居家办公与室内环境监测等技术。随着建筑智能化技术的发展，人们在家便可完成工作或享受社会性服务。起居室所容纳的行为种类将大大增加。

6.1.3 设计要点

起居空间的主要居住行为包括：家庭团聚（核心行为）、视听活动、会客接待；兼具行为有用餐、运动、学习、储藏等。起居空间的设计要考虑起居生活行为的秩序特征、主要家具摆放尺度需要、空间感受等。设计要点主要包括以下几点：

1. 主次分明、空间完整

团聚、会客、视听等主要的居住行为通常以沙发组及视听设备为中心展开设计，则为主体。同时，为满足其他兼具功能，如阅读学习、运动、储藏、展示等，还需增加角几、台灯、装饰陈列柜或书柜、储物柜、跑步机等家居设备，则为辅体，占据起居室的次要位置。从使用性质上看，起居室属于动区，流线设计上往往靠近户门位置，和过厅走道、房门相连或穿套，起到部分交通联系作用，若设计不当将造成过多的斜穿流线或与卧室、卫生间门直接相连，破坏卧室私密性。因而在进行起居室设计时应充分考虑动线设计和视线分隔，避免斜穿和对视，以保证空间的完整性。

2. 适宜的空间尺度、面积

起居空间作为家庭团聚活动中心，功能相对复杂，使用人数较多，即便是在中小套型中也应有较充裕的使用空间。对于独立的起居空间而言，它的开间尺寸和面积往往是对起居室中一组沙发、一个电视柜、茶几等基本家具的占地面积及相应的活动面积进行分析得出的。对于中小套型而言，开间尺寸的确定是设计的重要环节。

3. 合适的空间形状设计

一般来说，起居室的格局以方正为上，最好有一个完整的角，或至少有一面完整墙面（墙面上无门、窗），以便于布置家具，对于中小套型而言因其面积有限，更应避免难以利用的弧形、斜角（尤其是锐角）等异形空间形状，以提高空间使用率。起居厅的设计必须要考虑面宽和进深的协调，面宽和进深这两个指标和房间的采光有直接的关系：面宽长，采光面就大；进深太大，房间后部就无法得到较好的天然光照度，一般开间与进深的比例以不超过 1：1.5 为宜[6]。

4. 室内环境舒适健康

作为一套住宅室内日常活动的中心空间，起居室的室内环境对人体健康的影响也是非常显著的。第一，起居室是室内活动人数最多的区域，因此必须保证足够的活动空间和良好的空气质量；第二，起居室内包括的活动内容最多，因此起居室的设计必须保证适宜的采光环境及安全的细部设计；第三，尽量减少污染空间与起居室的连通，防止额外的污染物传播进入起居室，威胁人体健康。

6.2 起居室内健康风险影响因素

起居室内健康风险的影响因素主要包括两个方面：首先，来自于设计者对建筑空间布局的设计，易导致室内污染物聚集在局部而无法排出；其次，来自于居住者的行为方式，主要包括吸烟、宠物（室内睡觉）、与厨房直接连通、地板潮湿、供暖（化石燃料燃烧）、一些潜在的污染源（例如空气清新剂、洗涤剂、发霉的盆栽植物、软质泡沫、粘合地毯、电器设备等）。

6.2.1 空间布局

由于起居室是连通厨房、卧室、卫生间的有效过渡空间，因此，在日常生活中，由厨房、卫生间溢出的相对湿度较高的空气，致使起居室内空气的含湿量较高。此外，楼板处可能存在热桥问题，进而导致地板湿度增大，尘螨滋生。许多单栋住宅的起居室一般位于地下架空层上面（有些在车库、储藏室上面），因此地板开口往往会成为霉菌、湿气、氡和其余污染物的发源地，易使敏感人群的健康受到威胁。现有的研究分析了地板覆盖面材料及湿度对儿童过敏症状的影响，共完成了 2755 份调查问卷，有效回答率为 54%。有效数据涉及 2740 名儿童，研究结果列于表 6-1。此外，起居室与住宅周边环境的设计关系，决定了起居室内与室外环境之间的关系。起居室内的空间维度、比例和朝向的设计决定了起居室内的温度及光照。利用通透的阁楼增加室内采光，是改善室内温度和光照的有效手段[8]。

地板的湿度及覆盖材料对儿童患病的综合影响[7]　　　　　　　　　表 6-1

	湿度,无		湿度,有	
	木质 （n＝372）	聚氯乙烯合成 （n＝1130）	木质 （n＝17）	聚录乙烯合成 （n＝128）
气喘（偶尔）	1.00	1.34(0.87,2.09)	2.23(0.58,8.49)	2.90(1.57,5.37)
气喘	1.00	1.21(0.78,1.88)	1.28(0.27,6.05)	2.57(1.36,4.82)
症状				
干咳	1.00	0.91(0.65,1.28)	0.63(0.14,2.89)	1.42(0.84,2.41)
症状				
哮喘	1.00	0.87(0.51,1.49)	3.57(0.90,14.19)	1.95(0.94,4.04)
鼻炎（偶尔）	1.00	0.92(0.69,1.23)	1.47(0.50,4.29)	1.26(0.78,2.02)
鼻炎	1.00	0.94(0.69,1.27)	1.27(0.41,3.91)	1.32(0.81,2.42)
症状				
花粉症	1.00	0.93(0.68,1.27)	1.20(0.36,4.00)	1.47(0.89,2.42)
湿疹	1.00	1.54(1.11,2.13)	0.65(0.14,3.01)	1.97(1.18,3.28)

注：P 值<0.05；对性别、年龄、家族过敏史、社会经济地位、教育程度和建筑类型分别进行了校正。

6.2.2 综合污染

起居室是住宅室内行为活动最多、参与人数最多、空间开口部位最多的连通过渡空间，其内部的空气环境不仅受其他功能房间室内空气环境的直接影响，而且会反作用于人体，直接影响居住者的身体健康。国外学者 Malin Larsson 和 Bernard Weiss 发现儿童自闭症的发生与温度高、通风率低的邻苯二甲酸酯环境中的暴露情况有很显著的相关性，并且过敏症和哮喘病也与此化学物质显著相关[9]。相关性的研究结果列于表 6-2 和表 6-3。

室内环境因素与儿童（6～8 岁）自闭症之间的关联性　　　　　　　表 6-2

影响因素	自闭症			
	参照		OR(95％Cl)	
	n％		n％		n％	
地板材料的影响				
儿童房间			PVC	
	25(1.2)	其他 1.0	41(1.7)	1.42(0.86～2.34)
	24(1.2)	木质/ 油漆 1.0	41(1.7)	1.41(0.85～2.33)
	14(0.9)	木质 1.0	41(1.7)	1.96(1.07～3.61)
父母房间			PVC	
	28(1.2)	其他 1.0	40(1.9)	1.66(1.02～2.70)
	24(1.1)	木质/ 油漆 1.0	40(1.9)	1.83(1.10～3.05)

影响因素	自闭症				
	参照		OR(95%CI)		
	n%	n%		n%	
	15(0.8)	木质 1.0	40(1.9)	2.51(1.38~4.57)	
地板材料 2005 的影响		其他		PVC	
儿童房间	34(1.3)	1.0	29(1.9)	1.46(0.88~2.40)	
父母房间	36(1.3)	1.0	31(2.0)	1.61(0.99~2.61)	
结露的影响		无凝结		1~5cm	>5cm
儿童房间	41(1.3)	1.0	13(1.6)	1.26(0.67~2.36)	12(2.7)	2.13(1.11~4.08)①
父母房间	38(1.3)	1.0	17(1.8)	1.42(0.80~2.53)	16(2.6)	2.06(1.14~3.71)①
起居室	47(1.3)	1.0	10(1.7)	1.29(0.65~2.57)	9(3.2)	2.45(1.19~5.05)①
结露 2005② 的影响		无凝结		1~5cm	>5cm
儿童房间	42(1.3)	1.0	17(1.8)	1.46(0.83~2.58)	12(3.3)	2.67(1.39~5.13)①
父母房间	38(1.2)	1.0	21(2.0)	1.70(0.99~2.91)	12(2.9)	2.43(1.26~4.68)①
起居室	52(1.3)	1.0	10(1.9)	1.45(0.73~2.88)	9(5.2)	4.00(1.94~8.25)①

注: $P<0.05$。

① 采用线性相关性评估数据发展趋势（$P<0.05$）。

② 冬季窗体内表面结露。

在敷设地板的起居室内进行的六组实验中不同因素和自闭症之间的相关性　　表 6-3

影响因素 2000	OR(95%CI)					
	儿童房间			父母房间		
	Ⅰ	Ⅱ	Ⅲ	Ⅳ	Ⅴ	Ⅵ
地板材料						
PVC vs. 其他材料	1.19 (0.71~2.00)	—	—	1.59 (0.97~2.61)	—	—
PVC vs. 木质材料/油漆	—	1.19 (0.70~2.02)	—	—	1.74 (1.04~2.92)	—
PVC vs. 木质材料	—	—	1.59 (0.85~2.99)	—	—	2.40 (1.31~4.40)
窗体结露①						
无	1.0	1.0	1.0	1.0	1.0	1.0
1-5cm	1.35 (0.71~2.57)	1.39 (0.73~2.64)	1.24 (0.60~2.57)	1.52 (0.84~2.73)	1.36 (0.74~2.53)	1.49 (0.76~2.91)
>5cm	2.05 (1.03~4.10)	2.13 (1.06~4.25)	2.27 (1.09~4.74)	2.03 (1.08~3.82)	1.93 (1.01~3.70)	2.40 (1.22~4.71)
母亲吸烟②	1.79 (1.02~3.13)	1.66 (0.94~2.94)	1.63 (0.87~3.04)	1.51 (0.87~2.62)	1.53 (0.87~2.69)	1.42 (0.76~2.64)

影响因素 2000	OR(95%Cl)					
	儿童房间			父母房间		
	Ⅰ	Ⅱ	Ⅲ	Ⅳ	Ⅴ	Ⅵ
年龄						
6	1.0	1.0	1.0	1.0	1.0	1.0
7	1.03 (0.53~2.00)	1.02 (0.53~1.99)	1.16 (0.54~2.48)	1.13 (0.60~2.13)	1.07 (0.56~2.03)	1.31 (0.64~2.68)
8	1.37 (0.73~2.55)	1.31 (0.70~2.46)	1.63 (0.80~3.32)	1.41 (0.77~2.58)	1.24 (0.67~2.30)	1.54 (0.77~3.09)
性别(男)	5.53 (2.69~10.56)	5.89 (2.88~12.03)	4.77 (2.30~9.89)	5.38 (2.80~10.33)	5.56 (2.81~11.01)	4.67 (2.33~9.37)
儿童哮喘	1.73 (0.77~3.91)	1.74 (0.77~3.93)	1.72 (0.71~4.16)	1.91 (0.89~4.10)	2.04 (0.95~4.40)	2.09 (0.92~4.76)
无③	1.0	1.0	1.0	1.0	1.0	1.0
有③	2.48 (1.34~4.60)	2.58 (1.39~4.79)	3.02 (1.57~5.82)	3.00 (1.69~5.33)	2.81 (1.54~5.13)	3.18 (1.68~6.00)
无回答	1.49 (0.20~11.21)	1.58 (0.21~11.93)	2.04 (0.27~15.60)	1.38 (0.18~10.35)	1.40 (0.19~10.54)	1.94 (0.25~14.84)

注：$P<0.05$。

①供暖期间儿童房间窗体内侧结露。

②任何一位母亲吸烟（在怀孕期间或儿童一岁期间吸烟）。

③过去的 12 个月你的家庭是否存在结账的困难。

6.2.3 通风作用

1. 自然通风

起居室内空气品质的高低与住宅室内外的通风换气率密切相关。丹麦学者 Gabriel Bekö 对 500 名儿童所处环境内的 CO_2 浓度进行了评估，发现丹麦住宅的起居室内通风不良，室内最低通风率仅为 0.5 次/h。对数正态分布的几何平均分布通风率为 0.46 次/h，其中 57% 的房间不满足室内空气品质的最低要求。居民行为对住宅的通风率有一定影响，研究表明，具有较高平均通风率的房间是因为有较多的人在该房间内活动。这可能是由于在入住率较高的住宅内频繁开窗的缘故。虽然起居室的通风率数值不一定反映室外向室内的渗透率，但是可以真实地反映起居室的换气次数。研究还对每年监测的室内空间换气次数、儿童健康状况、居住建筑特点、居民行为及化学污染物浓度等之间分别进行了关联性分析[10]。

2. 机械通风

针对起居室开口较多的平面设计类型，通风系统的进风口只设计在卧室内，起居室内无新风口，完全作为空气溢流区。这种换气方式最有效，并可以适当调节减少送风量，仍然可以保持良好的室内空气质量。同时存在一些问题，如果从某个卧室流入起居室的新鲜空气与客厅内的既有空气能够进行充分混合，则说明起居室的平面布局设计形式是比较合理的。通过 CFD 模拟与实测结果的分析证明，溢流口与新风口之间的短路问题是实测调查中最不利的边界条件[11]。

6.3　我国东北地区起居室室内环境状况

为了了解我国东北地区的室内环境状况，笔者在 2014 年冬季对我国东北地区的 5 个城市开展了大样本问卷调查和入户实测调查。考虑到供暖期间住户门窗长时间密闭，室内环境相对较差，可能暴露的问题较多，故本次调查均在供暖期进行，共涉及沈阳、长春、哈尔滨、锦州和齐齐哈尔 5 个城市的 45 户住户。以下从温湿度、CO_2 浓度和 PM2.5 浓度这几方面进行阐述。

6.3.1　温湿度达标状况

温度方面，《住宅设计规范》GB 50096—2011 规定：设置供暖系统的普通住宅的起居室的室内供暖计算温度不应低于 18℃。实测调查显示，45 户住户中 91％的住户起居室温度达标，有 2 户远低于标准，2 户温度过高。起居室温度远低于标准的 2 户，其经济情况良好，注意到这 2 户其他房间的温度亦低于标准，分析原因可能是供暖出现问题。起居室温度过高的 2 户，其他房间的温度亦过高，原因可能是供暖过度。另外，结合大样本问卷调查的结果，笔者分析开窗对起居室温度没有决定性影响。

湿度方面，《室内空气质量标准》GB/T 18883—2002 规定：冬季供暖的普通住宅室内空气湿度应在 30％～60％之间。实测调查显示，45 户住户中仅 44％的住户起居室湿度达标。湿度不达标的住户状况均为湿度过低，没有因湿度过高而不达标的状况。16 户不达标的住户中有 10 户平均湿度低于 20％，在这样的相对湿度下，皮肤和呼吸道容易干燥，致使呼吸道的防御能力减低，容易感染疾患。

6.3.2　CO_2 浓度达标状况

《室内空气质量标准》GB/T 18883—2002 规定 CO_2 浓度的日平均值应在 0.1％（1000ppm）以内。实测调查显示，无抽烟行为、房屋面积较大的住户，其起居室 CO_2 浓度超标的概率相对较低。另外，起居室的 CO_2 浓度出现明显上升的时段主要在 6：00～13：00、17：00～19：00、21：00～24：00，均为家庭成员出现在起居室的高频时段，故分析认为 CO_2 浓度可能受人员影响较大，人员密集时 CO_2 浓度较高。

6.3.3　PM2.5 达标状况

我国 2012 年 12 月发布的 PM2.5 的 24h 平均浓度目标值 $75\mu g/m^3$，是 WHO 设定的最宽限值。标准的宽严程度基本反映了空气质量情况，空气质量越好就越有能力制定和实施更为严格的标准，这说明我国的空气质量状况不乐观。

实测调查显示，45 户中 84％的住户起居室 PM2.5 浓度达标。达标的住户有以下特点：房间有盆栽居多，开窗比例高，房屋建成相对较晚。通过实测调查还注意到，厨房烹饪活动对起居室浓度有一定影响。与厨房连通的起居室内的 PM2.5 浓度易受厨房烹饪影响。

6.4　暴露评价

1. 室内空气品质

由于起居室不仅连通了多个功能房间，而且集多种活动场所于一体，因此，对于起居室的室内空气品质进行评价的指标可归纳为：二氧化碳、甲醛、烟气成分和可吸入颗粒物。对室内空气品质进行评价是认识起居室内环境的一种科学方法，是随着人们对起居室内环境重要性认识的不断加深所提出的新概念。它能够反映环境要素对居住者生活影响的适宜程度，而不是简单的合格或不合格的判断[12]。主、客观评价指标间的关系是刺激—反应的关系。Weber Fechner 定理和 Stevens 定理均表明，反应与刺激的绝对量不成线性关系，而与对数量成正比。这些研究成果使得建立主观评价指标和客观评价指标的关联性成为可能[13]。

2. 噪声

起居室内噪声的大小对人的心理和生理影响是非常复杂的，如烦恼、语言干扰、行为妨害等，有时噪声的数值大小不能正确反映人对噪声的主观感觉。现阶段，人们逐渐认识到噪声并不是单纯声压越低越好，还与声音本身的特性以及人的听觉、生理、心理特性有关，物理声压级相同的两种声音由于频率结构不同，心理感觉可以相差很大。对于起居室内噪声量的大小进行评价，以测量 A 计权声级的噪声总量为代表，这在粗略评价时可以采用，但在实际工程应用中，应采用噪声标准曲线[14]。

3. 光照

起居室照明的舒适度可以用人们对照明光环境满意率 LPPD 来衡量。在一定的活动条件下，当人们对光环境的满意率 LPPD＝100％时，该光环境为舒适；不完全舒适时，光环境满意率 LPPD＜1。由光环境舒适度评价方程可知，光环境舒适度与照明光源的照度（E）、一般显色指数（Ra）、和光色相关色温（Tcp）有关[15,16]。通过对起居室内光环境的调查表明：由于在设计阶段已按照住宅日照、采光的标准和规范要求给予了足够的重视，因此住宅的天然采光均能得到较好的评价；然而人工照明的状况则相反。由于影响住宅光环境质量的因素涉及多个指标，因此应采用综合评价方法进行评价。主要方法有层次分析法、灰色聚类分析法、模糊综合评判法等，本书采用模糊综合评判法[15,17]。相关学者采用均方差决策法建立了起居室人工照明光环境综合评价函数，并利用专家评分对综合评价函数进行可行性验证。研究结果表明：该综合评价函数与专家评价函数吻合较好，可用于居室人工照明光环境评价；0.75m 水平面平均照度在 150lx 左右，照度均匀度在 0.4～0.5 的照明光环境中，人们的心理满意度高；照度均匀度大于 0.6 的照明光环境，人们的心理满意度低[18]。

4. 综合评价

建立 ESEQE 模型专家系统，模拟评估环境质量。该模型包括 200 条规定，总体涵盖了 65 个环境质量性能标准。性能参数主要包括：采光舒适性、声舒适、热舒适及室内空气质量。评价的标准和方法是对室内环境质量方面的专家进行一系列采访，在其中提取能够用于评估和建议的结果，并作为评价依据[19,20]。利用相似点的顺序偏好技巧得到理想解的方法，建立室内环境因素关联性分析计算矩阵，可用于评估一套住宅的整体室内环境，并确定该套住宅的室内环境是否满足标准要求[21]。荷兰可持续城市代尔夫特研究中心针对起居室的环境调查结果如表 6-4 所示。

起居室环境调查[22]　　　　　表 6-4

项　　目	观　察　值				
	1	2	3	4	5
平均每周使用时间	<5h	5~12h	>12h	其他	
开放式厨房	m²				
层高	<250cm	250~275cm	>275cm		
开口比例	<25%	25%~50%	>50%		
朝向	南向	东/西向	北向		
窗户类型	单层	双层	HR++	其他	
遮阳	室内	室外	无	其他	
居住区	玻璃门	落地窗	高架玻璃	无	其他
气密性,连接处长度	<6m	>6m	其他		
气密性,开口缝隙	双缝	单缝	无缝	其他	
通风,开口类型	风口	格栅	大格栅	风门	其他
地板以上高度	<80cm	>80cm			
小格栅进气口	大部分时间关闭	每天小于 30min	大部分时间开启	总是开启	其他
大格栅进气口	大部分时间关闭	每天小于 30min	大部分时间开启	总是开启	其他
铰链,顶部/侧部	大部分时间关闭	每天小于 30min	大部分时间开启	总是开启	其他
穿堂风	一侧进气	两侧进气	一侧进气+溢流	其他	
风口	<70cm²	70~140cm²	>140m²	开门	
新风口阻力	高阻力	低阻力	无阻力	其他	
通风控制	开启/关闭	定位控制	无控制	其他	
白天设定温度	摄氏度				
周末设置温度	摄氏度				
夜晚或晚上设置温度	摄氏度				
内部墙体	石头	其他			
内部立面材料	石头	其他			
墙体表面材料	壁纸	石膏、油漆	油漆,光滑	乙烯基	其他
天花顶表面材料	石膏/壁纸/木材	混凝土、油漆	油漆,光滑	乙烯基	其他
地板表面材料	光滑	木材、光滑地毯	短毛地毯	长毛地毯	其他

6.5　优化措施

　　根据起居室的综合使用功能以及污染物的综合来源，改善起居室内空气品质及降低供暖、降温系统能源消耗的措施主要包括：提高住宅围护结构的密封性、安装连续的机械通风系统、更新浴室排风扇、更换厨房的抽油烟机、加强阁楼的保温性能、更换供热供冷系统、增加壁挂式空气除尘器。通过改造后住宅的室内空气环境实测分析，发现此措施可以有效地改善室内空气品质。在舒适的条件下，浴室内的湿度及二氧化碳浓度、乙醛、挥发性有机化合物和可吸入颗粒物等均能够得到有效改善。甲醛和二氧化氮含量的最高浓度亦可得到有效降低。因此，应首先明晰起居室内的污染物来源，进而采取有效的控制措施，以达到有效减少室内污染物浓度的目的[23]。

本章参考文献

[1] 中国环境科学学会室内环境与健康分会 . 中国室内环境与健康研究进展报告 2013-2014.

[2] 庄丽颖，李丽萍 . 空气细颗粒物污染对健康影响的流行病学研究进展 . 汕头大学医学院学报，2012，25（4）：233-235.

[3] GB 50096—2011. 住宅设计规范 . 北京：中国建筑工业出版社，2011.

[4] 庄凌 . 关于住宅起居室设计的几点思考 . 武汉科技大学学报（自然科学版），2003，26（2）：161-164.

[5] 刘炜，王晓静 . 北京住宅室内照明光环境调查与分析 . 灯与照明，2008，32（3）：17-20.

[6] 李宏，梁现超 . 中小套型住宅起居室与卧室空间尺度研究 . 住宅科技，2009，8：20-22.

[7] Jieun Choi，Chungyoon Chun，Yuexia SunAssociations，et al. . Associations between building characteristics and children's allergic symptoms - A cross-sectional study on child's health and home in Seoul，South Korea. Building and Environment，2014，75：176-181.

[8] Dania González Couret，Pedro D. Rodríguez Díaz，Drey F. Abreu de la Rosa. Influence of Architectural Design on Indoor Environment in Apartment Buildings in Havana. Renewable Energy，2013，50（8）：800-811.

[9] Malin Larsson，Bernard Weiss，Staffan Janson，et al. . Associations between indoor environmental factors and parental-reported autistic spectrum disorders in children 6 — 8 years of age. NeuroToxicology，2009，30：822—831.

[10] Gabriel Bekö，TosteLund，FredrikNors，et al. . Ventilation rates in the bedrooms of 500 Danish children. Building and Environment，2010，45：2289-2295.

[11] G. Rojas，R. Pfluger，W. Feist. Cascade ventilation-Air exchange efficiency in living rooms without separate supply air. Energy and Buildings，2015，100：27-33.

[12] 沈晋明 . 室内空气品质的评价 . 暖通空调，1997，27（4）：22-25.

[13] 刘玉峰，沈晋明，王明红 . 室内空气品质主客观评价指标间的相关性研究 . 建筑科学，2006，22（6）：10-13.

[14] 刘君侠 . 室内声环境评价指标研究 . 江汉大学学报（自然科学版），2010，38（4）：49-53.

[15] 胡晓倩，张莲，李山 . 住宅光环境舒适度的模糊综合评价方法 . 重庆理工大学学报（自然科学），2013，27（7）：103-107.

[16] TanviBanerjee，JamesM. Keller，MihailPopescu，et al. . Recognizing complex instrument alactivities of daily living using scene information and fuzzy logic. Computer Vision and Image Understanding，2015，（1）：1-15.

[17] 李国会，雍静，王晓静 . 住宅起居室人工照明光环境评价指标及其权重试验研究 . 现代建筑电气，2010，1（4）：35-40.

[18] 雍静，张瑞，王晓静 . 住宅起居室人工照明光环境视觉印象综合评价 . 土木建筑与环境工程，

2010，32（3）：94-99.

[19] Rabee M. Reffat，Edward L. Harkness. Expert System for Environmental Quality Evaluation. Journal of Performance of Constructed Facilities，2001，15：109-114.

[20] Drury Crawley，Ilari Aho. Building environmental assessment methods：applications and development trends. Building Research & Information，1999，27（4/5）：300—308.

[21] D. Kalibatas，E. K. Zavadskas，D. Kalibatiene. The concept of the ideal indoor environment in multi-attribute assessment of dwelling-house. Arctive of Civil and Mechanical Engineering. 2011，XI（1）：89-101.

[22] J. T. Fokkema. Health performance of Housing—indicators and tools. Printed in the Netherlands by Haveka，Alblasserdam，2006.

[23] Federico Noris，Gary Adamkiewicz，William W. Delp，et al. . Indoor environmental quality benefits of apartment energy retrofits. Building and Environment，2013，68，（5）：170-178.

第7章 卫生间/浴室健康影响因素和暴露评价

我国住宅中常将卫生间和浴室设计在一个功能空间中，在这样的功能空间，存放了大量的化学物品，如消毒水、洗衣粉、洁厕剂等清洁用品，带来健康隐患。消毒水的主要成分是氯、酚、醛等物质，稳定性较差，搁置久了，会发生分解反应，遇高温、高湿则容易蒸发，长期吸入可刺激呼吸道，损伤呼吸道黏膜，甚至诱发细胞变异而导致白血病、肺癌等；洗衣粉、洗衣液、洁厕剂则含荧光剂、氯、四氯乙烯等，容易引起皮肤过敏；水管清洁剂会产生氨气，刺激眼部及呼吸道。

7.1 浴室、更衣室、厕所室温对人体血压的影响

日本学者的研究表明，浴室卫生间的健康问题须引起高度重视，特别是从室内老年人意外死亡的统计结果来看，浴室窒息事故呈多发状态。开展浴室、更衣室、厕所室温对人体血压的影响研究很有必要，特别是冬季冷应力变大，带来因所谓热冲击血压上升为代表的生理负担成为发生事故的原因之一。热冲击这个术语不仅用于酷热环境，也包括突然暴露在寒冷的环境中，用来表现因温差引起的应力。研究表明，过低的浴室室温对血压变化影响很大，见图7-1。图7-1表示在不同的起居室和浴室的温差条件下血压的变化量，结果表明温差越大血压变化量越大。对浴室和卫生间供暖时，可以有效地降低因温差产生的生理和心理负担。老年人对寒冷刺激的感受能力会降低，同时存在时间延迟，这往往会导致健康风险。图7-2表示住宅内不同功能房间的热感觉和实际气温的关系，由结果可知，即便相同的热感觉，浴室和厕所的实际气温也要低于其他房间。日本学者通过开展冬季浴

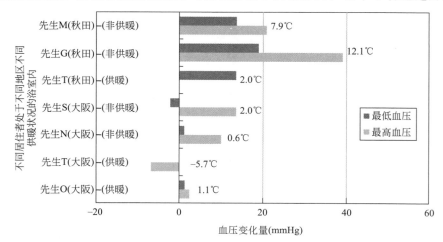

图 7-1 在浴室脱衣引起的血压变化

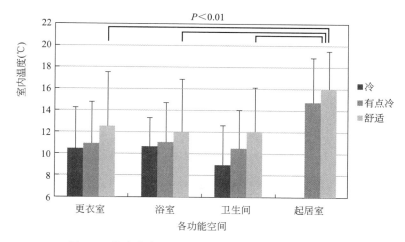

图 7-2 住宅内各功能房间热感觉和实际气温的关系

室、卫生间寒冷暴露与老年人生理反应的关联研究，发现客厅与浴室的温差越大，老年人入浴时发生事故的死亡率越高。

7.2 厕所排泄行为对人体健康的影响

在厕所排泄行为特别是排便行为时由于屏气，会使胸腔内压上升，舒张压或收缩压升高，冠动脉血流量或脑血流量减少，从而导致心律失常。另外，排尿时也容易因尿道和膀胱刺激导致出现低血压和心动过缓。因此，排泄行为有可能引起晕厥或缺血性心脏疾病和脑血管疾病。

日本学者以所泽市在 2014 年 5 月至 2016 年 4 月 1 年间在厕所突发疾病请求救护车的病例为对象，对患者性别、年龄、恢复知觉时间、发病季节、发病时气温、在现场的生命征兆、厕所形式（蹲式厕所、坐便、小便处），治疗前后的情况（生存或死亡）等进行了数据收集。诊断名分为中枢神经疾病、心血管疾病、心律失常、刺激、心肺功能停止状态、消化系统疾病等几种类型，血压稳定的眩晕症、心律失常、站立性低血压分别归类于中枢神经疾病、心血管疾病和晕厥。在厕所发病送急诊的病例中，男性占 54%，平均年龄 68±16 岁；厕所的形式中坐便占 84%、蹲式厕所和小便器各占 3%。疾病统计结果见表 7-1，不同疾病影响因素比较结果见表 7-2。

疾病的具体划分 表 7-1

疾病种类	具体划分	案 例
脑血管疾病	（$N=23$）	
	脑梗塞	6
	眩晕	5
	短暂性脑缺血	5
	意识模糊	4
	蛛网膜下出血	2
	脑出血	1

续表

疾病种类	具体划分	案例
眩晕	N＝12	
	眩晕	8
	体位性低血糖	4
肠胃疾病	N＝11	
	肠胃炎	3
	腹疼	3
	便秘	2
	肠胃出血	2
	急腹症	1
心血管疾病	N＝9	
	心肌缺血	4
	心力衰竭	2
	心律不齐	2
	主动脉夹层	1
休克	N＝6	
	消化道出血	3
	未知疾病	3
心肺骤停	N＝4	
其他	N＝9	
	鼻出血	2
	呼吸障碍	2
	唤气过度	1
	坠落伤	1
	低体温症	1
	发烧	1
	未知疾病	1

疾病分类的对比分析　　　　　　　　　　　　　　　表 7-2

	脑血管疾病	晕厥	肠胃疾病	心血管疾病	休克	心肺骤停	其他
性别(男/女)	12/11	8/4	6/5	4/5	3/3	2/2	5/4
年龄	68±15	66±14	56±19	75±13	66±23	73±12	75±7
温度	15±8	18±6	13±7	8±7	15±11	15±5	16±10
季节							
春季	7	3	3	2	0	2	2
夏季	10	6	4	0	3	0	4
秋季	2	2	2	1	0	2	2
冬季	4	1	2	6	3	0	1
通话严重性(h)	10±7	13±8	16±7	10±7	12±6	6±3	12±7
不严重	11	8	7	4	1	0	6
适中	6	4	4	5	4	0	2
严重	5	0	0	0	1	4	1
结果(死亡)	2	0	1	0	2	4	1

　　研究结果表明，具有中枢神经疾患的患者应采取消除排泄困难的措施，容易晕厥的人应有回避在高温环境排泄的对策；患有心血管疾病的患者应避免在低温环境下排泄。

7.3　浴室/卫生间湿气问题

　　大多数浴室都面临着霉菌问题的困扰。如果要保证浴室内无霉菌生长，淋浴的使用次数应该限制在每周 14～21 次，即每天最多 3 次（如果 2 次洗浴的时间间隔较短，可视为 1 次）。墙体或毛巾会吸收淋浴散发出的水分，1 次淋浴散发出的水分量需要花费 2～3h 的时间蒸发掉。浴室可能还有其他的湿气来源，例如晾衣绳、某些烘干设备散发出的水分、室外的泄漏等。

　　机械排风不能阻止霉菌的生长，因为在本质上排风量太小不足以促进水分蒸发。在浴室使用期间（或使用后一段时间），小型排气扇的运行会产生负面影响，因为它阻止了自然排风，并且在风扇关闭后也可能会阻止湿空气扩散。利用永久性的全新风通风系统以及提高温度是解决浴室湿度过大以及霉菌生长的最有效措施。

　　相比温暖湿润的室内空气，室外的新鲜空气能吸收更多的水分（大约为室内空气 2 倍）。浴室墙体立面的通风口可以有效地阻止霉菌生长。

　　大开口的窗户（向阳的朝向）可以给浴室提供足够的热量以阻止霉菌生长，并且相比较大的大开口，窗缝以及格栅可能更好地阻止霉菌生长，因为浴室降温不会过快。

　　大面积光滑的瓷砖（或涂有防水材料的表面）有利于各种灰尘的清理，也包括霉菌。大面积的吸湿性材料储存了大量的水分（相当于 2 次淋浴或更多次），有利于霉菌的生长。然而，只要湿平衡不被破坏，高吸湿性材料可以降低自由水量。未经处理的木制材料（例如在桑拿房中）显示出了良好的储存水分的性能，可以有效地阻止霉菌生长。当对吸湿性材料表面进行喷漆处理时，吸湿性能遭到破坏，因此建议使用防水性材料，同时也有利于清理。只要正常地进行清扫，地板砌砖连接处的一些霉菌不会对健康产生威胁。

　　由于湿气会扩散到其他功能房间，所以伴随着淋浴的次数增加以及其他湿源（例如烘干衣服），室内尘螨的浓度会增加。军团菌主要存在于浴室内，其聚集在温暖的缓冲区（非热水区）。流动式热水系统（或缓冲层温度大于 60℃）可以有效阻止军团菌。烫伤或热水是主要的风险因素，特别是儿童以及老年人。潮湿的浴室地板可能引起摔伤的危险，因此在浴室内设置扶手或对地板进行粗糙处理，可以防止摔倒的发生。

7.4　我国浴室/卫生间室内环境状况

　　依据笔者开展的 10 省 2 市公众健康状况的问卷调查结果得知，北方省份有平均 15.1％的人、南方省份有平均 28.6％的人认为冬天更衣时经常感觉冷，其中江西省达 34％；北方省份有平均 14.6％的人、南方省份有平均 26.2％的人认为冬天洗浴时经常感觉冷，其中广东省和贵阳市分别达 34.3％和 31.4％。另外，消化系统疾病发病较高的省份主要集中在湿度比较高的地区，比如浙江省、江西省、广东省。中医理论认为"脾恶湿"是中医脾的重要生理特性之一。它出自《素问·宣明五气论》："五藏所恶：心恶热，肺恶寒，肝恶风，脾恶湿，肾恶燥，是谓五恶"。而中医的脾与消化系统有关。在中医临床上，湿热或者寒湿的环境会影响中医脾的功能，导致湿阻中焦证，主要表现为消化系统疾病，临床通过健脾化湿的方法进行治疗。另外，调查还发现以上三省冬季时室内过冷的比例较高，因此湿与寒相加对脾胃（即消化系统）的影响更大。动物实验研究也证明，在人工气候室的实验条件下，高湿环境会对消化道（胃、空肠、回肠）的免疫功能及肠道菌群产生不良影响。这也进一步印证了室内湿度过高对消化系统疾病发病的影响是不可忽视的。

7.5 我国东北地区浴室/卫生间室内环境状况调查

为了了解我国东北地区的室内环境状况，笔者在 2014 年冬季对我国东北地区的 5 个城市开展了大样本问卷调查和入户实测调查。考虑到供暖期间住户门窗长时间密闭，室内环境相对较差，可能暴露的问题较多，故本次调查均在供暖期进行，共涉及沈阳、长春、哈尔滨、锦州和齐齐哈尔 5 个城市的 45 户住户。以下从温湿度和照度两方面进行阐述。

7.5.1 温湿度达标状况

温度方面，《住宅设计规范》GB 50096—2011 规定：设置供暖系统的普通住宅的卫生间的室内供暖计算温度不应低于 18℃。实测调查显示，45 户住户中 91% 的住户起居室温度达标，有 2 户远低于标准，2 户温度过高。起居室温度远低于标准的 2 户，分析其原因可能为供暖出现问题，或可能有长期开窗通风的习惯。起居室温度过高的 2 户，分析原因可能为供暖过度。

湿度方面，《室内空气质量标准》GB/T 18883—2002 规定：冬季供暖的普通住宅室内空气湿度应在 30%～60% 之间。实测调查显示，仅 36% 的住户卫生间湿度达标，这个比例在卧室、起居室、卫生间中为最低。卫生间湿度波动的峰值集中出现在 7：00～9：00、12：00～13：00、19：00～24：00。结合湿度曲线，湿度高于 60% 的情况常表现为湿度突然升高，说明可能与洗漱、洗浴等行为有关。

7.5.2 照度达标状况

《建筑采光设计标准》GB 50033—2013 中规定：住宅建筑卫生间的室内天然光照度标准值为 150lx。实测调查显示，仅 9% 的住户卫生间天然光照度达标。多达 40% 的住户卫生间天然光照度小于 10lx，甚至照度为 0，天然采光普遍严重不足。另外，大样本问卷调查显示，45 户中 84% 的住户卫生间无外窗，对采光和通风均造成不便。对于有老年人的家庭，采光不足极易造成隐患，老年人住宅的合理照度值应根据年龄段、行为习惯、身体及视力健康状况进行研究而确定。

7.6 健康诊断表

荷兰学者针对浴室/卫生间的暴露风险，拟定如表 7-3 所示的健康诊断表。

浴室/卫生间健康诊断表 表 7-3

项 目	观 察 值				
	1	2	3	4	5
卫生间位置	封闭	没有开口的围护结构	开窗口	其他房间	其他
洗澡次数	每周几次				
其他水分产生	冷凝干燥器	洗涤	泄露	其他	
表面积					
墙上镶玻璃大小	小于 600cm²	600～2500cm²	0.25～1m²	大于 1m²	没有
朝阳的窗口方向	南	东/西	北		
通行区的玻璃隔断	玻璃门	窗框	玻璃天花板	没有	其他
气密性,连接长度	紧闭时小于 6m	打开时大于 6m	其他		
气密性,开口缝隙	双缝	单缝	无接缝,通风	其他	
通风,入口新鲜空气的类型	通风口	通风,小风量	大型通风隔珊或悬臂	风门	其他
使用小型通风隔珊	大部分处于关闭状态	每天通风小于 30min	基本上处于打开状态	经常打开	其他
使用大型通风隔珊或悬臂	大部分处于关闭状态	每天通风小于 30min	基本上处于打开状态	经常打开	其他
铰链连接的旋窗和平开窗	大部分处于关闭状态	每天通风小于 30min	基本上处于打开状态	经常打开	其他
进排气间循环	没有进、排气口	短路,受阻	大循环	其他	
间隙大小	小于 70cm²	70～140cm²	大于 140cm²	门	其他
进入使用空间的湿空气	大量散发	较少散发	依赖于风向	没影响	其他
使用排气装置	集中控制	灯开关	气流阻挡,限制	其他	
白天温度	暖和	需要采暖	没有采暖	其他	
夜晚温度	暖和	需要采暖	没有采暖	其他	
瓷砖与天花板材料	石吸收	木吸收	憎水剂	其他	
扶手	没有	淋浴间	洗漱间	其他	
地板表面	很滑的涂层	光滑的小地毯	防滑砖	地毯	
供电线或水管等通过的槽隙	没有	小裂隙	长连接	其他	
不平地面,台阶,湿毯	湿润的时候更滑	粗糙	不平	其他	
外墙外保温层	大于 4cm	小于 4cm	没有保温层	块状石材	其他
冷表面,热障碍	支撑梁	墙/天花板	柱	没有	
窗户上有凝结物	从不	清晨	高峰期	经常	
可见活霉,区域大小	小于 50cm²	50～2500cm²	大于 2500cm²	没有	
旧霉材料,区域大小	小于 50cm²	50～2500cm²	大于 2500cm²	没有	
霉的位置	在淋浴间	在塑性密封胶	器械旁边	天花板,角落	其他
清洁难度	容易清理	有残留	难以清理	其他	
一般清洁度	干净	少了灰尘	脏	其他	
纱窗清洁度	干净	少了灰尘	脏	其他	
检测时气味	新鲜/无气味	香皂味	霉味/腐烂味	其他	

本章参考文献

[1] 柳川洋一，後藤清，越阪部幸男，阪本敏久，岡田芳明. 所沢市におけるトイレでの疾患発生状況. 日救急医会誌，2004；15：587-592.

[2] 高崎裕治，大中忠勝，栃原裕，永井山美壬，伊藤宏充，吉竹史郎. 冬期の浴室とトイレにおける寒冷暴露と高齢者の反応. 人間と生活環境，2010，17（2）：65-71.

[3] Hasselaar E. Health performance of housing：Indicators and tools. Delft University Press，2006.

第8章 厨房健康影响要素和暴露评价

众人皆知，中国人的厨房油烟重，中餐使用最多的烹调方式有炒、爆、溜、煸、煎、炸等，而且在烹调过程中为了使菜品美味还会加入种类繁多的调味品，比如麻油、酱油、醋、淀粉、耗油等。这些烹饪特点使中餐美味的同时也会由于燃料燃烧、调味品化学组分分解而产生大量污染物。这些污染物一方面会影响室内空气品质，增加对烹饪人员健康的潜在影响几率，甚至会影响到其他的功能房间；另一方面，烹饪产生的油污也会在厨房内表面集聚，恶化厨房环境。研究表明，以室内背景浓度作为参考，烧烤、煎炸以及吸烟分别会使室内 PM2.5 浓度提高 90 倍、30 倍以及 3 倍[1]。2013 年 12 月出版的《中国人群暴露行为模式研究报告（成人卷）》的调查结果表明，在我国城乡居民做饭时使用固体燃料占 44.2％，其中生物质燃料为 32.7％、煤为 11.5％[2]。据 WHO 统计，全球每年有 150 万人是直接因使用固体燃料造成的室内空气污染而过早死亡，在这 150 万过早死亡的人中，有 85％的人是因使用生物质燃料，其他是使用其他固体燃料（如煤）所致[3]。有学者对北京市 400 户家庭的厨房开启燃气灶时进行了 CO、NO_2 和 CO_2 三项污染物的测试，综合指标计算结果表明，当通风条件为关窗关门开抽油烟机时，属于清洁的厨房数量比例为 48％，属于轻污染的比例为 21.7％，达到中等污染和重污染的比例分别为 14％和 26.5％[4]。

厨房室内的通风非常重要，我国《住宅设计规范》GB 50096—2011 中明确规定了厨房的直接自然通风开口面积不应小于该房间地板面积的 1/10，并不得小于 0.6m²；当厨房外设置阳台时，阳台的自然通风开口面积不应小于厨房和阳台地板面积总和的 1/10，并不得小于 0.6m²。

8.1 健康风险

厨房内的健康风险主要来源于四个途径：1）开放式燃烧器具（无烟道的以天然气为燃料的热水器、煤气炉以及煤气灶）：NO_2，CO，湿气；2）有机气溶胶（烘烤、烧烤以及油炸）；3）橱柜内的霉菌以及化学挥发物，清洁剂；4）火、割伤、烫伤、地板光滑引起摔倒等风险（水、果蔬皮、油脂等）。厨房内污染物向其他功能房间扩散情况主要取决于厨房的位置、厨房与其他功能房间隔离程度、污染物的最大浓度、通风效率（进气口、最大排气能力）。天然气以及其他气体燃烧产生的一些化学物质。NO_2、CO 是主要的风险因素。烹饪方式、通风效率以及扩散路径决定了其浓度。燃烧程度决定了 CO 浓度。可见的黄色火焰意味着产生的有毒物质正在燃烧[5]。

8.1.1 开放式燃烧器具

目前我国城市家庭中大多采用煤气或天然气燃烧器具烹饪，燃烧器具在使用过程中会产生 CO、NOx 等有害气体,通过对北京市 400 户使用天然气的居民用户室内空气质量的现场检测,得到只有灶具的厨房在最大负荷下燃烧 30min 后,在各种通风条件下 CO、CO_2、NO_2 的平均浓度,其结果见表 8-1。其中通风条件 a 是夏季常见的通风条件;通风条件 d 是冬季常见的通风条件。由表 8-1 可知,在厨房密闭的条件下(关窗关门),仅开启抽油烟机,室内 CO、CO_2、NO_2 的平均浓度分别较通风条件 a 提高了 4.15 倍、2.1 倍和 1.73 倍。

各种通风条件下厨房内 CO、CO_2、NO_2 的平均浓度[4] 表 8-1

通风条件	室内 CO 的质量浓度 （mg/m³）	室内 CO_2 的 体积分数（%）	室内 NO_2 的质量浓度 （mg/m³）
a(开窗开门开抽油烟机)	3.6629	0.1081	0.1337
b(开窗关门开抽油烟机)	6.1916	0.1295	0.1592
c(关窗开门开抽油烟机)	7.2457	0.1832	0.2073
d(关窗关门开抽油烟机)	15.2183	0.2270	0.2307

通过对通风条件 d 灶具和燃气热水器同时工作 15min 的现场测试,得到燃烧时间对厨房室内空气品质的影响,其结果见表 8-2。

燃烧时间对 CO、NO_2 质量浓度的影响[4] 表 8-2

时间(min)	CO 质量浓度(mg/m³)	NO_2 质量浓度(mg/m³)
3	20.0	1.5
5	29.0	1.3
7	32.0	1.3
9	25.0	1.4
11	26.0	1.2
13	26.0	1.6
15	41.0	1.6

8.1.2 烹调油烟雾

中国家庭主妇在厨房内花费了较长的时间,据统计平均每天花费了 3.4～4h,约占日常生活的 1/4 的时间。同时,由于中国幅员辽阔以及各个地方气候不同,不同区域形成了独特的饮食风味。其中最具有影响力和代表性也为社会所公认的有鲁、川、粤、闽、苏、浙、湘以及徽等菜系,即被人们常说的"八大菜系"。每种菜系的烹饪方式不同,主要包括油炸、爆炒、煎、蒸、炖等 24 种形式。烹饪期间,大量的调味品得到应用,并且一般都对食用油进行高温预热处理。因此,烹饪时产生了大量的空气污染物,主要包括可吸入颗粒物、蒸汽、烟气、燃烧产物等。可吸入颗粒物已经被公认为是影响人类健康的重要因素。由于绝大多数人 80%～90% 的时间是在室内度过的,所以对于室内颗粒物的研究逐渐受到重视,其中 PM2.5 尤为重要,因为它与健康影响具有显著关联性。对于住宅而言,厨房内的烹饪行为被视为 PM2.5 的重要来源,其与居住者呼吸道疾病以及肺炎发病率具有紧密联系。烹饪对人体健康产生影响主要归因于两点：1）产生较小粒径颗粒物 PM2.5；2）烹饪时燃料不完全燃烧、食用油以及食材产生的化学致癌物，例如多环芳烃。美国环保署指出了具有代表性的 16 种多环芳烃，即萘（Nap）、苊（Ace）、苊烯（Acy）、芴（Flu）、菲（Phe）、蒽（Ant）、荧蒽（Flt）、芘（Pyr）、苯并［a］蒽（BaA）、䓛（Chr）、苯并［b］荧蒽（BbF）、苯并［k］荧蒽（BkF）、苯并［a］芘（BaP）、茚并（1，2，3-cd）芘（Ind）、二苯并［a，h］蒽（DBA）、苯并［g，h，i］芘（BPe）。烹饪期间产生大量的致癌物质，由于食材中一般都不含有甲醛、乙醛以及苯等有害物质，所以可以基本确认这些物质与烹饪过程紧密联系。

1. 烹饪行为关联 PM2.5 及多环芳烃浓度影响

Siao Wei See 等人对 3 个不同国家的商业厨房（中国、马来西亚以及印度）烹饪时产生的 PM2.5 以及其含有的多环芳烃的浓度进行了测试。选取的 3 个厨房具有相同的空间布局（6～8m²），同时自然通风状况也较为相似，且均无机械通风。中国餐厅烹饪以爆炒与煎为主，马来西亚以油炸为主，而印度以蒸为主，相应的食物重量分别为 45kg、30kg 以及 40kg，烹饪时间为 10h、8h 与 20h。研究结果表明，马来西亚厨房污染最为严重（烹饪时间 PM2.5 日均浓度为 245.3μg/m³；烹饪时间多环芳烃日均浓度为 609.0ng/m³），其次为中国（烹饪时间 PM2.5 日均浓度为 201.8μg/m³；烹饪时间多环芳烃日均浓度为 141.0ng/m³），最后是印度（烹饪时间 PM2.5 日均浓度为 186.9μg/m³；烹饪时间多环芳烃日均浓度为 37.9ng/m³）。结果的差异性表明，相比其他烹饪方式，油炸方式产生了更多的 PM2.5 与多环芳烃，可能是由于油炸方式需要较高的烹饪温度，并且耗费大量食用油的缘故。同时，当含淀粉食材（例如土豆）在高温煎炸的过程中，产生致癌物丙烯酰胺，并且伴随着温度提高，其浓度也呈增加的趋势。而爆炒与油煎的烹饪方式比蒸炖方式需要更高的温度以及更多的食物油，所以其产生的 PM2.5 以及多环芳烃量也偏高。马来西亚厨房与中国厨房烹饪时产生的多环芳烃主要包括苯并［b］荧蒽（BbF）、茚并（1，2，3-cd）芘（Ind）以及苯并［g，h，i］芘（BPe），因此这 3 种物质可视为煎炸烹饪时化学物污染物指标。而印度厨房中，萘（Nap）、芴（Flu）以及菲（Phe）3 种多环芳烃浓度较高，其可能由于低温烹饪时，易产生低分子量的挥发性物质。其他研究也表明，烹饪时厨房内亚微米级颗粒物浓度升高了 10 倍左右，并且油炸的烹饪方式产生的 PM2.5 以及化学污染物量最大，其次是油煎。颗粒物的浓度也与食用油类型紧密相关。

烹调油烟雾主要由气溶胶相（细颗粒物）和气态污染物（挥发性有机物）两大类组成，加热至 250℃以上时，油烟中至少含有 220 多种产物，其中包括具有致癌性的杂环胺类和多环芳烃化合物（PAHs）。流行病学调查结果表明，肺癌的发生与接触油烟有关；毒理学研究也从多个遗传毒作用和潜在致癌性[6]。图 8-1 表示在我国香港对 12 户住户厨房烹饪过程颗粒物粒径分布的现场实测结果。

2. 烹饪行为关联温度、相对湿度以及 CO、CO_2 与 TVOC 浓度影响

Chao 等人对我国台湾的住宅进行了实测研究，结果表明厨房烹饪期间 CO 浓度处于最高水平。Law 与 Chao 调查了我国香港住宅内 NO_2 的暴露情况，发现 NO_2 浓度与烹饪行为具有较强的关联性。Chiang 与 Angui Li 分别对住宅厨房以及商业厨房的空气污染物分布、温度场以及速度场进行了研究，结果表明即使在抽油烟机存在的情况下，厨房内的

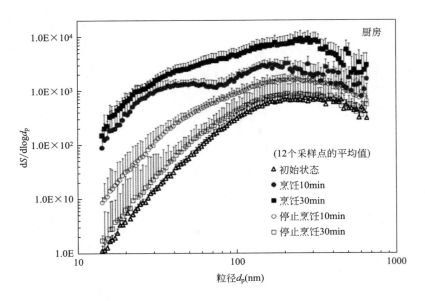

图 8-1 我国香港 12 户调查住户厨房烹饪过程颗粒物粒径分布[7]

余热仍不能被有效地移除。Chi-ming Lai 通过对全尺寸厨房模型的侧排风系统的研究，发现 CO_2 的浓度与天然气的燃烧具有紧密联系，而与烹饪行为关系较小。Lee 等人的研究表明，油煎以及炖煮食物会产生大量的空气污染物。研究表明，暴露在烹饪时产生的致癌物质中会提高家庭主妇（非吸烟者）患肺癌的风险，抽油烟机的效率也与家庭主妇肺癌发病率具有关联性。

大量的研究都强调了厨房内空气质量的重要性，但是很少有研究关注如何提高厨房内的环境问题。高效率的抽油烟机可以确保给厨房内提供一个健康、舒适以及高能效的工作环境。

但是至今为止，中国住宅厨房内抽油烟机的工作状况仍不得而知。例如：烹饪期间产生了多少污染物；烹饪时，污染物何时开始产生；什么样的烹饪行为会引起室内环境的污染；抽油烟机是否可以确保污染物被移除到室外。

Yujiao Zhao 等人通过对烹饪八大菜系的测试研究，发现温度、CO、CO_2 与 TVOC 浓度升高。在整个烹饪过程中，与抽油烟机关闭状态相比，抽油烟机开启时各个测试参数波动程度较小。更进一步，抽油烟机处于工作状态时，污染物浓度较快达到最大值。在烹饪每道菜的过程中，温度、相对湿度、CO、CO_2 与 TVOC 浓度的最大增长率如表 8-3 所示，在抽油烟机关闭的状态下，可以看出烹饪过程中污染物的产生量。

八大菜系烹饪期间测试参数最大增长率 （以标准浓度限值为基值）　　　　　表 8-3

| 测试参数 | 抽油烟机 | 川菜 | 浙菜 | 鲁菜 | 徽菜 | 粤菜 | 苏菜 | 闽菜 | 湘菜 |
		宫保鸡丁	糖醋排骨	春卷	砂锅鱼头	干炒牛河	文思豆腐汤	什锦蔬菜炒虾米	红烧肉
CO	关闭	143%	99%	58%	109%	42%	213%	104%	178%
	开启	64%	1%	79%	240.8%	76%	7%	—	82%

续表

测试参数	抽油烟机	川菜	浙菜	鲁菜	徽菜	粤菜	苏菜	闽菜	湘菜
		宫保鸡丁	糖醋排骨	春卷	砂锅鱼头	干炒牛河	文思豆腐汤	什锦蔬菜炒虾米	红烧肉
CO_2	关闭	244.5%	295.6%	74.6%	314.4%	280.3%	489.7%	196.2%	487.7%
	开启	37.2%	59.7%	68%	100.3%	98.5%	143.5%	16.5%	108.2%
TVOC	关闭	1715%	1188.3%	632%	6033.3%	2898%	1108%	1280%	893.3%
	开启	108%	—	95%	1821.7%	1900%	228.3%	50%	756.7%
温度	关闭	62.8%	64.5%	36.1%	67.8%	43.4%	33.9%	55.6%	45.8%
	开启	15.2%	31.8%	12.4%	37.1%	21.7%	26.9%	34.1%	36.2%
相对湿度	关闭	36.8%	28.2%	19.7%	18.2%	90.9%	156%	75%	96.3%
	开启	125%	33.3%	38.6%	30%	76.7%	53.7%	87.5%	64.3%

在抽油烟机处于关闭状态下,烹饪文思豆腐汤时,CO 浓度增长率最大,超过标准浓度限值的 2.13 倍;而 CO 浓度增长率最小的是干炒河粉,高于标准浓度限值 0.42 倍。对于 CO_2 浓度而言,抽油烟机处于关闭状态下,仍是烹饪豆腐汤时增长率最大,高于标准浓度限值的 4.9 倍;而 CO_2 浓度增长率最小的是春卷,高于标准浓度限值 0.75 倍。从测试数据来看,CO 与 CO_2 浓度不仅与烹饪时间有关系,也与天然气燃烧具有较强的关联性。烹饪时温度越高,CO_2 产生量越大。在烹饪豆腐汤时温度较高,因此 CO_2 产生量最高。红烧肉烹饪时间最长,因此 CO 与 CO_2 产生量也较高。当开启抽油烟机时,情况得到改善,不同菜系 CO_2 浓度最大增长率的衰减值范围为 6.6%～379.5%。然而,开启抽油烟机时,春卷、砂锅鱼头以及干炒牛河 CO 浓度的最大增长率升高。其表明在抽油烟机影响下,CO 气体更容易且更快地到达呼吸区。

TVOC 浓度增长率最大者为砂锅鱼头,高出标准浓度限值的 60.3 倍。最小值为春卷,超过标准浓度限值的 6.32 倍。值得注意的是,采用油煎的烹饪方式时,TVOC 产生量较少。从测试数据来看,TVOC 浓度与烹饪时间或 24 种烹饪方式关联性较弱,而主要受与调味品以及食材的影响。在砂锅鱼头烹饪过程的测试中,TVOC 浓度之所以大量升高主要与高纯度酒的使用有关。在中国,大量传统食谱都包括酒,例如宫保鸡丁、干炒牛河,因此相比其他菜系,这种菜系更容易产生较多的 TVOC。除此之外,卤制的烹饪方式也是引起 TVOC 浓度增加的重要因素,例如糖醋排骨。当抽油烟机处于开启的模式下,不同菜系 TVOC 浓度最大增长率的衰减值范围为 136.6%～4211.6%。从 TVOC 浓度测试结果来看,在烹饪方式较为单一以及烹饪时间较长的菜肴时,抽油烟机的开启对控制 TVOC 量更为有效。

在抽油烟机工作的情况下,温度增长率较大者为砂锅鱼头,超过室外值的 0.37 倍。温度增长率最小者为春卷,仅高于室外值的 0.12 倍。测试数据表明,即使抽油烟机处于开启状态,烹饪八大菜系时温度仍有明显的升高,废热不能有效地被移除到室外。文献表明,温度会对工作效率产生影响。依据 Wyo 等人的研究结果,工作效率至少下降了 40.4%。

抽油烟机处于开启的状态下,八大菜系中相对湿度升高最大的菜系为宫保鸡丁,高于室外值的 1.25 倍。最小者为砂锅鱼头,高于室外值的 0.30 倍。然而,相对抽油烟机关闭的状态,抽油烟机开启时相对湿度反而升高。其说明了抽油烟机不能有效地移除湿气。因此，需要新的解决方案以去除去湿气。

通过对呼吸区污染物浓度的测试结果分析，发现伴随着测试时间增加，污染物浓度呈指数级衰减。在经历了一段时间后，污染物浓度达到稳定。在抽油烟机关闭的状态下，烹饪后打开排气扇，测试参数衰减至稳定值的时间为800s。而在抽油烟机开启的状态下，测试参数衰减至稳定值的时间为425s。

总而言之，烹饪时污染物浓度不仅与烹饪方式有关，还与烹饪时间以及天然气燃烧状况有关，并且烹饪温度越高，CO_2浓度越高。然而TVOC浓度与烹饪时间以及24种常见的烹饪方式关联性较弱，其在很大程度上受到调味品以及食材影响。当烹饪时使用调味酒时，TVOC浓度最大增长率要高于不使用调味酒的菜系5.26～5.43倍。除此之外，卤制的烹饪方式也是引起TVOC浓度增加的因素，至少比其他烹饪方式高出80%～556.3%。相比抽油烟机关闭的状态，抽油烟机开启时温度、CO_2以及TVOC浓度最大增长率的衰减值分别为7%～50.29%、6.6%～379.5%和136.6%～4211.6%。但是，CO浓度与相对湿度变化较为复杂。对于春卷、砂锅鱼头以及干炒牛河而言，抽油烟机开启时CO浓度升高。而烹饪宫保鸡丁、糖醋排骨、春卷、砂锅鱼头以及红烧肉时，抽油烟机开启状态下，相对湿度升高。相对于刚开始烹饪时，即使开启排气扇，呼吸区的温度以及污染物浓度仍显著性升高。烹饪结束后的一段时间，测试参数达到稳定，并且在抽油烟机关闭的状态时，测试参数衰减至稳定的时间大约是抽油烟机开启时间的2倍。

8.1.3 霉菌

由于在烹饪过程中会产生大量的水蒸气，水蒸气不能恰当地排出，会导致室内相对湿度升高，产生结露、发霉、微生物污染等现象。当室外气温较低时，还会在窗户上出现冷凝现象。烹饪时无冷凝现象意味着室内较为干燥，尤其是在窗户是单玻的情况下。开放式厨房内往往易形成穿堂风。厨房室内空气品质主要取决于穿堂风的大小以及排气扇的排气能力。厨房内环境质量与高效率的抽油烟机、排气扇正常或最大排气能力、形成穿堂风的开口等有关。室内湿气过高，不仅影响建筑物的寿命，而且会可能导致呼吸系统疾病、食物中毒等健康风险。

我国香港学者针对中国人的居住行为所产生的湿气开展了深入研究，以在厨房的烹饪行为为例，给出了煮饭、熬汤、蒸菜等过程产生的水汽量，结果如文献［10］所示。

霉菌是一种能够在温暖和潮湿环境中迅速繁殖的微生物，其中一些霉菌能够引起恶心、呕吐、腹痛等症状，严重的会导致呼吸道及肠道疾病，如哮喘、痢疾等。患者会因此精神萎靡不振，严重时则出现昏迷、血压下降等症状。法国国家卫生与医学研究所专家的一项研究显示，在成年人中各类霉菌导致的哮喘比花粉及动物皮毛过敏导致的哮喘要严重得多。研究人员对欧洲1100多名成年哮喘患者的病例档案进行研究分析后发现，对霉菌过敏的患者罹患严重哮喘的可能性比对其他物质过敏的患者高2倍。

8.2 厨房空气质量评价方法

8.2.1 综合评价方法

综合评价方法是在众多的污染物中选择具有代表性的污染物进行评价，评价指标的测定数据要整理、分析和归纳成综合指标，以全面、公正地反映室内空气品质。

空气质量的评价指标按如下方法确定：

1. 建立各污染物的评价分指标

将以质量浓度表征的污染物的评价分指标定义为测定的污染物质量浓度与标准规定的污染物质量浓度上限值之比，即：

$$p_i = \frac{\rho_i}{\rho_{si}} \quad (i=1,2\ldots,k) \tag{8-1}$$

式中 p_i——污染物的评价分指标；

ρ_i——测定的污染物质量浓度，mg/m^3；

ρ_{si}——国家标准规定的污染物的质量浓度上限值，mg/m^3；

k——选定的以质量浓度表征的污染物种类数。

将以体积分数表征的污染物的评价分指标定义为测定的污染物体积分数与标准规定的污染物体积分数上限值之比，即：

$$p_i = \frac{\varphi_i}{\varphi_{si}} \quad (i=k+1,k+2\ldots,n) \tag{8-2}$$

式中 φ_i——测定的污染物体积分数；

φ_{si}——国家标准规定的污染物体积分数上限值；

n——选定的污染物种类总数。

2. 建立组合评价指标

由选定的有代表性的污染物的评价分指标，组合成空气质量的组合评价指标，分算术叠加指标，算术平均指标和综合指标。

（1）算术叠加指标

$$P = \sum_{i=1}^{n} p_i \tag{8-3}$$

式中 P——算术叠加指标。

（2）算术平均指标

$$Q = \frac{1}{n} \sum_{i=1}^{n} p_i \tag{8-4}$$

式中 Q——算术平均指标。

（3）综合指标

$$I = \sqrt{\max(p_1, p_2, \ldots, p_n) \cdot \frac{1}{n} \sum_{i=1}^{n} p_i} \tag{8-5}$$

式中 I——污染物评价的综合指标。

各评价分指标可以反映室内各种污染物在污染程度上的差异，3 项组合评价指标则能够明确地反映室内空气的品质，用以进行空气品质的等级评价。

3. 空气品质等级评价

文献［8］将室内空气品质等级按综合指标分为 5 级，详见表 8-4。

室内空气品质的等级划分　　　　　　　　　表 8-4

综合指标 I	室内空气品质等级	等级评语
≤0.49	I	清洁
0.50～0.99	II	未污染
1.00～1.49	III	轻污染
1.50～1.99	IV	中污染
≥2.00	V	重污染

8.2.2　健康诊断表

进行厨房室内环境评价时，除了采用现场检测的方法，还可以结合对环境进行观察或问卷调查的方式进行综合评价。日本 CASBEE 住宅健康性能评价工具采用健康诊断表中，针对厨房向居住者提出了以下问题：

（1）烹饪时，常常弥漫着湿气和气味吗？

（2）灶台周边经常出现发霉的现象吗？

（3）常闻到下水道的臭味吗？

（4）常因太窄或太高呈勉强的姿势吗？

（5）常感觉到有烫伤的危险吗？

回答每个问题有 4 种选择，每种选择后面赋予相应的分数，即经常有（0 分）、偶尔有（1 分）、很少有（2 分）、没有（3 分），厨房健康性能评价总分数计入住宅总分数。

荷兰健康住宅诊断表中，针对厨房制定了详细的观察项目，如表 8-5 所示。

厨房健康性能评价观察项目表　　　　　　　　　表 8-5

项　目	观　察　值				
	1	2	3	4	5
厨房类型	开敞式	半开敞式	密闭式>10m²	密闭式<10m²	其他
烹饪系统	电	电＋燃气	燃气＋煤气炉	其他	
燃气灶年限	<3a	3～10a	10～20a	>20a	
面积（m²）					
顶棚高度	<250cm	250～275cm	>275cm		
烹饪（h/周）	（小时）*				
烹饪过程中/之后有凝结物	从不	清晨	高峰期	经常	
通行区的玻璃板构件	玻璃门	窗框	玻璃天花板	没有	其他
通风控制（机械通风设备）	三挡全开	两挡开或关	打开,定时	打开/关闭	其他
排气口数量	（数量）*				
排气系统打开	小时数（24h 内）				
排气系统低档	小时数（24h 内）				
排气系统高档	小时数（24h 内）				
额外排气系统	抽油烟机	窗口排风扇	被动油烟机	没有	其他
额外排气系统使用	烹饪期间	长于烹饪时间	短于烹饪时间	其他	

项 目	观 察 值				
	1	2	3	4	5
连接处气密性和长度	紧闭时＜6m	打开时＞6m	其他		
打开时的缝隙和气密性	双缝	单缝	无接缝,通风	其他	
通风,入口类型	通气口	小型炉栅	大型炉栅,悬挂型	风门	其他
地板高度	＜180cm	＞180cm			
进口小型炉栅使用状况	大部分处于关闭状态	每天＜30min	基本上处于打开状态	经常打开	其他
进口大型炉栅或悬挂型使用状况	大部分处于关闭状态	每天＜30min	基本上处于打开状态	经常打开	其他
铰接,顶/侧铰,滑动	大部分处于关闭状态	每天＜30min	基本上处于打开状态	经常打开	其他
交叉通风	一面外墙入口处	两面外墙入口处	一面外墙,小口	间隙通风	其他
白天温度	18℃或更暖和	需要采暖,15～17℃	没有采暖	其他	
夜晚温度或周末温度	暖和	需要采暖	没有采暖	其他	
室内墙体材料	石头	其他			
内围护结构材料	石头	其他			
墙体和顶棚表面材料	塑料/墙纸/木质	混凝土＋其他材料	油漆	乙烯	其他
地板表面	涂层滑	木质＋平地/地毯	短毛地毯	长毛地毯	其他
供电线或水管等通过的槽隙	没有	小裂隙	长连接	其他	
热表面	无热保护	低温/保护	其他		
外墙外保温层	＞4cm	＜4cm	没有保温层	块状石材	其他
楼层保温层	＞4cm	＜4cm	没有保温层	块状石材	其他
热障碍	支撑梁	墙/顶棚	柱/地板边缘	没有	
可见活霉,区域大小	＜50cm²	50～2500cm²	＞2500cm²	没有	
旧霉材料,区域大小	＜50cm²	50～2500cm²	＞2500cm²	没有	
霉的位置	壁脚板	地板下	家具/壁橱旁	顶棚,角落	其他
储藏物类型	柔软织物	光滑,硬	其他		
储藏物数量	塞满的	空的	其他		
清洁难易程度	容易清理	有残留	难以清理	其他	
一般清洁度	干净	少许灰尘	脏	其他	
纱窗清洁度	干净	少许灰尘	脏	其他	
检测时气味	新鲜/无气味	烹饪气味	霉味/腐烂味	其他	
近期行为:改造,工作	刷漆	新织物,软底板	新软塑料	最近没有	其他

注＊：根据实际情况填写。

2014 年本课题组开展的十个省份两个直辖市公众健康状况大样本调查结果表明, 除辽宁省和广东省外, 有平均 11.7％的人认为做饭时常发生水汽和气味排不出去的现象; 重庆市约 24.7％、贵阳市约 26.2％的被调查者认为厨房的味道会扩散到其他房间。

8.3 我国东北地区供暖期厨房室内环境质量实测调查

8.3.1 实测调查概要

我国的东北地区包括黑龙江、吉林、辽宁三省，地处高纬度寒冷气候区，供暖期长达半年，为了防寒，居室大多门窗紧闭，通风换气严重不足，因此烹饪在供暖期对居室环境的影响就显得尤为突出。关于厨房的环境质量和健康的研究主要包括以下几方面：1）针对不同菜品烹饪条件下，所产生的污染物[7],[8],[11],[12]；2）室内空气污染所带来的健康影响[13~15]；3）不同通风条件下厨房的室内环境质量[16~19]，这些研究大多是在特定的实验条件下进行的。

为了了解我国东北地区供暖期厨房室内环境质量，2014年3月～4月以及2014年11月～2015年1月选取5个典型城市的75户家庭为对象，针对在最寒冷的季节和供暖末期厨房室内环境状况开展了实测调查，包括室内环境实测和问卷调查两部分，研究在实际生活状态下，厨房室内健康环境主要影响因素，为确定评价厨房室内环境健康性能表征参数提供参考依据。

8.3.2 实测方法

选择位于我国东北地区5个城市的45户家庭开展了冬季供暖期室内环境状况的实测调查，其中包括齐齐哈尔9户、哈尔滨19户、长春19户、沈阳19户、锦州9户。在选取测试住户时综合考虑了建筑年代、人员结构、建筑面积、社区分布、经济水平等多方面因素。测试参数依据课题组研究提出的厨房室内健康环境表征参数确定，主要包括温湿度、CO_2和PM2.5浓度，测试数据24h每10min记录一次。具体测试仪器型号见表8-6。

测试仪器与采样时间　　　　　　　　　　　　　　表8-6

测试参数	仪器名称与型号	采样时间
温湿度	日本 T&D 温湿度自计议 TR72U	
CO_2浓度	MCH-383SD 记忆式二氧化碳计	24h 测试间隔 10min 采样一次
PM2.5浓度	日本 SHINYEI-PM 传感器	

8.3.3 实测结果

1. 温度与相对湿度

通常厨房在户型平面中总是布置在热湿环境较差的位置，如利用北侧封闭阳台或朝北的一个较为狭小的空间，但即便如此，由于集中供暖的调控作用，不论室外气候参数如何变化，室内温湿度波动范围变化不大，室内平均温湿度均基本满足舒适性要求，如图8-2所示。另外，由图8-2也可看出，半数以上的厨房环境像其他居住空间一样过热和过于干燥，这也是供暖期北方地区城市居住室内环境的典型特征。问卷调查结果表明北方的一些省份供暖期有20%以上的人认为在冬天起床时常感到鼻子和喉咙干燥，这也是导致中国呼吸道疾病患病率名列前茅的原因之一。

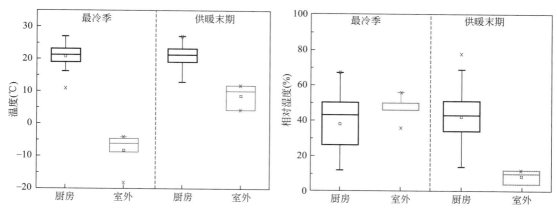

图 8-2　室内外平均温度和平均相对湿度

2. 室内空气品质

实测调查结果显示，由于供暖期房屋门窗紧闭，换气不足，烹饪对室内空气品质影响很大。图 8-3（灰色部分代表烹饪时间段）表示在 1 天 24 小时 CO_2 和 PM2.5 浓度的变化，烹饪期间（6：00～8：00，11：00～13：00，17：00～19：00）呈现明显升高的趋势。图 8-4 表示不同城市在烹饪期间，CO_2 和 PM2.5 浓度的平均值。统计结果表明，供暖期北方地区厨房 CO_2 浓度超标住户占 81.8%，平均每日超标时长为 8.5h（SD＝8.3h），其中最大超标时长为 23.8h；烹饪期间 PM2.5 浓度变化较快，最大增量达 $400\mu g/m^3$，增幅比达 1400%，厨房出现峰值的概率为 79.1%，见图 8-5。

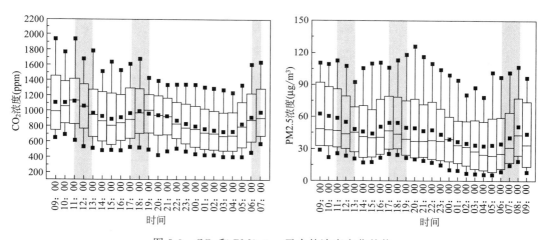

图 8-3　CO_2 和 PM2.5 一天内的浓度变化趋势

8.3.4　讨论与分析

从实测调查中可以得出温度、相对湿度、CO_2 和 PM2.5 是影响厨房空气品质和健康风险的主要因素。并且在调查中发现建筑年代、吸油烟机类型、厨房的布局形式也会对室内污染物比如 CO_2 和 PM2.5 的浓度造成显著影响。

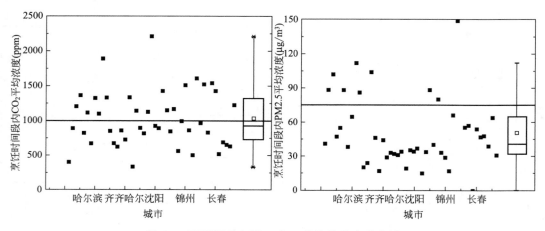

图 8-4 不同居室空间 PM2.5 峰值及其出现比例

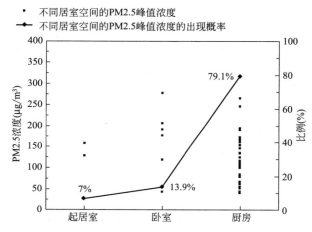

图 8-5 不同居室空间 PM2.5 的峰值浓度及其出现比例

1. 建筑年代

大多数测试住户都是 2000 年以后建造的房屋，见图 8-6。依据国家标准《室内空气质

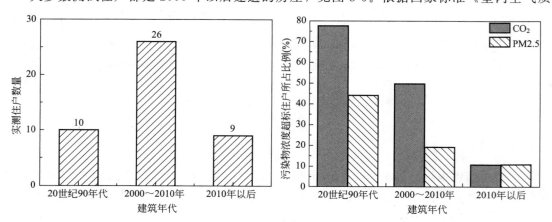

图 8-6 不同建筑年代的实测住户数以及超标住户所占相应建筑年代住户数的比例

量标准》GB/T 18883—2002，室内空气的 CO_2 和 PM2.5 限值分别为 1000ppm 和 $75\mu g/m^3$，新建的建筑超标率明显低于旧建筑。

2. 抽油烟机类型

目前常用的抽油烟机形式有两种，即侧吸式和顶吸式，如图 8-7 所示。调查结果显示，侧吸式抽油烟机的抽吸效果明显高于顶吸式（顶吸式 CO_2、PM2.5 超标比例为 59％、24％，远高于侧吸式的 13％、0％。），见图 8-8。侧吸式抽油烟机，烹饪时从侧面将产生的油烟吸走而侧吸式抽油烟机油烟分离板，彻底解决了中式烹调猛火炒菜油烟难清除的难题。这种抽油烟机采用了侧面进风及油烟分离的技术，使得油烟吸净率高达 99％，油烟净化率高达 90％左右。

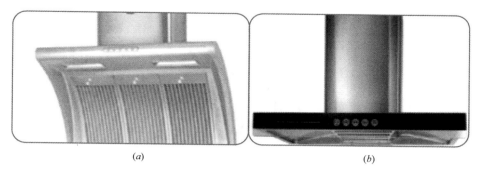

图 8-7　吸油烟机的形式
（a）侧吸式；（b）顶吸式

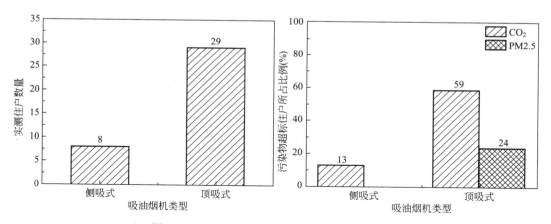

图 8-8　吸油烟机类型对室内污染物浓度的影响

3. 厨房布局形式

厨房布局形式一般有 K 型、DK 型和 LDK 型，如图 8-9 所示。调查结果显示有 65％的住户是 K 型厨房，30％的住户是 LDK 型厨房，5％的住户是 DK 型厨房。可以看出大部分住户 K 型厨房的封闭式房间，特别是对于厨房没有窗户的住户极有可能会导致炊事人员心理压抑，减少与其他功能房间人员的交流，采光不好，降低空间利用率。而对于开敞式厨房，由于现在侧吸式抽油烟机良好的抽吸效果，对其他功能房间的影响已经大大降低。通过调查可以发现，一部分 K 型厨房采用玻璃门作为与其他功能房间的间隔，也在一定程度上降低了 K 型厨房的健康风险。

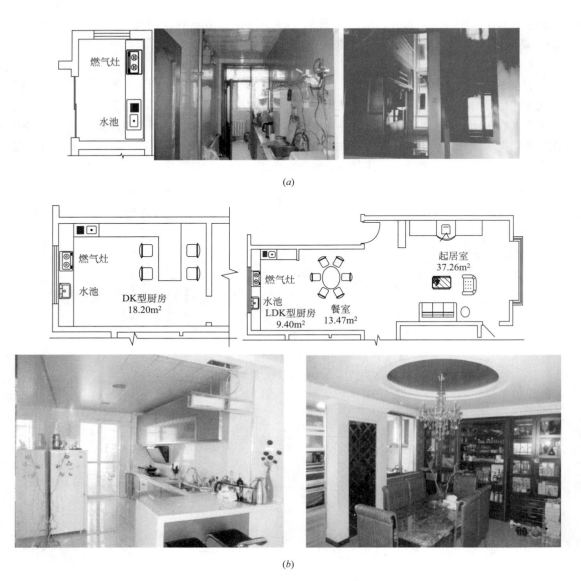

图 8-9　不同类型的厨房

（*a*）K 型厨房；（*b*）DK 型、LDK 型厨房

8.3.5　结论

关于厨房的室内环境质量大多采用特定条件下的实验研究方法，本书开展的中国东北地区供暖期厨房环境质量的实测调查结果，真实地反映了 1 日三餐烹饪对室内环境质量的影响，大量的实测住户也使结果具有统计学意义。实测调查结果所反映出的厨房室内环境质量问题，对未来进一步研究适合中国人的生活方式和在无法通过自然通风排除室内污染物的条件下，如何确定合适的通风换气设备的换气量及换气形式、确定厨房室内健康环境表征参数提供了参考依据。

本章参考文献

[1] He，C，L. Morawska，J. Hitchins and D. L. Gillbert，Particle deposition rates in residential houses. Atmospheric Environment，2005，39（21）：3891-3899.

[2] 环境保护部编著. 中国人群暴露行为模式研究报告（成人卷）. 北京：中国环境出版社，2013.

[3] World Health Organization（WHO）. Statistical information system. World Health Organization. 2006. Available from：http：//www. who. int/whosis［retrieved 09. 08. 11）

[4] 刘丽珍. 厨房空气污染的检测与评价. 煤气与热力，2007，27（5）：40-42.

[5] Hasselaar，E. . Health performance of housing：Indicators and tools，Delft University Press，2006.

[6] 王岳人，唐艾玲，宋嘉林，吴楠. 住宅厨房卫生间污染物健康风险评价. 沈阳建筑大学学报（自然科学版），2011，27（5）：936-941.

[7] Man-Pun Wan，Chi-Li Wu，Gin-Nam Sze To，Tsz-Chun Chan，Christopher Y. H. Chao. Ultrafine particles，and PM2. 5 generated from cooking in homes. Atmospheric Environment，2011，45：6141-6148.

[8] Yujiao Zhao，Angui Li，Ran Gao，Pengfei Tao，Jian Shen. Measurement of temperature，relative humidity and concentrations of CO，CO_2 and TVOC during cooking typical Chinese dishes. Energy and Buildings，2014，69 ：544-561.

[9] Siao Wei See，SathrugnanKarthikeyan and RajasekharBalasubramanian. Health risk assessment of occupational exposure to particulate-phase polycyclic aromatic hydrocarbons associated with Chinese，Malay andIndian cooking. Journal of Environmental Monitoring，2006，8，369-376.

[10] Yik，F. W. H. Moisture Generation through Chinese Household Activities. Indoor & built environment，2004，13（2）：115-131.

[11] Amod K. Pokhrel，Michael N. Bates，et al. PM2. 5 in household kitchens of Bhaktapur，Nepal，using four different cooking fuels. Atmospheric Environment，2005，113，159-168.

[12] PatriziaUrso，Andrea Cattaneo b，et al. Identification of particulate matter determinants in residential homes. Building and Environment，2015，86，61-69.

[13] A. N. Aggarwal，K. Umasankar，et al. Health-related quality of life in women exposed to wood smoke while cooking. INT J TUBERC LUNG DIS. 2014，18（8）：992-994.

[14] Miyake Y，Ohya Y，et al. Home environment and suspected atopic eczema in Japanese infants _ The Osaka Maternal and Child Health Study. PEDIATRIC ALLERGY AND IMMUNOLOGY，2007，18，425-432.

[15] R. LEUNG，C. W. K. LAM，et al. Indoor environment of residential homes in Hong Kongrelevance to asthma and allergic disease. Clinical and Experimental Allergy，1998，28：585-590.

[16] C. Coelho1，M. Steers，et al. Indoor air pollution in old people's homes related to some health problems _ a survey study. Indoor Air，2005，15：267-274.

[17] Jun Gao，Changsheng Cao，et al. Determination of dynamic intake fraction of cooking-generated particles in the kitchen. Building and Environment，2013，65：146-153.

[18] Wei Liu，Chen Huang，et al. Association of building characteristics，residential heating and ventilation with asthmatic symptoms of preschool children in Shanghai. Indoor and Built Environment，2014，23（2）：270-283.

[19] 傅忠诚. 厨房及室内空气品质评价的标准和方法. 煤气与热力，2000，20（6）：414-416.

第9章　室内健康环境检测方法

9.1　室内健康环境指标

9.1.1　热湿环境

　　热湿环境主要影响参数包括温度、相对湿度、风速以及热辐射 4 个因子，如图 9-1 所示。这 4 个因素相互作用，影响人体热感觉。人体在代谢过程中不断地产生热量，同时也不断地通过传导、对流、辐射和蒸发等方式与外界环境进行热交换。良好的热湿环境是维持人体热平衡，保持体温调节处于正常状态的必要条件。热湿环境的变动如果是在一定范围内机体可以通过复杂的体温调节机制保持体内温度的恒定。如果热湿环境的变动超过一定的范围，机体的体温调节就会处于一种紧张的状态，长此以往将影响人体的神经系统、消化系统、呼吸系统以及循环系统的功能，降低机体的抵抗力，增加患病率。例如，长期居住在寒冷潮湿的环境中、易患感冒、冻疮、风湿病和心血关系疾病。

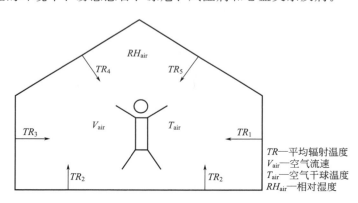

TR—平均辐射温度
V_{air}—空气流速
T_{air}—空气干球温度
RH_{air}—相对湿度

图 9-1　室内热湿环境影响参数

1. 温度

　　某些疾病，特别是循环系统和呼吸系统疾病死亡的季节变化与气温的季节变化关系密切。而且这种季节变化在 45～64 岁之间和 65 岁年龄组表现明显，但是性别差异不显著，这可能与老人对温度变化的适应和耐受力差有关[1]。高温环境下机体处于一定的紧张或应激状态。血清急相反应蛋白（APRPS）浓度水平升高。当温度超过 38℃时，体温调节机制暂时发生障碍，从而发生体内热蓄积，导致中暑。中暑表现为热虚脱、热辐射、日射病、热痉挛 4 种。1988 年 7 月，受热浪袭击使合肥等 4 个城市死亡人数骤增。对 60 岁以上年龄组成的人群危害尤为明显[2]。低温环境下红细胞变形能力下降，聚集力增高，致使血黏度增加，同时纤溶活动下降，抗凝血酶水平下降，血压积上升。另外，寒冷使交感神经兴奋，儿茶酚

130

胺分泌增多，血管痉挛，又进一步促使血黏度增加，故冬春季节脑梗塞发病率明显高于夏秋季。心脏病所造成的死亡有 52.2％集中在 12 月至次年 2 月。寒冷天气改变了血管弹性、血液黏度、血凝时间、纤维蛋白原含量和小血管的脆性，可使脑血管病人的病情加重[3]。支气管炎的发病指数随温度的降低而增加，通常 11 月至次年 2 月发病多，峰值出现在 2 月份后又随着温度的逐渐升高而降低，这是由于环境温度低。人体血管收缩不良，反应延迟，不能很好地适应外界寒冷的刺激所产生的病理性的生物气象效应。在强冷空气入侵时，流脑的发病率往往较高，流脑高峰期为 2～4 月[4]。如果气温回升快，则发病率也高。脑卒中发病的特点是最冷月发病多，诱发心肌梗塞的天气因素是高压控制下的干冷空气。

2. 相对湿度

空气相对湿度对人体的热平衡和温热感有重大的作用。在高温和低温的条件下，高湿对人体的作用就更为明显，而在温度适中时，相对湿度的影响则不甚显著。因为在高温时，机体主要依靠蒸发散热来维持热平衡。而相对湿度的增高将妨碍汗液的蒸发，结果可导致热平衡的破坏。在高温条件下，随着空气中湿度的增高，人的体温和脉搏也增高。在低温情况下，空气湿度增高可以加速机体散热。此时身体的热辐射被空气的蒸汽所吸收，同时衣服在潮湿的环境中吸收水分后，其导热性增高，使人体感到更加寒冷，并由此导致毛细血管收缩皮肤苍白，代谢减低，甚至组织内血液循环和细胞代谢发生障碍引起组织营养失调，发生冻伤。

人体适宜的相对湿度是 40％～60％。当气温高于 25℃时，适宜的相对湿度是 30％。相对湿度低于 30％，对人体也不利。相对湿度低于 10％～15％，则空气干燥，使鼻腔、气管、支气管黏膜脱水，弹性降低，黏液分泌减少，纤毛运动减弱，抵抗力降低，使吸入的尘埃细菌不能很快被清除出去，容易诱发和加重呼吸系统疾病[5]。干燥的空气还会导致表皮细胞脱水，角化加快，皮脂分泌减少导致皮肤粗糙起皱、开裂。此外，空气过于干燥亦将促使尘土飞扬而使人们的生活卫生条件恶化。

3. 风速

不同季节风速对人体有着不同的影响。在夏季，空气的流动可促使人体散热，使机体感到舒适。但当气温高于人体皮肤温度时，空气的流动则可使人体从外界环境吸收更多的热，对机体热平衡产生不良影响，在冬季空气的流动则使机体感到更加寒冷，特别是在低温、高湿的环境中，如果风速比较大，往往会由于散热过多而引起过冷。适度的气流能使空气清洁、新鲜，对健康有益。通常以室内空气的流通速度不大于 1m/s 为宜，气流除了能影响人的温热感觉还对人类某些疾病的发生有影响，反常的气流有害健康。如大风暴的来临会导致大气中的氧含量下降，空气中电离子平衡破坏，造成压抑、紧张和疲劳的感觉，此时支气管疾病和心脏病患者极易发病。春秋是多风季节，很多地区会出现干热风，使人头痛、恶心、烦躁以及精神不集中，因此交通事故、工伤事故、犯罪率和精神病发病率此时有所增高。

4. 热辐射

热辐射包括太阳辐射和人体与周围环境之间通过辐射形式的热交换。任何两种物体之间，只要存在温度差异就有热辐射存在，它不受空气影响，总是从温度较高的物体向温度较低的物体辐射散热，直至两物体的温度相等为止。辐射量与温度和实际参与辐射的物体表面积有关。当周围温度比人体皮肤温度高时，热流从周围向人体辐射，使人体受热，这种辐射叫正辐射；当周围温度低于皮肤温度时，热流从人体向周围辐射，使人体散热，这种辐射叫负辐射。人体对负辐射的反射性调节不很敏感，因此，在寒冷季节容易因负辐射而丧失大量热量而使人受凉。

9.1.2 室内空气品质

室内 CO_2 浓度受人员活动、燃料燃烧以及吸烟等因素影响，与室内通风状况和室内人员密集程度紧密相关，同时其也反映了室内可能存在的其他污染物，因此常被用来表征室内空气新鲜程度。相关文献表明，室内环境污染物中颗粒物约占 76%，且发展中国家所占比例高于发达国家，危害更为严重。而 PM2.5 相对其他较粗的颗粒物而言，具有更大的比表面积、更长的环境滞留时间、吸附更多有害物质和重金属以及容易进入人体支气管与肺泡区的特点，因此对于人体危害较大。

1. CO_2

根据国内外有关研究成果，不同人群对于室内空气中 CO_2 浓度个体敏感性差异较大，如表 9-1 所示。如果考虑到哮喘病人等敏感人群，室内 CO_2 浓度一般理想范围则为 500～600ppm。因此，为保证各种不同人群的健康舒适，则应以 600ppm 作为高质量室内空气品质的浓度限值；而以不可自适应的一般健康人群为依据，CO_2 浓度一般理想范围为 500～1000ppm。因此，1000ppm 常被世界各国采纳作为保证长期居住或停留时人体健康不受危害的 CO_2 浓度的基本标准。另一方面，又考虑到职业或娱乐场所等人员密集的室内环境，难以满足 1000ppm 的标准，基于室内 CO_2 浓度对不可自适应人群的心理以及生理健康的影响，则推荐 1500ppm 作为职业室内环境的基本标准。因此，采用以上 3 个限值（600ppm、1000ppm 与 1500ppm）作为室内 CO_2 的健康性能等级评价标准。当室内 CO_2 浓度小于 600ppm 时，保证所有人长期居住或停留时健康不受伤害以及舒适感，并赋予评分 0；当室内 CO_2 浓度为 600～1000ppm 时，保证所有人长期居住或停留健康不受危害，并赋予评分 2；当室内 CO_2 浓度为 1000～1500ppm 时，保证一般人长期居住或停留健康不受危害，敏感人群健康可能受到影响，并赋予评分 4；当室内 CO_2 浓度大于 1500ppm 时，超出了不可自适应人群的一般容许浓度上限，并赋予评分 8。

基于不可自适应人群的室内空气中 CO_2 浓度对人体健康影响　　　　表 9-1

CO_2 浓度（mg/m³）	人群不满意率（%）	健康影响
873～1827	5.8～20	一般理想范围
873～1107	5.8～10	哮喘病人等敏感人群理想范围
1108～1827	10～20	哮喘病人等敏感人群理想范围
1828～2826	20～30	一般容许范围
2827～9000	＞30	长期耐受范围（SBS 发生范围）
9001～27000	100	短期耐受范围
＞27000	100	不可耐受范围

2. PM2.5

根据对国内外相关标准研究，2005 年世界卫生组织制定了 PM2.5 年平均浓度值为 $10\mu g/m^3$，24h 平均浓度准则值为 $25\mu g/m^3$。并指出上述浓度是 PM2.5 的长期暴露浓度的最低水平，处在此水平内，总死亡率、心肺疾病死亡率和肺癌死亡率会增加（95% 的置信区间）。而且针对不同发展水平的国家与地区设立了过渡时期目标以及相应暴露风险以供参考。美国环保署对于 PM2.5 浓度规定与给出的浓度限值与世界卫生组织第 3 个过渡时期的目标相近，日浓度值略低于世界卫生组织目标值。日本于 2009 年在空气质量标准中增加了 PM2.5 的标准值，其值也与世界卫生组织第 3 个过渡时期的目标相近。欧盟在 2008 年颁布的《关于欧洲空气质量及更加清洁的空气指令》中规定：自 2010 年起，PM2.5 的年均目标浓度限值为 $25\mu g/m^3$，与世界卫生组织的第 2 个过渡时期的目标值相同，并且也规定了长期的目标削减值，如表 9-2 所示。我国已发布《环境空气质量标准》GB 3095—2012 的 PM2.5 二级标准采用世界卫生组织的第 1 个过渡时期值，一级年均浓度限值则采用世界卫生组织第 3 个过渡时期值。同时，由 USEPA 制定的 PM2.5 标准值、AQI、空气质量和健康警示可知，当 PM2.5 浓度超过 $40\mu g/m^3$ 时，开始对敏感人群健康产生影响；当 PM2.5 浓度超过 $150\mu g/m^3$ 时，开始对所有人群产生健康影响，如表 9-3 所示。因此，考虑我国具体国情，采取 3 个限值（$40\mu g/m^3$、$75\mu g/m^3$、$150\mu g/m^3$）作为室内 PM2.5 的健康性能等级评价标准。当室内 PM2.5 浓度小于 $40\mu g/m^3$ 时，赋予评分 0；当室内 PM2.5 浓度为 $40\sim75\mu g/m^3$ 时，赋予评分 2；当室内 PM2.5 浓度为 $75\sim150\mu g/m^3$ 时，赋予评分 4；当室内 CO_2 浓度大于 $150\mu g/m^3$ 时，赋予评分 8。

不同国家地区 PM2.5 浓度标准对比

表 9-2

国家 （组织）	颁布时间		年平均浓度 （$\mu g/m^3$）	24h 平均浓度 （$\mu g/m^3$）	备注
中国	2012 年 2 月		35	75	2016 年正式实施
WHO	2006 年	过渡期目标 —1(1T-1)	35	75	相对于 AQG 水平,在这些水平长期暴露会增加大约 15% 的风险
		过渡期目标 —2(1T-2)	25	50	除了其他健康利益外，与过渡时期目标—1 相比，在这个水平暴露会降低约 6%(2%～11%) 的死亡风险
		过渡期目标 —3(1T-3)	15	37.5	除了其他健康利益外，与过渡时期目标—2 相比，在这个水平暴露会降低约 6%(2%～11%) 的死亡风险
		空气质量准 则值(AQG)	10	25	对于 PM2.5 长期暴露，这是一个最低安全水平。此水平内，总死亡率、心肺疾病死亡率和肺癌死亡率会增加（95% 可信度）
美国	2006 年及 2012 年		15 和 12	35	2012 年平均浓度由 $15\mu g/m^3$ 下降到 $12\mu g/m^3$
欧盟	2008 年	目标浓度限值	25		2010 年 1 月 1 日执行 2015 年 1 月 1 日强制执行
		暴露浓度限值	20		2015 年生效
		削减目标值	18		2020 年尽可能完成削减量
日本	2009 年		15	35	

资料来源：PM2.5 与环境，2014。

USEPA 制定的 PM2.5 标准值、AQI、空气质量和健康警示（USEPA, 2012）　　表 9-3

PM2.5($\mu g/m^3$)	AQI	空气质量	健康风险
≤15.4	0~50	良好	无
15.4~40.4	51~100	适度	体质异常的人应考虑减少长时间户外活动或剧烈运动
40.5~65.4	101~150	不利于敏感人群	心脏疾病、肺病患者、老人以及儿童应考虑减少长时间户外活动或剧烈运动
65.5~150.4	151~200	不健康	心脏疾病、肺病患者、老人以及儿童应避免长时间户外活动或剧烈运动，其他人应减少长时间户外活动或剧烈运动
150.5~250.4	201~300	非常不健康	心脏疾病、肺病患者、老人以及儿童应避免所有户外活动或剧烈运动，其他人应避免长时间户外活动或剧烈运动
250.4~500.0	301~500	危害	心脏疾病、肺病患者、老人以及儿童应在室内并降低活动水平，其他人应避免所有户外活动

9.1.3　声环境

　　国内外目前的研究成果表明尚无确凿证据表明居住区噪声与健康问题存在明显关联。影响室内声环境的因素如图 9-2 所示。室外噪声或居住区噪声不太可能引起居住者听力损伤，并且社区健康调查未发现噪声会直接导致精神疾病的发生。但是，靠近飞机场附近的居民可能会受到高噪声的影响，易患心脏病、高血压等疾病。然而，很多相关研究都受到方法论的质疑。因此，噪声一般与居住者压力、烦恼以及睡眠紊乱呈现出相关性。

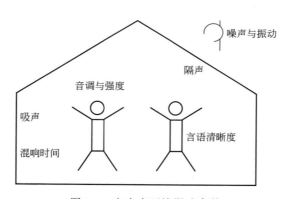

图 9-2　室内声环境影响参数

　　国际标准化组织指出，24h 等效 A 声级 70dB 的暴露不会导致听力损伤。为保证居住者睡眠不受干扰，卧室内持续噪声不应高于 30dB；保证室内正常交谈不受干扰，室内持续噪声不应高于 35dB；保证室内人员不受烦恼影响，室内噪声不应高于 50dB。

9.1.4　光环境

　　20 世纪 80 年代，一些学者开展了光谱分布以及闪烁的光对健康和舒适影响的研究。Padmos 等人研究发现直视电灯泡超过 1h 可引起视网膜的损伤。Harder 指出，来自于电灯泡的紫外线易引起敏感人群的皮肤过敏。Ott 等人研究表明，光谱分布影响动植物的生长过程，光谱中缺少某种波长的光易引起相关激素的分泌不足。室内光环境影响因素如图 9-3 所示。

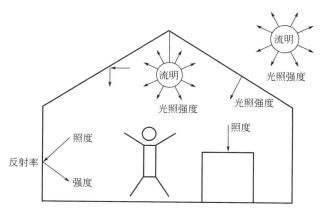

图 9-3　室内光环境影响参数

20 世纪末的研究发现光具有非视觉效应，这一发现将重新定义光环境模型。2001 年，Brainard 等人发现了新的感光细胞，其接收光信号传递给大脑，并且这些细胞并不产生视觉效应。人眼最敏感的光的波长为 460nm，因此相比其他波长而言，可利用较低光照强度的波长 460nm 的光达到刺激生理节律（生物钟）的效果。人体调节生物钟的区域位于视交叉上核（下丘脑的一部分），生物钟对人体活动产生重要影响，例如睡眠—觉醒节律、心跳节律等。夜间，视交叉上核可以控制松果腺，分泌褪黑素，从而影响人体睡眠（睡眠—觉醒节律）。1952 年，Lerner 发现了褪黑素，光（特别是短波）可以抑制褪黑素的分泌。褪黑素与维生素 C 一样，也是一种抗氧化剂。因此，光环境明暗程度的暴露情况对于人体睡眠—觉醒节律以及荷尔蒙分泌具有重要影响。

健康舒适的光环境取决于光照强度、光照时间及光谱分布等。

9.2　测试方法

健康室内环境的测试主要通过现场测量以及采样分析的方式进行，以了解室内环境基本状况，为制定室内环境健康保障措施以及相关标准提供依据。由于与其他环境相比，室内环境状况有其特殊性，这些特点很可能会影响测试结果的准确性。以室内空气污染的测试进行说明：

（1）室内污染物浓度特点。由于室内空间的限制，污染物浓度与污染源关系极为密切，浓度波动较大，以烹饪为例，实测结果发现，烹饪期间室内 PM2.5 浓度远超过 WHO 规定的标准值（35$\mu g/m^3$），并且伴随着烹饪结束，浓度逐渐减低。并且，室内建筑材料的差异性会对室内污染物种类产生影响。

（2）室内污染物类型繁多，增加测试难度。室内污染物达数千种，并且来源复杂，既可以来源于室内，也可以来源于室外，同时也受到人的行为活动影响。同一种污染物可以有多种来源，一种污染源也可以产生多种污染物。

（3）室内污染物受到环境条件制约。当室外污染浓度高于室内时，室内污染物浓度变化趋向于室内浓度。而室内浓度较高时，主要受到通风换气次数以及污染物散发速度影响。并且室内外环境条件会对污染物浓度产生影响。例如，温度升高时，低沸点污染物容易从建筑材料中挥发出来，使室内污染物浓度升高。

因此，由于室内环境的特殊性，为了保证室内环境测试结果的准确性，必须采用严格的质量控制避免受到不利情况干扰。

1. 物理性指标

物理性指标主要包括温度、相对湿度、空气流速、新风量、采光系数、辐射热、噪声、照度。

（1）温度

温度测定方法包括玻璃液体温度计法以及数显式温度计法两种。玻璃液体温度计刻度的最小分度值不大于 0.2℃，测量精度 ±0.5℃。数显式温度计最小分辨率为 0.1℃，测量精度高于 ±0.5℃。

（2）相对湿度

相对湿度的测量方法主要包括以下 3 种：

1）通风干湿表法

机械通风干湿表法测量精度为 ±3％，测量范围为 10％～100％RH。电动通风干湿表法测量精度为 ±3％，测量范围为 10％～100％RH，但是需要交流电。

2）毛发湿度表法

毛发湿度表的最小分度值不大于 1％，测量精度为 ±5％。

3）氯化锂湿度计法

氯化锂湿度计应用现代计算机技术，空气温度以及相对湿度可直接在仪器上显示，测量精度不大于 3％，测量范围为 12％～100％RH。

（3）空气流速

空气流速的测定方法主要有热球式电风速计法和数字风速表法。

1）热球式电风速计法

电风速计由测杆探头和测量仪表组成。测杆探头装有 2 个串联的热电偶与加热探头的镍丝圈。热电偶的冷端连接在碱铜质的支柱上，直接暴露在气流中，当一定大小的电流通过加热圈后，玻璃球被加热，温度升高的程度与风速呈现负相关，引起探头电流或电压的变化，然后由仪器显示出来。表式热球电风速计或数显式热球电风速计其最低测试值不应大于 0.05m/s，测量精度在 0.05～2m/s，其测量误差不应大于测量值的 10％。

2）数字风速表法

采用三杯式风速传感器，通过光电控制以及数据处理，在输送到 3×1/2×A/D 显示器显示。数字风速表的启动风速 ≤0.7m/s，其测量精度 ≤± (0.5V+0.5V)。

（4）新风量

在门窗关闭的状态下，单位时间内由空调系统通道、房间的缝隙进入室内的空气总量称为新风量。目前常用的方法为示踪气体浓度衰减法，其指在待测室内通入适量示踪气体，由于室内外空气交换，示踪气体的浓度呈指数衰减，根据浓度随差时间的变化的值，计算出室内的新风量。

（5）采光系数

参照公共场所采光系数测定方法。用直尺精确测量采光口的有效采光面积（含双侧采光）和室内地面面积，求出两者之比。由于采光系数未考虑当地气候、采光口的朝向和前排建筑物的遮光影响，因此它只是评价自然采光的一个概略指标。测量直尺（皮尺、卷尺）的最小刻度为 1mm。

（6）辐射热

参照公共场所辐射热测定方法。

1）多功能辐射热计法

此法的原理是利用黑色平面几乎能全部吸收辐射热，而白色平面几乎不吸收辐射热的性质，将其放在一起；在辐射热的作用下，黑色平面温度升高而与白色平面造成温差，在黑白平面之后接以热电偶组成的热电堆；由于温差而使热电偶产生电动势，并通过显示器显示出来，反映辐射热的强度。多功能辐射热计的分辨率为 $\pm 0.01 \mathrm{cal}/(\mathrm{cm}^2 \cdot \mathrm{min})$。测量精度在测量范围内，其测量误差不大于 $\pm 5\%$，测量范围为 $0 \sim 10 \mathrm{cal}/(\mathrm{cm}^2 \cdot \mathrm{min})$。

2）黑球温度计

其原理为环境中的辐射热被表面涂黑的铜球吸收，使铜球内气温升高，用温度计测量铜球内的气温，同时测量空气温度、风速。由于铜球内气温与环境空气温度、风速和环境中辐射热的强度有关，可以根据铜球内的气温、空气温度、风速计算出环境的平均辐射温度。主要仪器有黑色铜球、玻璃液体温度计、风速计等。玻璃液体温度计的刻度最小分值不大于 $0.2 \,\mathrm{℃}$，测量精度 $\pm 0.5 \,\mathrm{℃}$，温度计的测量范围为 $0 \sim 200 \,\mathrm{℃}$。

3）单向热电偶辐射热计法

其原理为利用黑色平面几乎能全部吸收辐射热，而白色平面几乎不吸收辐射热的性质，将其放在一起；在辐射热的作用下，黑色平面温度升高而与白色平面造成温差，在黑白平面之后接以热电偶组成的热电堆；由于温差而使热电偶产生电动势，电动势接到连接的电流计上，电流的大小可直接反映辐射的强度。单向热辐射计灵敏度 $1 \mathrm{cal}/(\mathrm{cm}^2 \cdot \mathrm{min})$ 不小于 3mV，测量范围为 $0 \sim 10 \mathrm{cal}/(\mathrm{cm}^2 \cdot \mathrm{min})$。

（7）噪声

居室内噪声的主要来源有生产噪声（住宅周围的工矿企业和建筑工地的噪声）、交通噪声和生活噪声。噪声的测定方法参照公共场所噪声测定方法。测量仪器主要为声级计或噪声统计分析仪，其性能应符合 IEC 804 的要求，声级计每年应校验 $1 \sim 2$ 次。在测量前，要对使用的传声器进行校准，并检查声级计的电池电压是否足够。测量后要求复校次，测量前后传声器的灵敏相差应不大于 2dB，否则测量数据无效。测量时声级计或传声器可以手持，也可以固定在三脚架上，使传声器指向被测声源，为了尽可能减少反射影响，要求传声器离地高 1.2m，与操作者距离 0.5m 左右，距离墙面和其他反射面不小于 1m。

（8）照度

参照公共场所照度测定方法。照度计是利用光敏半导体元件的物理光电现象制成的。当外来光线射到硒光电池（光电元件）后，硒光电池即将光能转变为电能，通过电流表示出光的照度值。照度计的量程下限不大于 1lx，上限在 5000lx 以上。指针式照度计示值误差不超过满量的 $\pm 8\%$。照度计的年变化率不超过 5%。照度计示值为满量程的 2/3 以上，照射 2min 后的示值，与在此照度下在继续照射 10min 的示值之比相对变化不得超过±3％；在恒定照度下照度计的指示值与遮住 30min 后在曝光的指示值与遮住 30min 后再曝光的指示值相对变化不大于 2％。照度计每使用 2 年要经二级计量部门检定一次。

2. 化学性指标

化学污染物是居室空气污染的主要来源之一，通常是由于室内燃烧或加热、人的活动以及建筑材料和装饰物品产生的。化学性指标包括 SO_2、NO_2、CO、CO_2、O_3、甲醛、苯、甲苯、二甲苯、苯并芘、可吸入颗粒物（IP）以及 TVOC 等。

（1）SO_2

室内 SO_2 的污染主要是由于家庭用煤及燃料油中含硫物质燃烧所造成的。当室外污染严重时，室外 SO_2 会通过门窗进入室内。SO_2 的测定方法主要是甲醛溶液吸收—盐酸副玫瑰苯胺分光光度法。该检测方法的原理是空气中的 SO_2 被甲醛缓冲溶液吸收后，生成稳定的羟基甲基磺酸，加碱后，与盐酸副玫瑰苯胺作用，生成紫红色化合物，以比色定量。当用 10ml 吸收液采样 30L 时，此法测定下限为 $0.007mg/m^3$；当用 50ml 吸收液连续 24h 采样 300L 时，空气中 SO_2 测定下限为 $0.003mg/m^3$。该方法的主要干扰物为氮氧化物、臭氧及某些重金属元素。样品放置一段时间可使臭氧自动分解；加入氨磺酸钠溶液可消除氮氧化物的干扰；加入环己二胺四乙酸二钠（简称 CDTA）可以消除或减少某些金属离子的干扰。在 10ml 样品中存在 50μg 钙、镁、铁、镍、镉以及铜等离子及 5μg 二价锰离子，不干扰测定。

我国《室内空气质量标准》GB/T 18883—2002 中规定室内 SO_2 的 1h 均值应小于 $0.50mg/m^3$。

（2）NO_2

NO_2 是一种主要的氮氧化物，室内空气中的来源为人们在烹饪及取暖过程中燃烧燃料的产物。

NO_2 的测定方法主要是采用改进的 saltzman 法，该检测方法的原理是空气中的 NO_2 在采样吸收过程中生成的亚硝酸，与对氨基苯磺酰胺进行重氮化反应，再与 N-(1-萘基)乙二胺盐酸盐作用，生成紫红色的偶氮染料。根据其颜色的深浅，比色定量。检出下限为 $0.015μgNO_2/ml$ 吸收液，若采样体积 5L，最低检出浓度为 $0.03μg/m^3$。对于短时间采样（60min 内）测定范围为 10ml 样本溶液含 $0.15\sim7.5mg\ NO_2$。若以采样流量 0.4L/min 采气时，可测浓度范围为 $0.03\sim1.7mg/m^3$；对于 24h 采样，测定范围为 50ml 样品溶液中含有 $0.75\sim37.5μg\ NO_2$。大气中 CO、SO_2、H_2S 以及氟化物对本法均无干扰，臭氧浓度大于 $0.25mg/m^3$ 时对本法有正干扰。过氧乙酰硝酸酯（PAN）可增加 15％～35％的读数。然而，在一般情况下，大气中 PAN 浓度较低，不致产生明显的误差。采样期间吸收管应避免阳光直射。若样品溶液呈粉红色，表明已经吸收了 NO_2。采样期间，可以根据吸收液颜色程度，确定是否终止采样。

我国《室内空气质量标准》GB/T 18883—2002 中规定室内 NO 的 1h 均值应小于 $0.24/m^3$。

（3）CO

室内 CO 来源于烹饪及取暖过程中燃料燃烧的产物以及香烟的烟雾。CO 的测定方法主要包括非分散红外法、不分光红外线气体分析法、气相色谱法和汞置换法等。

1）非分散红外法

其原理为样品气体进入 CO 红外分析仪，在前吸收室吸收 $4.67\mu m$ 谱线中心的红外辐射能量，在后吸收室吸收其他辐射能量。两室因吸收能量不同，破坏了原吸收室内气体受热产生相同振幅的压力脉冲，变化后的压力脉冲通过毛细管加在差动式薄膜微音器上，被转化为电容量的变化，通过放大器再转变为与浓度成比例的直流测量值。该方法的测定范围为 $0 \sim 62.5mg/m^3$。

2）不分光红外线气体分析法

CO 对不分光红外线具有选择性的吸收。在一定范围内，吸收值与 CO 浓度呈线性关系。根据吸收值可确定样品中 CO 的浓度。此方法的主要仪器为 CO 不分光红外线气体分析仪，采样用聚乙烯薄膜采气袋，抽取现场空气冲洗 $3 \sim 4$ 次，采气 0.5L 或 1.0L，密封进气口，带回实验室分析。也可以将仪器带到现场进行间歇性采样，或连续测定空气中 CO 浓度。环境空气中非待测组分，如甲烷、二氧化碳、水蒸气等能影响测定结果。但是采用串联式红外线检测器，可以大部分消除以上非待测组分的干扰。

3）气相色谱法

CO 在色谱柱中与空气的其他成分完全分离后，进入转化炉，在 360℃镍触媒催化作用下，与氢气反应，生成甲烷，用氢火焰离子化检测器测定。采样时用橡胶二连球，将现场空气打入采样袋内使之胀满后放掉。如此反复 4 次，最后 1 次打满后，密封进样口，并写上标签，注明采样地点和时间等。此方法的主要仪器为配备氢火焰离子化检测器的气相色谱仪。进样 1ml，测定浓度范围为 $0.50 \sim 50.0mg/m^3$。由于采用了气相色谱分离技术，空气、甲烷、二氧化碳以及其他有机物均不产生干扰。

我国《室内空气质量标准》GB/T 18883—2002 中规定室内 NO 的 1h 均值应小于 $10mg/m^3$。

（4）CO_2

室内空气中 CO_2 的来源主要是人呼出气和燃料燃烧产物。CO_2 的测定方法有不分光红外线气体分析法、气相色谱法和容量滴定法等。

1）不分光红外线气体分析法

CO_2 对红外线具有选择性的吸收。在一定范围内，吸收值与 CO_2 浓度呈线性关系。在一定范围内，吸收值与 CO_2 浓度呈线性关系。根据吸收值确定样品中 CO_2 的浓度。主要仪器为 CO_2 不分光红外线气体分析仪。采样用塑料铝箔复合薄膜采气袋，用现场空气冲洗 $3 \sim 4$ 次，采气 0.5L 或 0.1L，密封进气口带回实验室分析。也可以将仪器带到现场间歇进样，或连续测定空气中 CO_2 浓度。此法最低检出浓度为 0.01%，环境空气中非待测组分，如甲烷、一氧化碳、水蒸气等能影响测定结果。由于在透过红外线的窗口安装了红外线滤光片，其波长为 $426\mu m$，CO_2 对该波长有强烈吸收；而一氧化碳和甲烷等气体不吸收。因此，一氧化碳和甲烷的干扰可忽略不计。但水蒸气对测定 CO_2 有干扰，它可以使样品测量池反射率下降，从而使仪器灵敏度降低，影响测定结果的准确性。因此，必须使空气样品经干燥后，再进入仪器。

2）气相色谱法

CO_2 在色谱柱中与空气的其他成分完全分离后，进入热导检测器的工作臂，使该臂电阻值的变化与参与臂电阻值变化不相等，惠斯登电桥失去平衡而产生信号输出。在线性范围内，信号大小与进入检测器的 CO_2 浓度成正比。从而进行定性与定量测定。此方法的主要仪器为配备有热导检测器的气相色谱仪。采样用橡胶二连球将现场空气打入塑铝复合膜采气袋，使之胀满后放掉。如此反复 4 次，最后 1 次打满后，密封进样口，并写上标签，著名采样地点和时间等。进样 3ml 时，此法测定浓度范围是 0.02%～0.6%，最低检出攻读为 0.014%。由于采用了气相色谱分离技术，空气、甲烷、氨、水和 CO_2 等均不干扰测定。

3）容量滴定法

用过量的氢氧化钡溶液与空气中 CO_2 作用生成碳酸钡沉淀，采样后剩余的氢氧化钡用标准草酸溶液滴至酚酞试剂红色刚褪。由容量法滴定结果和所采集的空气体积，即可测得空气中 CO_2 的浓度。采样时，一个吸收管（事先应充氮或充入经钠石灰处理的空气）加入氢氧化钡吸收液，以 0.3L/min 的流速，采样 5～10min，采样前后，吸收管的进、出气口均用乳胶管连接以免空气进入。当采样体积为 5L 时，此法可测定浓度范围0.001%～0.5%。空气中的二氧化硫、氮氧化物及醋酸等酸性气体对本法的吸收液产生中和反应，但是一般环境空气中 CO_2 浓度在 500mg/m³ 以上，相比之下，空气中上述酸性气体浓度要低得多。即使空气中二氧化硫浓度超过 0.15mg/m³ 的 100 倍，并假设他全部变成硫酸，对本法所引起的干扰不到 5%。

我国《室内空气质量标准》GB/T 18883—2002 中规定室内 CO_2 的日均值应不大于 0.1%。

（5）氨

氨的测定方法主要有蓝分光光度法、纳氏试剂分光光度法、离子选择电极法和次氯酸钠—水杨酸分光光度法等。

1）蓝分光光度法

空气中氨吸收在稀硫酸中，在亚硝基铁氰化钠及次氯酸钠存在下，与水杨酸生成蓝绿色的靛酚蓝染料，根据着色深浅，比色定量。采样用一个内装 10ml 吸收液的大型气泡吸收管，以 0.5L/min 的流速，采气 5L，即使记录采样点的温度及大气压力。采样后，样品在室温下保存，于 24h 内分析。此法测定范围为 10ml 样品溶液中含 0.5～10μg 氨，检测下限为 0.5μg/10ml，若采样体积为 5L，最低检出浓度为 0.01mg/m³。按本法固定的条件采样 10min，样品可测浓度范围为 0.01～2mg/m³，对已知的各种干扰物，该方法已采取有效措施进行排除，常见的 Ca^{2+}、Mg^{2+}、Fe^{3+}、Mn^{2+}、Al^{3+} 等多种阳离子已被柠檬酸络合；2μg 以上的苯氨有干扰，H_2S 允许量为 30μg。

2）纳氏试剂分光光度法

空气中氨吸收在稀硫酸中，与纳氏试剂作用生成黄色化合物，根据着色深浅，比色定量。采样用一个内装 10ml 吸收液的大型气泡吸收管，以 0.5L/min 的流速，采气 5L，及时记录采样点的温度及大气压力。采样后，样品在室温下保存，于 24h 内分析。该方法测定的范围为 10ml 样品溶液中含有 2～20μg 氨，检测下限为 2μg/10ml，若采样体积为 5L，最低检出浓度为 0.4μg/m³。按本法规定的条件采样 10min，样品可测浓度范围为 0.4～4mg/m³。对已知的各种干扰物，本法已采取有效措施进行排除，常见的 Ca^{2+}、Mg^{2+}、Fe^{3+}、Mn^{2+}、Al^{3+} 等多种阳离子低于 10μg 不干扰。H_2S 允许量为 5μg，甲醛为 2μg，丙酮和芳香胺也有干扰，但样品中少见。

3）离子选择电极法

氨气敏电极为一复合电极，以 PH 玻璃电极为指示电极，银氯化银电极为参比电极。此电极对置于盛有 0.1mol/L 氯化铵内充液的塑料套管中，管底用一张微孔疏水薄膜与试液隔开，并使透气膜与 PH 玻璃电极间有一层很薄的液膜。测定由 0.05mol/L 硫酸吸收液所吸收的大气中的氨时，加入强碱，使铵盐转化为氨，由扩散作用通过透气膜（水和其他离子均不能通过透气膜），引起氢离子浓度改变，由 PH 玻璃电极测得其变化。在恒定的离子强度下，测得的电极电位与氨的浓度的对数呈线性关系。由此，从电位值确定样品中氨的含量。此检验方法的检测限为 10ml 吸收溶液 0.7μg 氨。当样品溶液总体积为 10ml，采样体积为 60ml 时，最低检测浓度为 0.014mg/m^3。

4）次氯酸钠-水杨酸分光光度法

此检验方法的原理为氨被稀硫酸吸收液吸收后，生成硫酸铵。在亚硝基铁氰化钠存在下，铵离子、水杨酸和次氯酸钠反应生成蓝色化合物，用分光光度计在 697nm 波长处测定。在吸收液为 10ml，采样体积为 10～20L 时，测定范围为 0.008～110mg/m^3，对于高浓度样品测定前必须进行稀释。检出下限为 0.1μg/10ml；当样品吸收液总体积为 10ml，采样体积为 10L 时，最低检出浓度为 0.008mg/m^3。有机胺浓度大于 1mg/m^3 时不适用。

我国《室内空气质量标准》GB/T 18883—2002 中规定室内 NH_3 的 1h 均值应不大于 0.2mg/m^3。

3. 生物性指标

室内空气中微生物是室内外各种污染造成的，主要由室外空气微生物随气流带入室内，人体衣物表面、鞋底泥土带入和呼吸道播散出微生物所致。室内存在适宜微生物繁殖条件时，还可加重微生物污染。

居室空气微生物污染的监测指标采用菌落总数，菌落总数用撞击法测定。撞击法是采用撞击式空气微生物采样器采样，通过抽气动力作用，使空气通过狭缝或小孔而产生高速气流，使悬浮在空气中的带菌粒子撞击到营养琼脂平板上，经 37℃、48h 培养后，计算出每立方米空气中所含的细菌菌落数的采样测定方法。

由于受人为的采样方法和单一的培养条件限制，有些细菌不能采集到或培养出，所得到的"菌落总数"不能代表实际空气中全部细菌，也不能说明是否有病菌存在，只能说明空气受到生物性污染的程度。

我国《室内空气质量标准》GB/T 18883—2002 中规定室内菌落总数应不大于 2500cfu/m^3（撞击法）。

9.3　室内健康环境评价智能监测系统

在进一步降低建筑能耗的同时，营造健康的居住环境是保障和改善民生的重要举措。相关研究表明，人的一生约 2/3 的时间是在室内度过的，室内环境质量的优劣对人体的健康影响起到主导作用，经毒理学、临床医学等学科研究发现，室内污染物与居民多发疾病如哮喘等有密切的关联，如何对室内环境的健康状况进行有效的监测评估及预警改善是目前亟待解决的问题。

为了能够更好地反映出住户室内健康状况，长期连续的数据采集过程是必要的。室内健康环境评价智能监测系统利用无线传感网络，采用 ZigBee 通信协议，耦合 6 种传感器，对室内的 7 种环境参数进行实时监测，实现自行采集数据，传输数据，远程监测，接下来将对这套系统进行相关阐述。

9.3.1 系统结构

ZigBee 技术是一种短距离、低速率、低成本和低功耗的双向无线网络通信技术。利用 ZigBee 技术，能很好地解决传统仪器测试所带来的问题，在确保其数据采集精确的基础上，大大减少了对住户的影响，由于其低能耗、低成本，能更加长久持续的工作，并且不断地将采集的数据发送至云数据库进行储存，扩大了数据库，使得研究范围更广，更具有普遍性。采用 ZigBee 协议构建起无线传输网络系统，系统基本组成单元是设备，也叫节点。ZigBee 网络具有三种逻辑设备，分别为协调器、路由和终端设备，它们之间进行数据传输形成网络，网络拓扑可分为星状、树状和网状。本系统用于住户进行各个功能房间数据采集，要求简洁方便，易于维修，且不宜较复杂，所以选用了星形拓扑结构，因为其网络延迟时间较小，可以更加及时准确地获取数据。

整个系统的总体结构如图 9-4 所示，各节点负责采集环境传感器的数据，并通过 ZigBee 网络按照约定的协议将数据发送给主节点。在这个过程中，节点可通过 ZigBee 自组网，实现距离主节点较近的节点为较远的节点提供中继，如图 9-4 中的节点 1 和节点 2 之间，以及节点 4 和节点 5 之间。主节点再通过互联网将数据按照指定协议上传至服务器。

图 9-4　系统总体结构

数据采集过程，由各个传感器将各自采集的数据通过 ZigBee 通信协议传输至路由器，由路由器将数据发送至互联网，通过互联网与用户终端和云服务器进行传输。环境数据有：温度、湿度、PM2.5、CO_2 浓度、甲醛浓度、光照度、环境噪声等。

　　用户终端访问可由 PC 客户端/笔记本可通过 LAN、Wifi 接入 Internet，访问云服务器（web 方式），实现对环境数据的实时监控；也可以通过移动终端（手机、PAD）通过 Wifi、3G/4G 网络接入 Internet，进而随时、随地访问云服务器，浏览环境数据。

　　ZigBee 无线传输模块，其传感器接口丰富，支持 I2C、UART、SPI、模拟量输入、脉冲输入等多种传感器接口；考虑到功能房间的阻隔，还配有中继站，使模块具有网络中继功能，增强了网络覆盖能力；能够自动选择网络传输路径，有效提高了网络鲁棒性；支持+12V、+5V、+3.3V 多种电压输出，可为传感器提供电源。

　　数据路由器通过 ZigBee 网络自动循环采集各传感器数据，各节点对应采集周期可灵活配置；实现 ZigBee 网络与 Ethernet 转换，支持多种网络异步访问，有效提高网络传输效率；实现传感器数据分析、缓存和上传。

　　节点的组成结构如图 9-5 所示，主要包括 6 种传感器（温度、湿度、CO_2、甲醛、光照强度、噪音、PM2.5）、MCU（微控制器单元）、ZigBee 模块，电源等部分。其中光照传感器和温湿度传感器采用 I2C 接口与 MCU 进行通信，MCU 采用定时读取的方式获得这两种传感器的数据，其余 4 种传感器均采用 UART 接口与 MCU 进行通信，并定时将数据主动发送至 MCU，MCU 将接收到的各种传感器的原始数据分别按照各自的计算公式或者通信协议进行转换，再根据与主节点之间的通信协议生成数据帧，然后通过 UART 接口发送至 ZigBee 模块，进而通过 ZigBee 网络上报给主节点，完成一次数据的采集流程。

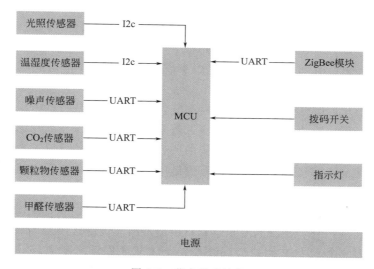

图 9-5　节点组成结构

9.3.2　分析软件简介

　　室内环境健康性能检测分析软件是一款通用型的实时反映室内健康环境风险等级及监测环境参数的软件，适用于居住建筑及普通住户家庭，设备通信主要以无线网络收发信号为主，不妨碍日常生活。此软件操作简便，在操作系统 Window XP 或 Window 7 平台下，登录服务器（登录界面见图 9-6 所示），输入用户名及密码即可使用，界面精简直观，易于操作查询。通过精度较高的参数测试传感器能够较迅速地给出所测的室内环境评价参数，并且通过数据存储及计算功能，提供相关的室内健康风险等级评价结果，帮助用户了解各自住宅环境情况，同时给出相应环境条件下的改善措施及专家意见。

图 9-6 用户登录界面

本软件结合了室内环境健康监测系统，通过物联网系统的构筑，同时实现居住建筑室内各功能房间的环境评价参数实时监测、数据实时采集、数据集总运算处理、室内环境健康等级评价以及室内环境改善策略和专家建议。

软件功能如下：

（1）按功能房间显示。将居住建筑室内空间进行了功能划分，主要划分为：起居室、卧室、厨房及卫生间四个类型测试空间，并对空气温度、相对湿度、空气流速、照度、噪声、PM2.5 浓度、CO_2浓度、甲醛浓度、TVOC 浓度，共计 9 种与健康相关的环境参数进行采集监测。

（2）环境参数实时显示。各个功能房间都有各自的采集模块，通过无线网络上传数据至服务器，登录后即可点击查看即时参数测试数据，并且也能看到某个时间段的数值波动情况，能够直观清晰的反映出各个功能房间的所处环境状况与传感器布点位置。

（3）室内环境健康等级评价。根据对室内健康环境参数的数据采集进行对比分析，得到整个住宅环境综合等级和各个功能房间健康等级，并且会自动记录逐时、逐日、逐月、逐年的等级评价结果，整体储存合成历史记录。

（4）提供改善室内环境现状的专家意见。根据室内环境健康风险等级评价结果，设有健康风险专家提示，并且也有用户咨询功能，可将问题提供给专家，以便即时反馈改善建议。

（5）用户在线咨询。通过数据库，将各个地区用户整理分类，可以使用户间进行相互对比，并且按照健康等级进行综合排名显示。方便住户查看对比环境的改善情况，并且对数据库进行可视化表现，能够更加直观地反映室内环境评价参数的变化趋势。

本章参考文献

[1] 张金良，郭新彪主编 . 居住环境与健康 . 北京：化学工业出版社 2004.
[2] GB/T 18883-2002，室内空气质量标准 . 北京：中国标准出版社，2002.

第10章　中日健康生活基本要素

自古以来，中国在房屋建造过程中就非常关注居室卫生，在商务印书馆 1934 年出版的《重编日用百科全书》第 19 篇家庭住屋类中针对居室卫生有过非常详尽地描述，强调在房屋营造过程中需充分考虑房屋与土壤的关系、房屋与水的关系、房屋与空气的关系、房屋材料的位置及方向、房屋的采光、房屋温度的调节、房屋的换气、房屋清洁方法等内容，希望在与自然和谐共存的基础上，保证室内健康舒适的居住环境。这些理念对于当今社会的健康生活仍具有非常重要的参考价值。2014 年中国城市出版社出版由骆中钊先生编著的《中华建筑文化》一书对中华建筑文化与室内环境的关系进行了详细论述。另外，日本健康维持增进住宅委员会基于提出的健康生活九大基本要素在 2013 年出版了分别针对普通老百姓和专业人员的《健康生活九大基本要素健康维持增进住宅指南》和《健康生活九大基本要素设计指南》两本书，详尽描述居住建筑不同功能房间健康生活基本要素和设计要点。本章将重点介绍上述内容。

10.1　中国传统房屋营造过程对居室卫生的要求

本节介绍的是 1934 年由商务印书馆出版的《日用百科全书》中有关居室卫生的相关内容，从中可以了解到 80 多年以前中国人是如何考虑房屋营造与居室卫生的关系的，许多理念和做法对当今的健康生活仍然具有很重要指导意义。

10.1.1　房屋与土地的关系

建筑房屋不可不先选好地，建房用地的土壤与人的健康关系密切，这点无需赘述，如传染病是否流行，土壤好坏是其主要影响因素之一，因此需明确土壤的性质，首先需明确的是土壤与空气和水的关系，这三者关系密切，是房屋基础的主要组成部分。

1. 土地中的空气

土地由沙砾、黏土、磐石、石灰、腐土等组成，其间隙中含有一定量的空气，这种空气相比大气，缺氧并含有大量的 CO_2，同时含有微量的氢气、碳化氢、硫化氢等，并混有各种细菌。土壤中的空气常上升与地面空气进行交换，有害气体与细菌掺杂在一起，如流入室内，则足以污染空气，对人的健康造成损害。

2. 土地中的水

土壤中均含有一定的水分，含水量多的土壤上方空气潮湿，利于细菌繁殖，通过墙体而传入室内，在室内形成浊气。据统计，居于高处干燥之地，人的身体多保持健康状态，死亡率低；而居于潮湿之地则反之。降雨及一些排水灌注在地上，一部分蒸发，一部分注入河海，其余则渗入土壤之中，随着水向下渗透，水中所包含的有害气体、污染物、细菌等，逐渐被土壤所吸收，污水变得清澈，臭气消除，最终洁净水达到地下水层（真正井水涌出的土壤层）；而地表水所含污染物和细菌很多，所有人畜的排泄物、动植物的腐烂物质、工厂排放的污染物以及各种细菌都有可能包含其中，成为导致疾病的原因。

3. 土地与病菌

例如赤痢病菌，喜好潮湿、不清洁的场所，在适宜的地温环境下则繁殖迅速，患结核病也与土地有一定的关系。据美国等国的统计，居住在潮湿的地方则患肺痨者居多；而居住在高处干燥场所患病较少。又如霍乱及伤寒，也是通过土地和水蔓延的，其病菌在污湿之地，繁殖极盛，与污水一同流入井水和河水之中，通过食物而使人体受到感染；而伤寒则是因患者的排泄物浸入地下水后混入井水使病菌得以传播的。

4. 污土的氧化还原作用

土中除病原菌之外，还有带氧化作用的细菌，能分解土中污染物有机质，从而生成碳酸、硝酸及硫酸等酸类。另外，当土中缺乏空气时，则发生还原作用，生成碳化氢、氨气、硫化氢以致发生恶臭。

5. 植物对土壤的净化作用

由氧化作用或还原作用所分解的有机物，被植物吸收而消化。这些有机物对人体健康来说是有害的，而对于植物，则取其成为营养物质，因此宅院周围多种植树木，是一种很有必要的土壤洁净方法。然而植物的摄取量有限，不能将大量的污染物全部吸收，因此剩余部分必将混入污水中，进入到井水或河流中。被污染土地中的井水必含有氨气、硝酸或硫化氢等有毒成分，因此可以通过井水的性质来判断土壤的好坏。总之，土壤对人的健康危害主要是污染和湿气，人居住于此，务必要对土壤进行干燥、洁净。

6. 土地的清洁

土地一经污染，则很难清洁。宅基地土壤吸收的污染物不断下降，日积月累，最终进入地下水中，混入饮用的井水中。因此，土壤中的污染不是通过地面清洁所能去除的。

因此，在盖房时，需事先调查土地的性质，检查井水品质，如果土地被污染，万不可在此居住。要使土地保持长久的清洁和干燥，需有良好的排水系统，并种植树木，以达到清洁土壤的目的。

7. 疏通排水

在我国的大城市，下水及排水系统尚不完备，这是居室卫生方面的一大缺陷，如北京，到处有污水沟，任其土地吸收，实际上是居住在病原之中，非常危险。由于排水工程一时难以完备，因此在日常生活中注意污水的排放，粪尿不随地搁置，垃圾不任意堆积，这也是清洁方法之一。

10.1.2 房屋与水的关系

水是人类生活最重要的物质之一，水源与土地相连，或为井水，或为河流，或为雨露所化，或为湿气所变，是居住环境构成的重要因素，与土地和空气同等重要。

1. 水的种类

水有井水、雨水、湖水、河水之分，均随时蒸发而上升至空中，然后凝聚而下降，反复蒸馏，其性质没有太大变化，只是因为空气与土壤的关系，水中所含成分多少存在一定的差异。

（1）雨水

雨水通过空中时，吸收大气中的氧气、氮气、CO_2 及其他气体，又混有尘埃及细菌，绝非纯净水，降雨之初水中含有的污染物质最多，而后雨水逐渐变得清洁，因此储存雨水当作饮用水时，应经过滤和煮沸方可饮用，雪与雨水相同。

（2）地下水

浸入地下的水，不断下降直至非透水层，沉积下来的水为地下水，井水是通过人工开凿，使地下水涌出形成；泉水则是从岩石缝隙涌出的地下水，因此其性质与井水基本相同。

虽然我们日常所用的井水属于真正地下水的极少，大都为地下水层上部不清洁的水，我国各处排水沟、厕所等的构造不尽相同，而且所挖掘的井为真正地下水的极少，说井水几乎为大小便等污物的溶解液，也并非言过其实。

普通的井水，大多含有大量的碳酸钙、碳酸镁、硫酸钙、硫酸镁、硝酸及有机物，有的含有氨及亚硝酸，甚至含有硫化氢。

动物性污染物，含有大量的盐分，因此从不清洁的井水中可检测出食盐；故不洁的井水，往往由食盐检出。另外，井水中栖息了很多水菌，其中 $16 \sim 50$ 种是以水中的有机质为营养物质，因此多菌之水富含有机质可以作为被污染的依据。真正的地下水，无固定成分，又无微生物。

（3）湖水

湖水因湖的大小不同而性质各异，有的湖水富含植物性有机物，而且细菌及分裂菌大量繁殖，只有大湖的水比较清澈，其浮游物因沉淀及自净作用而自行消失，因此深层的水适于作为饮用水。

（4）河水

河水为雨水、地下水及污水的混合物，因其流经之地的地质而性质略有不同，但固有成分极少，通过化学观察，以河水为最佳，在河水下流的过程中，虽然受到居家、工厂等排水的污染，但河水有自然清洁的方法，又称为河水自净。

河水的自净作用，主要基于以下原因：

1）与清洁的氡混合稀释；

2）污染物沉淀混入泥土中；

3）水草、滴虫和细菌分解其污染物；

4）化学的分解及结合而成为无害物。

河水中的细菌，一般比井水多，尤其当传染病流行季节，常混有病原菌，因此将河水直接作为饮用水极为危险。

2. 饮用水要点

可供饮用的水，其要点如下：

（1）不可含有有机质及有机质分解而生成的成分。

（2）不可含有铅、锌及铜等物质，尤其以锌为最毒。

（3）石灰成分多的水，其硬度过高，亦不可用。一般此种成分的水，当煮沸时，与他物质反应，生成不溶解性物质，有碍消化；另外，洗涤时，多费肥皂，且不适于蒸汽机及其他工业生产之用。

（4）水中含有氧气、CO_2 及碳酸盐，符合人的口味。如果不含这些物质，虽然化学成分纯净，但不能直接饮用。

（5）9～11℃的水最适于健康，每天要适当饮用凉水，以保持体内的清凉。

如上所述的天然水，可适于作为饮用水源，然后通过人工的方式使之清洁，制成卫生的清洁水，因此日常饮用水清洁最为重要。

3. 水的清洁法

（1）煮沸法

当水煮沸时，溶解于水中的 CO_2 释放出来，溶解的盐类沉淀，水的硬度和氧气可以降低。

另外，通常细菌在 70～80℃ 时已全部死亡，但病原菌需有 100℃ 以上的温度持续 3h 方可去除干净，故当传染病流行之际，饮用水煮沸不可缺少。

（2）明矾法

在污浊的水放入明矾，水即澄清，此为我国传统方法，人所共知。一般明矾与水中的碳酸钙化合而成硫酸钙及氢氧化钠，不溶解于水，当其沉淀时，可以用勺子清除，其他浮游物及有机质，亦可用勺子清除，其余沉降于水底，水亦透明清净。

（3）过滤法

通过过滤使水清净，有许多天然的方法，污水通过地层过滤而形成的井水就是这种方法；城市中的人造自来水道，实际上就是采用此办法使河水清净的。

凡制备自来水，需选择清洁的水源，而引用河水，需远离城市，取河水中央的水通过水泵抽到过滤池，使其通过 1m 厚的细沙层，达到净化的目的，这种水仍然不能直接作为饮用水使用。

（4）井的构造

井的四周采用砖石砌筑，以防漏水，井底竖列陶瓷管，管内填入砂砾，使地下水通过管内，由上部压力而升入井内，但管内的砂砾，必须时常进行更换。

（5）简便滤水器

简便滤水器由陶器制成，其中放入炭屑、沙砾、铁丝及石棉等，让水通过滤水装置并由下部的活塞流出。上述原料中铁最适合用于净水，即使是有恶臭的污水，也能够变得透明、无臭、无色，并且不会带有铁灰尘；另外，炭不仅能除去水中溶解的有机质及大部分微生物，还能使其氧化从而变得无害，并且还有摄取铅的功效，而骨炭的作用比木炭更大。

滤水的原料砂、炭和铁三者的使用时间各有限制，并非可以永久使用，需要定时更换。

（6）芥子油清净法

此方法是日本冈田博士通过实验得到的，非常新奇且简便。根据冈田博士的报告，向 1m 深的水中滴一滴芥子油便可去除所有的菌类。芥子油虽然有强烈的臭味，但它的挥发性强，与滴油混合后，用盖子盖好，消毒约 3h 后，拿掉盖子，搅拌以去除臭味，即可使用。

10.1.3　房屋与空气的关系

我们的呼吸离不开空气，空气是否干净与卫生有很大的关系。

1. 空气吸入量

我们每天的空气吸入量为 9～10m³，呼出的空气中水蒸气增多，且各成分的比例与上述也不同，氧气减少，碳酸增加，其比例为：

氮气 79.2%，氧气 15.4%，碳酸 4.4%。

2. 导致空气不洁净的原因：

（1）各种尘埃；

（2）烟囱、工厂排出的气体；

（3）厕所、沟渠产生的气味；

（4）地里面上升的空气；

（5）灯火；

（6）垃圾堆积；

（7）家畜呼出的气体。

而对于室内而言，除了人体呼出的水蒸气、二氧化碳之外，还混有臭气等有机成分，更有从皮肤散发出来的有害成分，所以人员聚集的剧场、宿舍中的空气尤为污浊，导致人产生不愉快的感觉。如果空气中的二氧化碳含量超过了 1‰，则对人体呼吸产生影响，若含量达到 1.5% 则表明吸入空气的时候已经缺少了必要的氧气，体内的二氧化碳不能有效地排出。所以，进入古井、酒窖等二氧化碳聚集的地方，常常会导致死亡，这样的例子不胜枚举。

氨气来自于大地上的氮气物分解以及厕所的臭气，空气中氨气的浓度因季节而异，1m³ 空气中约含有 $2 \times 10^{-11} \sim 5.6 \times 10^{-8}$ m³ 氨气，这样的浓度尚不至于对人体健康构成威胁。

一氧化碳对人体健康是最有害的，它是由煤炭不完全燃烧产生，木炭刚点燃的时候若能看到青烟升起，则说明有一氧化碳产生。空气中一氧化碳含量达到 0.05%，则对人畜有害。通常，混有水煤气的煤气灯中含有很多一氧化碳。水煤气是由水蒸气在炙热的炭火上分解产生的氢气与一氧化碳混合形成的可燃性气体组成，含量达到 30% 以上则对人体十分危险。二十年前美国盛行这种水煤气灯，中毒的情况发生了很多，后来规定煤气灯中一氧化碳含量不得超过 10%。

在燃烧的情况下，一氧化碳与氧气反应生成了二氧化碳，失去了原有的毒性，故可以使用此原理除去一氧化碳，但是要注意煤气活塞的开闭以及导气管有无破损，从而防止煤气发生泄漏。后来的煤气灯使用纱罩覆盖气焰来增强光照强度，这在卫生和经济上都有益处。这种纱罩是由在纱布上涂抹氧化钠粉末制成的，并罩在煤气灯的火焰上，纱布燃烧变成灰屑，遇热发出极强的光，此时煤气的燃烧最为完全，而且用少量的煤气即可发出很亮的光。

煤中一般都含有硫磺，所以用煤工厂的烟囱中产生的烟常含有二氧化硫气体。煤气灯燃烧也会产生少量的二氧化硫。

二氧化硫对人体的危害较大，而且还会危害室内的家具，使其腐烂，大多数硫石中都含有硫磺成分，所以矿场附近的空气通常含有二氧化硫，它对人畜及植物产生了巨大的伤害。

10.1.4　房屋的材料、位置和朝向

如上所述，土壤、水和空气是保障房屋卫生的重要条件，以下讨论房屋位置、方向与

其他因素的关系。

1. 土地的改善

空气清洁、土地干燥、井水纯净是构建卫生干净的房屋的理想条件，却不容易找到这样的场所。若不能完全满足以上条件，可以进行人工改良，比如土地太湿则可引导污水流向他处，土地太污浊则去除浮土而用新土代替，再用石头、砖瓦、水泥等敷设地面即可。

2. 木材建造

建筑材料包括石材、砖瓦、木材等，其中木材造价最高。对于我国居住房屋而言，尚没有完全利用纯木制造的，而日本常利用木材建造房屋，但是木材不如石材坚固。

3. 砖石建造

为使利用砖石建造的房屋能够支撑本身的重量，就一定要使地基坚固，并建造在坚实的地面上。我国旧时的房屋多为平房，用石头建造地基，用砖头砌墙，也是非常坚固的。随着欧式建筑逐渐在我国兴起，这些建筑占地面积很大而且楼层很高，所以耗费的石材也很多。但是由于这类建筑通常层数过多，不利于室内卫生条件，楼层大致以 2～3 层为宜，过高的楼层会使室内空气状况不良，从而诱发各种疾病，更有甚者还会造成孕妇小产的情况发生。据卫生部门统计，住在 4～5 层的居民患病率比住平房及 2～3 层的居民高很多。

4. 房屋建造的方位坐向

我国建造房屋有重视方位坐向的习惯，其中蕴含一定的道理。房屋的最佳建造方向因地域而异。对于我国而言，南向是最佳的方向。在冬季时，南向房间会有阳光照射进来，使房间内变得温暖，而夏季会有时令风吹进屋内，使室内变得凉爽。其次的方向便是东南向，最不适宜的方向便是西北向。

5. 屋面的处理

最理想的屋顶是能够遮蔽风雨、透射阳光，并且可以使室内的污浊空气散出。从这种观点来看的话，农家采用的茅草屋顶在经济与卫生方面最佳。可是如果在城市使用的话会有发生火灾的危险，所以在城市最好是使用瓦块制成的屋顶。

6. 墙体

我国北方多采用泥土制墙，较之石墙与砖墙而言，泥墙不透气、易受潮，并且泥墙表面通常会附上稻草。由于泥墙有上述的缺点，所以应该尽量避免泥墙，而采用砖墙或者石墙代替。

7. 地板的注意事项

地板的功效在于透气性良好，而且能够阻止地面的湿气直接进入住宅内。地板潮湿会诱导细菌的产生，又因为地板有间隙，常使尘埃积聚其中，会导致跳蚤等虫类滋生，所以应该常常使空气流通，阳光照射，并经常清扫，可避免以上情况的发生。

10.1.5 房屋采光

1. 光线

光线是室内卫生最重要的部分，凡有生命的都依赖阳光才能存活。有人做过实验：取一株植物使其避免阳光的照射，由于植物叶绿素的缺乏，导致细胞组织薄弱而不能健康生长。又有人将动物置于暗室喂养，一段时间之后动物新陈代谢机能减弱，反应迟钝，不能完全发育。类似于此，人类的身体机能也有赖于阳光。

2. 光线与视力

日光的直射与反射均对眼睛有害，在北方冬季，由于积雪对阳光的反射太强，眼疾患者也增加了很多。所以在夏季，在荒野之地工作的人，或者在冬季雪后出行的人都要戴墨镜，以保护眼睛。眼睛患有近视的人应该避免在黄昏的时候读书。由于阳光有分解空气中有机质的作用，可以杀死空气中的细菌与病菌，所以衣服、被褥等用具，都应该经常在阳光下暴晒以达到消毒杀菌的效果。

3. 人工光源

夜间，室内所使用的人工光源主要有煤油灯、煤气灯、电灯 3 种，菜油、蜡烛之类也常用作燃料。人工光源是代替日光使用的，务求其与日光相差越小越好，因此电灯应该是最适合的人工光源。因为电灯的照度最大，而产生的热量很低，也不会由于燃烧对室内空气造成污染，且没有发生火灾的危险。

电灯又名为弧光灯，虽然照度很大但是会使室内明暗程度的差异性变大，对眼睛造成伤害。煤气灯在燃烧之际会产生二氧化碳及其他碳氧化物，而且燃烧产生的能量大部分转化为了热量，只有小部分转化为了光，而且煤气灯不如电灯卫生。但是在煤气灯上覆盖纱罩，会使煤气灯的照度与电灯的照度无异，而且还有利于减少燃烧产生的热量对于室内环境的影响，节省煤气。

煤油灯在三者之中质量最差，燃烧产生的热量最多。燃烧产生的污染物也最多。煤油的着火点很低，易产生爆炸的危险。所以在欧美等国家，严禁使用劣质煤油，并且在使用煤油灯时，要注意适时更换灯芯，又要注意剪掉碳化的灯头，使其完全燃烧。

菜油与蜡烛产生的光源，虽不及煤油灯亮，但是危险系数小，而且燃烧产生的二氧化碳也比煤气煤油灯少，所以也常被采用。

10.1.6 房屋温度调节

1. 暖室法

冬季时，室内应设有御寒的设施，以维持室内的温度使住户不感到寒冷。所以通常采用燃料燃烧产生的热量对室内温度进行调节，使室温维持在 16～19℃最为适宜。

2. 燃料

人造燃料包括木炭、矿煤及煤气等，各燃料的发热量比较如下（kJ/kg）：薪材，30.00；矿煤，60.00；骨灰，68.00；木炭，74.4；灯用煤气，101.00。

燃烧器具所承受的热量是最多的，但受到经济因素的制约，不可能像煤气工厂那样选用耐热性高的材料。所以一般火炉以燃烧木炭为宜，又以煤炭居多。

3. 火炉

调节室温的燃烧器具大多是用铸铁制成的，形状就像扁平的圆筒一样，中间火盂内盛放燃料，燃烧产生的热量由火盂经圆筒传至室内，调节室温，而燃烧剩下的废料则经火盂之下的钢网落入储灰器中。燃烧产生的煤烟及其他气体经过烟囱排出室外，室内空气不会因此而污浊。烟囱能够通气，在燃烧时可提供室外的新鲜空气，虽然偶会感觉到干燥，但是相比火钵更加卫生。火钵是最简单的火炉，也叫铁炮火炉，这种火炉呈圆筒形，由金属或者瓷器制造而成，燃料在其内燃烧，当燃烧剧烈时炉壁会因温度上升而变得通红，可是如果燃烧较弱的话，又容易熄灭。而且室内会由于燃烧而变得干燥，燃烧的热量上升导致室内温度在垂直面上分布不均。由于烘烤，室内家具会有开裂的情况产生。所以常用的做法是在火炉上放置一盆水，使蒸发的水蒸气混于室内空气。也有用被子套住火炉的，即在炉子外围设置铁鞘，火筒与铁鞘之间设置空气层。空气由下部进入火筒，燃烧产生的气体经过烟囱排出。在居室中也可以用煤油火炉加热。在空气煤油灯中放置空气管，以便空气流通，也被称作保险灯。其外围有金属制筒以便于传热，使室内空气温暖。

4. 温炕

我国东北三省广泛使用温炕。制法是涂土于坑，放入薪柴让其燃烧，为冬季室内取暖。但是由于燃烧不完全，会生成有害的一氧化碳，导致室内空气污染。如果关闭窗户，则不便于通风换气，有中毒的危险；反之，进行开窗换气，则不能保证室内温度，这是温炕的缺点。

5. 火钵

乡间盛行火钵取暖的方式。在火钵中燃烧木炭以取暖，其弊端是直接减少室内空气中的氧气浓度，且增加二氧化碳浓度，并产生一氧化碳。如果空气流通不足，会对人体有较大危害。

6. 暖管

相比以上供暖方式，暖管供暖最佳。暖管供暖是使蒸汽或沸水流经铁管或锌管，并将管道布置于室内，从而进行供暖的方法。暖管有两种，一种是用铁管道通蒸气，另一种是用铁管道通沸水。管道的布置亦有两种，一种是布置在室内的地板周围或处于中央，另一种是布置在室内一角。暖管由积叠薄锯齿状的原板组成，是为了更好的散热。并且使细管折成波状，前者为旧式，后者为新式。我国实行这种方法越来越多，如火车内的头等卧室、卧榻旁边也环绕布置了以这类热水管。利用这种供暖方式，室内空气不会因燃烧而干燥，不会因为其而变浑浊。且室内各空间中温度均一，从卫生方面来说，也是最为适宜的。

以上所提及的供暖方式，为了保持室内温度恒定，往往导致空气较为干燥，故炉旁适合放置水壶，使其散发水蒸气，用以保持适宜的湿气，这也是必要的手段之一。

7. 冷室法

冬季固然可以通过人工取暖，但是夏季制冷则并非容易的事情。普通的方式不外乎在房屋周围多种植树木，用来遮蔽日光；或向庭院周围洒水，用来降温。其他方式比如在室外架葡萄棚，也可使用电风扇或者冰块为室内降温；或者在管中通水作为冷炉，更有蒸发液体到空气中用以取凉。还有许多例子，但并不是我们普通生活中能用到的，故没有阐述。

10.1.7 房屋换气

1. 室内换气

室内空气中有各种杂质，包括对人健康有害的物质。关于室内卫生，虽有各种条件要求，但是还是以空气的洁净为首要条件，所以对室内空气应足够重视。

室外空气进入室内时，应注意二氧化碳的含量。室外空气二氧化碳含量平均不超过0.03%，而在室内一些房间之中有超过0.05%的。夜间关窗睡觉，二氧化碳浓度高于平时浓度的数倍；如果是人员的聚集的场所，二氧化碳含量将更高。

2. 二氧化碳呼出量

在人体呼出的气体之中，二氧化碳浓度约占 4.4%。因此在 1h 内，儿童呼出的二氧化碳量大约为 0.01m³，成年人休息时约为 0.02m³，劳动时达到 0.036m³ 以上。且二氧化碳也可由夜间灯光或火钵暖炉产生。即使二氧化碳超过一定浓度，也不会对人体产生太大危害。但伴随着增加的其他有毒气体，才对人体有害。所以常以人体呼出的二氧化碳量为标准衡量室内空气是否干净。

3. 尘埃与细菌

室内空气中不仅含有二氧化碳，还有许多尘埃。其中通常富含有机质，增加对人体有害程度。在 1m³ 室外空气中，细菌数量平均达到了 200 多个。在室内至少为 3000 个/m³ 以上，多的可达 30000 个/m³ 以上。故室内空气与室外空气相比，存在更大的健康风险。通常，将清洁的室外空气导入室内，进行通风换气，从而减少空气的污染。

4. 欧式建筑的人工换气法

假设一个人短时间内所需最少新鲜空气量为 65m³，而对于普通的大玻璃窗而言，无风时每小时所得的换气量也能达到 3000～4000m³。因此经常开窗，则可以进行充分的换气。

在冬季或降雨的时候，为了防止室内温度下降，或导致过于潮湿，不得不关闭窗户，这时室内则必须有人工的换气装置。

人工换气所利用的驱动力，主要为温度与风，与自然换气相同。因此根据其原理而制造的设备，最简单且便利的就是导气筒，即在壁间设立一个排风道，其上端突出于屋面，下端敞开于室内，使内外空气由此排风道进行交换。或在排风道内燃点蜡烛或煤油灯，使其产生 20～30℃ 的温差，此时排风管内的空气稀薄，则室内空气更易流入风道，由排风道上端排出。大多数情况下排风道越长越有益于增加排风量。

5. 厕所位置

厕所应与住宅保持一定距离，选在住房的下风处比较合适，并保障空气流通。踏板应涂火漆，并用陶瓷建造粪池以方便清洗；粪池周围应该使用厚漆封嵌以避免使污物渗入土地。对于小便的地方，宜用陶瓷建造漏斗，通管用陶制、石块及玻璃建造。无论何时都需要有防腐防臭的方法，并且不可懈怠，夏季时更需要引起重视。

10.1.8　房屋清净法

庭院和房屋的卫生打扫是居家生活必不可少事情。比如，清晨起床后扫地洒水是每天必须要做的第一件事。有人认为扫除洒水只是家庭主妇所做的事情，其实这是不正确的，不可以简单认为打扫卫生是生活琐事从而忽略或放任不管，其关系到房屋的干净卫生。

1. 拂尘

拂尘主要包括毛拂尘和羽拂尘两种。

(1) 毛拂尘一般用马尾毛制作而成，古人常用它清理灰尘。现在既可以用它来清理灰尘，又可以当作装饰品，但是其价格昂贵，因此一般只用来清理书案。

(2) 羽拂尘是用成熟的鸡羽毛制作，柄有长短之分，可根据实际需要来使用。由于羽拂尘轻盈且蓬松，因此用它清除灰尘比较方便。并且原材料易于获取且便宜，是居家生活不可缺少的工具。另外，也有利用布片制成的拂尘，常用于清理衣服和床榻上的灰尘。在清理灰尘之前，首先应该把窗户打开进行通风，然后用拂尘轻轻地拍打衣物，除去聚集的灰尘，清理完毕后将拂尘原处。

2. 扫帚

扫帚包括黍帚、芦华帚、藁帚、竹帚与棕帚等。黍帚是使用黍的秸秆制作而成，其坚固耐用，因此被使用广泛。芦华帚是以芦苇为原材料制作而成的，质地轻盈且柔软，但是不耐用。藁帚是利用稻草制成的。竹帚则利用细竹梗制作而成，也有将竹劈梗成丝来制作竹帚，其质地较重且坚硬，宜用于打扫庭院。棕帚是利用棕榈树柄制作而成，除尘能力极强。使用扫帚时，一般用右手拿扫帚，并与地面平齐，如果地面铺有砖块、板石，应先从平面扫去，然后顺着砖纹、板缝纵向清扫。对于庭院或者屋子的四角而言，使用扫帚清扫时应首先从高处扫下，并将所有室内的灰尘、杂物聚集在一起，然后将纸屑与灰尘分开，纸屑放入纸篓中，灰尘则利用簸箕清除。清扫窗栏护栏等处时，一定要仔细地清除。在清扫的时候，为了使灰尘不飞扬，最好先用水喷洒地面，然后再用扫帚慢慢地清理干净。

3. 抹布

根据前面所述的清扫方法可知，扫帚主要用于较大的灰尘的清扫。对于细小的灰尘而言，常用抹布进行清除，清除方法包括有湿拭和干拭两种方法：

（1）湿拭：对于庭院中柱子、栏杆、窗格以及角落等地方，一般用湿布清扫为宜。擦拭的时候，先用器皿盛干净的水，然后将抹布浸湿拧干，并且边擦边洗，将抹布中的污垢在水中洗去。擦洗带有竖格或横格的木制物件时，宜先擦洗竖格然后再擦洗横格，并且顺着板缝清理。清理利用白木制成的器物时，抹布应保持洁净，并且也要注意保持双手的清洁，然后将干净的抹布在温水浸湿后拧干后进行擦拭。

（2）干拭：擦拭木檐、木框、木柱等物件时，宜先用干抹布沿着木缝仔细擦拭。抹布宜选择麻丝或棉丝质粗布。

4. 揩窗

窗户包括格子窗、百叶窗、明瓦窗、板窗、纸窗等。由于不同窗户的制造材料与工艺不尽相同，所以擦拭的方法宜根据制造材质方法等选择性使用。

（1）格子窗：格子窗通常由竖横交错的格条构成，并且涂有油漆，擦拭时宜先用干布擦拭，然后用树蜡、桐油等涂抹以增加其光泽度。当格窗上存在积污时，宜先用肥皂水或灰汁清洗，然后用温水湿布擦拭，由于窗格的内部容易积灰，因此擦洗时必须认真仔细。

（2）百叶窗：由于百叶窗可以随意地上下开启，擦拭时先将百叶打开由上而下依次用湿布横向擦拭，然后将百叶关闭，再次用干布擦拭。

（3）明瓦窗：明瓦窗是格子窗的一种，其内部通常镶嵌蛎壳，清理时宜用湿布擦拭蛎壳使其明亮透光。

（4）板窗：板窗通常是由杉板制作而成的，且不透光，常利用干布擦拭。如果板窗上存在较多的污渍，则应该用湿布擦拭。

（5）纸窗：对纸窗而言，利用湿布擦拭时容易将纸损坏，因此通常利用干布擦拭纸窗。

（6）玻璃窗：玻璃窗的窗格通常涂有黄漆或其他油漆，常利用棉布蘸冷水进行擦拭，或者用法兰绒蘸挥发油擦拭。如果玻璃窗上存在较多的污渍，可利用肥皂水或氨水擦拭。

或者将二氧化钙溶液涂于玻璃表面，待风干后擦去即可。此外，也可以使用酒精、挥发油或煤油，使用时用布蘸取以上溶液后擦拭，可以增加玻璃的明亮程度。擦拭玻璃窗的时候，一定要从里到外、从上到下擦拭干净。并且要注意擦拭顺序，一般先擦拭窗框的四周，然后再擦拭窗户的中央。

5. 洗板壁法

板壁是室内的屏障，通常由杉板、松板制作而成，容易粘附灰尘，如果不经常擦拭，特别容易积垢，难以除去。此时必须进行深度清洁，主要包括以下两种方法：

（1）肥皂洗法：先用温水或冷水涂抹于污垢处，待 10min 后，用抹布、刷帚或毛绒物反复擦拭，然后再以干布擦拭。由于肥皂洗法容易操作，因此居家生活中常使用该方法。清洗时应注意力度，不要伤害木质，各种肥皂均可使用，但是粉末肥皂更为便利。

（2）成灰汁洗法：擦洗前先喷清水以用来洗落灰汁，然后用浓度较低的硫酸或强酸溶液清洗，接着用清水清洗，并用湿布擦拭，最后用干布擦干。使用灰汁清洗时必须注意把握好时间，时间过长木质将变成黄色。此外，如果门窗以及烹饪所用的木板等物件沾有煤污的话，均可采用以上两法方法洗涤。

6. 煤油灯

煤油灯每天都需要擦拭，每周必须进行彻底地清洗，并且平常也应该注意煤油灯的卫生情况。具体擦拭过程如下所述：

（1）灯罩：将灯罩与灯笠（俗称白壳罩）一起放在盆中，下面垫上布，加入氨水和肥皂水仔细清洗后用清水漂洗，最后擦干。一定要注意清理干净。

（2）灯头：灯头清洗时，应先置于碱溶液或温水中，然后用干牙刷刷洗干净后擦干。如果还是不能彻底清洗干净，可以在盆中加入少量碱（或用干布包起来），将灯头放进去加热煮沸。

（3）油壶：油壶中如果剩余煤油不多，可以摇晃壶体，擦去油渣。煤油剩余很少时，也可以将油与渣一起擦去。如果觉得浪费，可以将煤油慢慢倒出后加水摇晃，洗掉残渣，再加水涮净，倒置壶体使水滴完全流出，晾干后再使用。

（4）灯芯：在大扫除时最好将灯芯剪去二三分使末端平整。在近火处，如果灯芯太硬会使煤油不容易附着，并且火光微弱，同时又会加快煤油蒸发，非常浪费，所以灯芯应当软硬适当。洋灯最好是选择金属制油壶，这样油壶与灯头之间接合紧密，灯头不易脱落，而且挪动时不易破碎。玻璃制油壶虽然在加油时可以控制油量，但玻璃与灯头之间接合往往不紧密，且容易破碎，要多加小心。

7. 擦拭地板的方法一

地板必须每天清扫，并且每隔 3～5d 用水擦一次，间隔最多不超过 7d。擦洗时可使用热水和肥皂，如果地板上有油污则可加入漂白土或石灰进行擦洗即可。如果有墨渍或其他颜色的污渍，可用氯化铵清洗。但与其他房间不同的是，如果卧室地板受潮，且湿气无法扩散，会导致人体生病，必须引起注意。所以卧室地板必须用干净的扫帚清扫，如果要用水清洗，必须等到天气晴朗空气干燥时，有利于除去室内的湿气，清洗后一定要打开窗户通风晾干。

8. 擦拭地板的方法二

粗制柠檬油浸泡过的普通拖把最适合用来擦拭地板，因为硬质木材经过柠檬油擦拭后会变得光洁如新，而且扫帚与地板不会磨损，省时省力。并且扫帚浸泡柠檬油后，最好等到半干后再使用。

9. 壁纸清洁法

用一块面包浸泡氨水后轻轻揩拭墙纸，即可除去表面污垢层。如果墙纸上污垢很少，可以不用浸泡氨水，直接用面包即可。

10. 擦拭地席

地席可以使人在房间里行走时感觉舒适，又可以减少噪声，防止地面湿气影响人体健康。但地席纤维间容易积累灰尘污垢，所以应当经常清扫。新地席可以用干布擦拭。如果上面有污垢，可以擦掉灰尘后喷上水，用毛刷或蒿帚顺着地席的纹理清扫，再用干布擦拭。如果污垢较多，可以用抹布蘸水擦拭。但如果常用湿布擦拭的话会使地席变色。如果污垢太多无法用湿布擦干净，可以用毛刷或蒿帚蘸醋液顺着地席的纹理擦拭，再用湿抹布擦拭，最后用干布擦拭，这样可以防止变色。但醋酸会腐蚀地席表面，最好不要轻易使用。

11. 擦拭桌布

由于饮食、作业、娱乐或工作的缘故，桌子上的桌布难免会被弄脏，这里简单介绍一下清洗桌布的方法。

（1）蜡油：如果蜡烛的蜡油溅落在桌布上，可以用汤匙或竹篦等刮掉后，盖上一层吸水纸，用熨斗或纸包热灰熨烫。

（2）油：如果菜油、麻油或香油等油类洒在桌布上，可以在上面撒一层米糠，盖上纸放置一会使油分被吸收掉，或者撒一层铅粉，盖上纸用熨斗熨烫。

（3）墨渍：对于墨渍而言，可以用鸟类的粪便浸湿后擦拭。

（4）墨水：桌布沾上墨水后，注意不要让墨水扩散，应迅速用吸水纸吸走，并加几滴新鲜牛奶，用布擦拭，最后用稀释后的氨水擦拭。手上沾有墨水时可以用牛奶清洗，如果洗不掉的话可以用番茄汁或硫磺溶液清洗，再用淘米水清洗。溅到桌布上的墨水也可以用热水洗涤，再用醋酸溶液洗涤。如果是红墨水，也可以用肥皂水洗涤。

（5）烟煤：可以在烟煤上撒一层粗盐，用毛刷等轻轻刷除，绝对不能蘸水或用布擦拭。落在桌布上的煤灰也可以用这种最安全的方法除去，或用蒲扇轻轻扇掉再用毛刷扫净，绝对不能用手，否则会使煤灰粘附得更牢。

12. 擦拭花席

花席的材料与普通的席子相同，唯一的不同是印有花纹。擦拭时应该用干布，绝对不可以用湿布。如果污渍很多，可以用毛刷或蒿帚蘸少量清水擦拭，再用干布擦拭，或者用法兰绒等蘸挥发性油擦拭，绝对不能用湿布擦拭，也不能用氨水或肥皂水等，否则会使花纹褪色。特别是蓝色花席切忌用氨水，否则会导致严重褪色。

13. 擦拭地毯

地毯有绒毯、线毯、棕毯等。绒毯用羊毛织成，线毯用棉或棉加毛织成，棕毯用棕榈丝织成。用于居室的地毯最好的是绒毯，线毯次之，棕毯再次之。

（1）绒毯：清洁绒毯时可以将报纸撕碎，用残茶浸泡后撒在地毯上，再清理干净即可。如果污渍太多，可以在绒毯上先涂抹硼砂溶液，然后滴加少许滴醋或醋酸，用棉布或毛刷逆向擦拭，再倒上清水用湿布擦拭，最后用干布擦干。或者用棉布蘸取肥皂水与阿摩尼亚水混合液涂抹。但是需要注意的是，如果织纹是蓝色的，则不能使用阿摩尼亚水。

（2）线毯：如果是棉毛织物，擦拭法与前者相同。如果是棉织物，直接采用肥皂水擦拭即可。

（3）棕毯：棕毯应该常常拿到室外去除泥沙。对于沾的泥沙较多的棕毯，则应该先在阳光中暴晒，然后用木棒击打。如果经过以上处理后棕毯仍不干净，则可以洒一些水，用麻布擦拭。

14. 拭墙壁

对墙壁而言，通常都进行了粉刷，并且粘贴上了壁纸、涂上油漆。因此，墙壁的清理工具一般为鸡毛掸，或者直接用扫帚清理，也有人用酒精清理墙上的污点。但是不能用抹布沾水直接擦拭，因为抹布擦拭会损害墙壁的光泽与色彩。白色墙壁上的污点最不容易清理，因此平常需要特别注意，即使清除掉白色污点，墙壁也难以恢复到原来的状态。

15. 清洁床榻

床榻是人睡眠的场所，因此必须保持清洁。除了每天的清扫之外，宜在每周或每月进行大清洁，用抹布擦拭床的四周与边缝处，并且进行通风或阳光照射，以使其处于干燥的状态。床板上宜涂洒一些石脑油，可以有效地杀虫。如果是木板床，应该特别注意防治白蚁与臭虫。白蚁常常依附于木制品上，而臭虫多居于木制品缝隙之间。如果发现木板上有白蚁或臭虫时，可在木板上涂抹一些煤油，然后点燃，此时仅煤油燃烧，而木板不会燃烧。燃烧产生的热量会将白蚁与臭虫杀死。为了预防白蚁与臭虫，木板宜用杉木等原材料，切记不可使用松木，并且在平时应该注意清洁与干燥。

16. 清洗厨房

厨房是烹饪食物的场所，因此最应当保持清洁。由于厨房内食物偏多，一旦整理不好，极易招致灰尘。并且如果疏于住宅清洁，则在厨房内表现最为明显。厨房清洁时应注意清理蜘蛛网，并且检查是否有老鼠洞，一旦发现应立即堵塞。厨房内的薪柴不必囤积过多，并且燃烧产生的煤渣与柴灰应该及时清除，不应堆积在室内，以防止污染其他物品。烟囱也应该经常进行疏通清理，以防止堵塞，否则烹饪产生的烟气会弥漫在室内。切割食物用的垫板等物件宜保证及时清洗，用抹布蘸水擦拭，如果有油渍，宜用肥皂水清洗。另外，厨房所用的器具，除了保证及时清洗外，还应该经常在室外进行暴晒，利用日光进行消毒。

17. 清洗浴池

浴盆、浴槽使用过之后，应及时将水放掉，并用抹布擦拭以除去油腻。如果浴盆出现开裂的情况，可以将其移出室外，用清水洗涤之后，在阳光下照射。除了入浴的时间之外，浴室的窗户宜保持经常开启，以便于空气流通。由于浴室常常集聚水蒸气，因此室内极易滋生细菌，对健康产生不利影响，所以浴室应该保持干燥的状态。

18. 洗扫厕所

每周至少打扫一次厕所，清洗时可使用拖把蘸取曹达水擦拭，然后用清水冲洗。如果采用稀硫酸或盐酸擦拭，宜喷洒漂白粉。而采用竹洗擦拭时，即使有宿垢也能清洗干净。如果厕所墙壁或地面有灰沙涂层，则不宜采用硫酸等酸性物质擦拭，可在表面喷洒石灰，并在灰上洒一下曹达液，然后用清水冲洗即可。

（1）厕所消毒：如果厕所不进行适当消毒，恐怕会引起病毒细菌的传播，这些细菌病毒往往是痢疾等疾病的病原体，因此不可不重视厕所的消毒。一般可以采用石灰粉、石炭酸进行厕所消毒。对石灰而言，一般采用生石灰，并添加适量水，洒在厕所内。而使用石炭酸时，需要对其进行稀释，并在夏季炎热时间段（此时细菌繁殖量较大）喷洒。药房一般将石炭酸制成溶液出售，俗称臭药水。克莱莎是制造石炭酸形成的副产品，其杀菌消毒效果比石炭酸更胜一筹。

（2）厕所防臭：对于厕所散发出来的臭气而言，如果不采取合适的防治方法，则会对生活产生一定的影响。特别是在夏季时，住宅中臭气气味会更加强烈，往往无法忍受。室内防臭方法通常是采用防臭剂。使用木炭伴灰也能达到防治效果，并且为了更好地遮蔽臭气，可在室内点燃檀香。然而此时室内并非没有恶臭，只是檀香香气遮蔽了臭气。

19. 沟渠消毒

沟渠常常是各种垃圾的聚集地，如果不采取合适的消毒方法，则相当危险。并且污垢长时间集聚，会滋生细菌，并成为传染源。因此，对沟渠的消毒应引起重视，消毒的方法宜采用石灰或石灰乳，并且采用石灰消毒还有防臭的功效。如果沟渠与厨房距离较近，则沟渠内常常会有食物残渣，特别容易引起恶臭。除了采用洒石灰的方法外，使用锰酸钾的稀释液也能达到消毒除臭的效果。

20. 清洗垃圾桶

垃圾务必及时清扫，并喷洒煤油以消毒，然后将垃圾置于空室的一角，以减少对室内环境的影响，不过最好将垃圾放入固定的垃圾桶中。由于垃圾之中存在腐败的物质，因此长时间置于室内往往会产生恶臭，尤其在夏天的时候更是如此。因此，可喷洒一定量的煤油用来消毒，但是由于煤油有毒，最好使用锰酸钾的稀释溶液，其除臭效果更佳。

10.2　中华建筑文化与室内家居环境

10.2.1　住宅室内空间布局应注意事项

中华建筑文化在强调室外环境的前提下，也极为关注住宅内部空间的布局。

1. 应避免房大人少

中华建筑文化认为，住宅的面积大小要适宜，应该和居住人数的多少成正比。

人多而面积小，不利于空气交换，室内空气浑浊，容易互相干扰而使得每个人心烦气躁，产生不良的拥挤感。

住宅的面积大，人员稀少，就会显得空空荡荡，冷冷清清，致使孤独寂寞感侵袭心灵。时下家庭人口一般较少，而一些开发商为了商业利益，大肆鼓吹大面积住宅、超大面积住宅，这应该引起大家的警觉。

（1）科学研究表明，为了保证室内空气新鲜清洁，应只安放必要的家具，留出足够的活动和休息空间，避免过于拥挤和减少疾病的传染，每个人应占有一定的居室面积。

居室面积为整套住宅面积的 60%～70%，就是大小是由人的标准气积等因素决定的。如果按人静态呼吸需要 $10m^3$ 空气计算，一个人每天从体内排出 $0.35～0.42m^3$ 的 CO_2。在劳动和运动时，呼吸量加大，呼出的 CO_2 也相应增加。一个成人在从事日常的家务活动时，每小时呼出的 CO_2 约为 $0.018\sim0.022m^3$，这些二氧化碳弥散在居室中。根据卫生标准，其浓度不得超过进入室内空气量的 1%，加上大气本身 CO_2 的含量约为 0.04%。一个人的标准气积约为 $33m^3$。扣除家具外，一般规定成人的标准气积为每小时 $30m^3$，儿童减半。

根据人的标准气量要求，人均居室容积为 $20\sim25m^2$（若都是成人则 $25\sim30m^2$ 为宜），从卫生学和建筑学等因素考虑，人均面积以 $9m^2$ 为宜（其中卧室占 $6m^2$，日间活动室占 $3m^2$）。因此，住宅建筑设计规范规定，卧室面积不宜小于 $12m^2$（每套住宅大室约为 $17m^2$，中室不宜小于 $6m^2$）。

（2）试验表明，住宅最主要的劳动就是清洁打扫，打扫后就会疲倦，疲倦的恢复需要花费一段时间。根据试验结果，以 $60\sim100m^2$ 为主妇清洁的适度面积，超过 $100m^2$ 就会使主妇疲劳过度，而易患疾病。

（3）面积过大的住宅会留有空房，在很少有人走动的空房，便会日光不足，通风不良，缺乏"人气"。因此，潮湿昏暗，布满灰尘，导致加快细菌繁殖。这种久无人居的房间，特别是一些采用现代材料装饰的房间，由于有很多有害有毒气体，难于散发，对家居的污染更为严重，造成人体健康的伤害。

（4）心理上，过于空旷的房间会使人的心理失去安定感，在当前多、高层建筑普遍层高不高的情况下，更易产生压抑感。

《黄帝内经》在总论中指出，"宅有五虚，宅大人少为一虚。"因此，住宅面积一定要适度，特别是现在的城市住宅和小城镇的多层住宅，由于受层高的限值，如果起居厅（或带有餐厅）面积太大，顶棚较低，则更容易造成压抑感。一些住宅为了追求大进深，带有餐厅的起居厅，往往形成深高比和深宽比过大而造成回音，还会给人造成错觉。

住宅健康标准主要有面积标准和功能标准两方面，面积是服务于功能的，各国都在努力争取在适当的面积下，追求更好的住宅功能。近年来发达国家的新建住宅面积并没有明显扩大的趋势，美国的民间住宅历来较大，但目前基本保持在 $180m^2$ 左右；瑞典、德国等经济发达国家新建住宅面积在 20 世纪 70 年代末、80 年代初都出现上扬，以后逐渐有所回落，一般不超过 $100m^2$；一些经济实力有限、住宅短缺问题较为突出的国家，新建住宅面积较小，现在逐年有所提升，但大多不超过 $90m^2$，如波兰、罗马尼亚、俄罗斯等一般都 $70\sim90m^2$。相比之下，我国的住宅面积越来越大，$150\sim200m^2$ 的户型占有很大的份额，这是一种对消费者的严重误导，似乎觉得大面积，超豪华的住宅才有气魄，才好用。从上面的分析可以看出，人在尺度过大的住宅里感到渺小，并不舒服。根据多方面要求的科学综合分析，对于我国大量的 3 口之家来说，住宅有 $70\sim90m^2$ 就可以满足日常生活的基本要求。

2. 应避免布局不当

住宅布局按私密性可分为私密性空间（卧室、书房、卫生间）和非私密性空间（厨房为服务空间、餐厅、起居厅、起居厅为公共空间）两种；按人的功能动态可分为休憩环境（卧室等）。休憩环境为"静"的环境，交际环境为"动"的环境，学习工作环境为半静半动的环境。住宅内部应通过合理组织，实现动静分离、公私分离、洁污分离、食局分离、居寝分离，避免互相干扰。

住宅布局的合理组织须注意如下五条原则：

（1）住宅中心不得设卫生间、厨房，以避免对全宅的污染。

（2）起居厅、主要卧室等房间应尽可能布置在北面户外西面。如有楼上楼下，应把起居厅和卧室布置在楼上，而起居厅、餐厅、厨房布置在楼下卫生间应分层设置。这里应特别强度的是，起居厅是家庭日常生活作为活跃和白天使用效率最多的空间，它的位置应尽可能布置在南面，便于日常活动能够接受阳光照射。

（3）住宅的走道要短，并应避免走到把住宅隔为两段。如果从大门到房屋尽头是一条直通的走道，空气从大门，能新鲜空气进未在房子里婉转流畅，笼罩整个室内，而是直冲形成回旋，僵硬的风速，于身体健康不利。

（4）房间炉灶是室内住宅的主要空气污染源，厨房门窗不应该与卧室门窗相对而开，减少对卧室的空气污染。

（5）当住宅面积较大时，有许多房间可供选择，当然很好。但如果一家共居斗室，也可小中求大，发挥人的主观能动性，采取围、隔、挡、复合及活动家居的组合变化，来灵活区划空间，做到无不干扰，一室多用。

3. 应避免净高低矮

居室的净高是指住宅室内地板面层到顶棚之间的垂直净高度，即住宅的层高去掉结构层和地板面层厚度后的高度，净高应在满足人的生理和心理需求的条件下，做到经济合理。

从人的生理要求来看，在门窗关闭的室内，由于人的休息和自身活动，会形成一个空气污染层（内含 CO_2、氨、挥发性脂肪酸、水汽、微生物、粉尘以及家具油漆层释放的有机物质等，抽烟者还有烟气污染）。净高为 3.5m 时，空气污染层处于人的呼吸带以上；净高 3.15m 时，空气污染层将接近热的呼吸带；净高 2.8m 时，空气污染层则与人的呼吸带重叠。在可以开窗的季节，经常打开门窗，由于通风的缘故，室内便不会出现空气污染层。

从人的心理要求来看，在一般的住宅中，一般房间的净高 6m，会使人感到空旷而显得过高；净高在 2.5m 以下，又会使人感到压抑和沉闷而显得过低；净高 3m 左右，而使人感到亲切，平易、适宜而显得净高适中。

目前，我国大部分地区采用 2.6～2.8m 的净高。这样的净高在人的生理卫生上式容许的，人的空间感觉也是良好的，投资也是适当的（建筑高度每降低 10cm 可扩大建筑面积 1～2m²）。居室净高，在炎热地区可适当高些，而在寒冷地区可适当低些。

有实验表明，在不同净高的居室中，CO_2 的浓度也不同，净高 2.4m 的居室，在任何高度上，空气中的 CO_2 都大于 0.1%，不符合室内空气中 CO_2 浓度的卫生标准；净高 2.8m 的居室，在任何高度上，空气中的二氧化碳都小于 0.1%，符合卫生标准。因此，在《住宅设计规范》中规定室内净高不得低于 2.4m。在《健康住宅建设技术要点（2004年版》中提出居室净高不应低于 2.5m。

4. 应避免室深失衡

室深是指开设窗户的外墙内表面至对面墙内表面之间的距离。这跟通常所说的"进深"概念是有区别的，进深是指房屋短方向的墙外表面至相对应的外墙外表面之间的距离。室深不仅对房屋的采光和通风影响很大，而且其形状对房间的布置、房间的声学以及心理上的感受也均有影响。

室深与室高、室宽之间都有一个合适的比例要求。

室深与室高的比例，在单侧开窗的情况下，不宜大于 2：1。

室深与室高的比例过小，房间显得压抑，比例过大，则窗的对面墙上光线不足，通风换气不良。在双侧开窗的情况下，以不大于 4：1 为宜。

室深与室宽的比例，一般以 2：3 或 3：4 为宜。不宜大于 2：1，以免家具难以布置、摆设，且易出现回声现象。

5. 应避免地板高差

同套住宅的地板高低不平，是极为危险的，也是居住者的一大忌，其理由是：

（1）容易造成意外的危险。在住宅中地面高低不等，不仅造成老人、幼儿和行动不便者行走很不方便，而且它常是发生事故的祸首。调查研究表明，人在平整的同一层地板上行动最为安全，住宅中很多事故发生的地点是在楼梯。而地板高差变化，使家人的活动极不方便，当然容易引起跌倒而造成危险。

（2）室内地板高低，始于古代宫殿中的做法，以现代科学的观点来看：

1）地板高低不平的有效面积比地板等高的有效面积小，影响家具布置，给家人活动带来不便。

2）地板高低不平，会使人在心理上产生住宅狭小的错觉，地板平整均匀一致，会让人有空间宽阔的感觉。

一些宾馆饭店故意把地板设计成多个高度的平台，只是为了让人感觉其内部的堂皇和富于变化，吸引旅客的欣赏和兴趣。住宅应以安全为主，切切不可为了猎奇和标新立异，而在住宅中随便加以运用。

对于错层住宅、跃层住宅及楼中楼、复式住宅等多、高住宅和低层独门独户住宅家中的楼梯，就应该特别注意应尽可能避免太陡，并有安全的扶手栏杆。

同时，应把老人卧室和主要活动场所安排在同一层，并布置在楼房的下面一层。

6. 应避免门窗不畅

门窗在住宅中的功能是：

日照采光：通风换气；门是住宅的出入通道，通过门窗可眺望住宅的室外风光，这对于居住者的生理和心理均有着重大的作用。

门。特别是大门（入户门）是住宅内外空间分隔的标志，是进入室内的第一关口，中华建筑文化特别重视大门，一般民居的大门都面向南方，而四周筑围墙抵挡寒风，营造冬暖夏凉的家居环境。

（1）开门方位

传统民居多坐北向南，大门以开在东南为最佳，开在南向或东向也很好。住宅大门的最佳方位跟传统聚落水口的位置多在东南方、东方或南方相同，这说明两者之间具有一种同构的关系。

现代的多、高层住宅，大门的功能主要是作为出入通道的入户门，在这种住宅中，就必须特别重视设在起居厅或起居厅和阳台之间的门。

（2）门应尽量不相对

传统的居民，如果两户的大门相对，往往会产生互相之间的污染干扰。因此，应采用偏转或设置照壁加以回避。现代的多、高层住宅设计，两家的入户门相对是一种最为常用的布局形式。但如上述，由于这种入户门的功能已转变为仅是出入通道口，而且都随手关门，因此，彼此的干扰影响不大。

（3）巷道不应直冲大门

应避免出现巷道直冲大门，这是因为：巷道里的空气污染物和噪声等干扰容易冲进室内。

（4）门顶的高度应低于窗顶的高度。

7. 应避免寒风入侵

住宅北面开窗主要在于采光和通风，比起其他方位能够接收阳光照射的窗户来说，其功能属于消极性的。如果开窗面积过大，会加快房子热气的流失，导致室内显得阴冷。寒冷，对人体极为不利，尤其是对妇女的影响更甚。现存最古老的中医经典著作《黄帝内经》中说："风为百病之始。"南宋医学家齐仲甫在《女科百问》中指出："妇女多因风冷而生诸疾。"另一位宋代医学家陈自明在《妇人大全良方》中也指出，妇人常因风冷而不孕："乘风取冷，……致令风冷之气乘其经血，结于子脏（按：子宫），子脏得冷，故令无子也。"清代医书《女科秘旨》认为风冷能导致漏胎："胎漏有母因宿疾，子脏为风冷所乘，血气失度，使胎不安，而下血者也。"同时还指出，孕妇生产时"不可使阴户进风"，产后"须紧防产门入风"等。因此，当窗户朝北时，一是千万不能开得过大；二是应采用保温性能较强的材料和玻璃，以防散热过快和结露；三是窗户的构造一定要有可靠的密闭性。

对朝北窗户的上述三个要求还应根据南、北差异采取不同的措施，如在寒冷的北方，为了提高其保温性能，最好采用双层窗和中空玻璃，并加上厚重的窗帘。

8. 应避免走廊直通

走廊，是住宅内部的通道，属于住宅的活动空间中，凡是人的活动动线必须经过的地方，都是活动空间。

（1）走廊的长度一般应控制在整个住宅长度的 2/3 以内，且应尽量缩短。走廊切勿一通到底，把整套住宅分隔成两半。

（2）走廊尽头不要正对卫生间，以防卫生间的湿气直冲走廊而污染全宅。

（3）走廊的方位和走向。东走廊、东南走廊、南走廊、西南走廊，采光通风比较理想，其他则较差。

（4）走廊的宽度一般应控制在 90cm 左右，最宽不宜超过 1.3m。

9. 应避免装饰浮华

家是安居之所，应以高雅为佳。切忌为了新潮、跟风、赶时髦，将全部或部分装饰得犹如酒吧、卡拉 OK 厅般的风格，这样浮华的装饰将会对孩子的教育和温馨家居环境的营造造成不良的影响。

家居装饰宜采用木质建材。一般住宅的室内装饰最好多采用天然的木材和木制品，以给人亲切感，有利于健康。

10.2.2 住宅各功能空间的布局原则

（1）满足用户的功能要求，尽量做到功能齐全、富于变化，并为今后发展变化创造条件。

（2）结合气候特点、民情风俗、用户生活习惯，合理布置各功能空间。

（3）平面形状力求简洁、整齐，力求展现规模小巧、尺度精确。

（4）尽可能减少交通辅助面积，室内空间应"化零为整"、变无用为有用。

（5）重视节能和绿色装修。

10.2.3　住宅各功能空间的特点

1. 厅堂和起居室是家庭对外和家庭成员的活动中心

底层住宅中的厅堂不论以哪一个角度的标准衡量，总是一个家庭的首要功能空间。它不仅有着城市住宅中的起居厅功能，更重要的还在于底层住宅中的厅堂是家庭举行婚丧喜庆的重要场所，它负责联系内外，沟通宾主的任务，往往是集门厅、祖厅、会客、娱乐（有时候还兼餐厅、起居厅）的室内公共活动综合空间。根据当前底层住宅厅堂的特殊功能，要求占据着住宅底层南向的主要位置。在布局中应充分尊重当地的民情风俗，注意民间禁忌。同时，考虑到今后发展作为起居厅的可能性，厅堂前应设置门厅或门廊，也可以是有着足够深度的挑檐。

2. 卧室是住宅内部最重要的功能空间

在生存型居住标准中，卧室几乎是住宅的代表，在过去的住宅中它还是户型和分类的重要依据。原始人类挖土筑穴，构木为巢，为的是建筑一个栖身之室，他们平常的活动都在室外，只有睡觉时才进入室内。随着经济的发展和社会的进步，住宅从生存型逐步向文明型发展。在这个过程中，伴随着卧室的不断纯化和质量的提高，卫生、炊事、用餐、起居等功能逐渐地分出去，住宅开始朝着大厅小卧室的方向发展。但是卧室也不能任意缩小，卧室的面积大小和平面位置应根据一般卧室（子女用）、主卧室（夫妇用）、老年人卧室等不同的要求分别设置。

卧室的面积应适中。北京故宫的"养心斋"是清代雍正皇帝的书房和书房后面的卧室，卧室面积也不过 $10m^2$ 而已，而床还用幔帐分隔起来，留心观察，便可发现，皇帝的卧室以及床的大小并无特殊之处。

3. 餐厅是住宅中的就餐空间

餐厅在现代人的生活中扮演着一个非常重要的角色，不仅供全家人日常共同进餐，更是对外宴请亲朋好友，增进感情与休闲享受的场所，尤其在比较特殊的日子，如逢年过节、生日和宴客等，更显现出它的重要性，因此，餐厅应有良好的直接通风和采光，且有良好的视野。

4. 厨房、卫生间是住宅的心脏，是居住文明的重要体现

厨房、卫生间的配置水平是一个国家建筑水平的标志之一。厨房、卫生间是住宅的能源中心和污染源。住宅中产生的余热余湿和有害气体主要来源于厨房和卫生间。有资料表明：一个四口之家的厨房、卫生间的产湿量为 $7.1kg/d$，占住宅产湿总量的 70%。每天燃烧所产生的为二氧化碳 $2.4m^3$，住宅内的 CO_2 和 CO 均来源于厨房和卫生间。因此，厨房、卫生间的设计是居住文明的重要组成部分，应以实现舒适的居住水平为设计目标。

（1）厨房

厨房的设计必须引起足够的重视。随着人们居住观念的不断更新，现在人们对厨房的理解和要求也就更多了。但其最为重要的还是实用性，厨房的设计应努力做到卫生与方便的统一。

（2）卫生间

卫生间是住宅中不可缺少的内容之一，随着人们生活水平的改善和提高，卫生间的面积和设施标准也在提高。习惯上人们将只设便器的空间称为厕所，而将设有便器、洗脸盆、浴盆或淋浴喷头等多件卫生设备的空间称为卫生间。在现代住宅中卫生间的数量也在增加，如在较大面积的住宅中，常设两个或两个以上的卫生间，一般是将厕所和卫生间分离，方便使用。

住宅的卫生间与现代家居生活有着极其密切的关系，在日常生活中所扮演的角色已越来越重要，甚至已成为现代家居文明的重要标志。卫生间除了必须注意使用和安全问题外，还应该顾全生理与精神上的享受条件。随着现代家居卫生间的不断扩大，卫生间的通风和采光要求都比较高，卫生间内从设备陈设、布置到光线的运用以及视听设备的配套和完善，处处都体现着现代家居的个性化、功能性、安全性和舒适性。在发达国家和地区集便溺、涤尘、健身要求于一体的卫生间已成为一个新的时尚。

5. 门厅和过道是住宅室内不可缺少的交通工具

交通空间包括门斗、门厅、门廊、过厅、过道。在多、高层住宅和北方的底层居住中，门厅是住宅内不可缺少的室内外过渡空间和交通空间，也是联系住宅各主要功能空间的枢纽（南方的底层住宅即往往改为门廊）。日本称门厅为"玄关"，在我国某些人也把门厅称为"玄关"以示时髦，其实"玄关"原意是指佛教的入道之门，把门厅生硬地称为"玄关"是不可取的，也完全无此必要。门厅的布置，可以使对私密性要求较高的住宅避免家门一开便一览无余的缺陷。门厅有着对客人迎来送往的功能，更是家人出入更衣、换鞋、存放雨具和临时搁置提包的所在。

过道是住宅内部的交通空间。过道宽度要求满足行走和家居搬运的要求即可，过宽则影响住宅面积的有效使用率。一般地讲，通向卧室、起居室的过道宽不宜小于1.0m，通往辅助用房间的过道净宽不应小于0.9m，过道拐弯处的尺寸应便于家具的搬运。在一般的住宅设计中其宽度不应小于1.0m。

6. 低层住宅最好应有两个出入口

一般来说，低层住宅最好应有两个出入口。一个是家居及宾客使用的主要出入口；另一个是工作出入口。主要出入口是以链接住宅中各功能空间为主要目的的，它一般应位于厅堂前面的中间位置，以便于各功能空间的联系，缩短进出的距离，并可避免形成长条的阴暗走廊。主要出入口前应有门廊（也可是雨棚）或门厅。门廊（或门厅）是住宅从主要出入口到厅堂的一个缓冲地带，为住宅提供一个室内外的过渡空间，这里不仅是家居生活的序曲，也是宾客造访的开始。在低层住宅中厅堂兼有门厅的功能，因此，门廊（也可是雨棚）的设置也就显得特别重要。它不仅是室内外的过渡空间，而且对主要出入口的正大门起着挡风遮雨的作用。大门口的地面上应设有可挂出鞋底尘土及污染物的铁格鞋垫，以保室内清洁。

"门"是中国居民最讲究的一种形态构成。"门第"、"门阀"、"门当户对"，世俗观念往往把功能的门世俗化了，家庭户户刻意装饰。正大门，是民居的主要出入口，也是民居装饰最为显目的主要部位。在福建各地的民居中，大门口处都是设计师与工匠们才智与技艺充分发挥的重要部位。因此，在闽南古民居的大门口处，几乎都装饰着各种精湛华丽的木雕、石刻、砖雕泥塑以及书刻楹联、匾额，并为喜庆粘贴春联、张灯结彩创造条件。直到近代的西洋式民居和现代民居也仍然极为重视大门入口处的装饰。民居随着经济的发展而演变，但大门处仍然沿袭着宽敞的深廊、厅廊紧接的布局手法。

为了适应现代生活的需要，可在主要出入口正大门的附近布置一个带有门厅的侧门，作为日常生活的出入口，在那里可以布置鞋柜和挂衣柜，为人们提供更换衣、鞋、放置雨具和御寒衣帽的空间，还可以阻挡室外的噪声、视线和灰尘，有助于提高住宅的私密性和改善户内的卫生条件。

工作出入口的主要功能是便于家庭成员日常生活和密切邻里关系，它通常布置在紧贴厨房附近。在它的附近也应设置鞋柜和挂衣柜，并应与卫生间有较方便的关系。在工作出入口的外面也应布置为生活服务的门廊或雨棚。

对于多、高层住宅来说，除了设入户门外，也应设有通往未加封闭的阳台或露台的安全门，以确保在火灾时用作疏散的通道。

7. 楼梯是低层和跃层住宅楼层上下的垂直交通设施

楼梯的布置常因用户的习惯和爱好不同而有很大的变化，低层和跃层住宅的楼梯间应相对独立，避免家人上下楼穿越厅堂和起居厅，以保证厅堂和起居室使用的安宁。但也有特意把楼梯暴露在厅堂、起居厅或餐厅中的，它既可以扩大厅堂、起居厅或餐厅的视觉空间，又可形成一个景点，使得更富家居生活气息，别有一番情趣。

楼梯的位置固然应考虑楼层上下及出入交通的方便，但也必须注意避免占用好的朝向，以保障主要功能空间（如厅堂、起居厅、主卧室等）有良好的朝向，这在小面宽、大进深的村镇住宅设计中更应引起重视。

8. 应为住户提供较多的私有室外活动空间

室外活动空间包括庭院、阳台、露台及外廊等，是低层和多、高层住宅不可或缺的室外活动空间。在住宅的设计中，应根据不同的使用要求以及地理位置、气候条件，在厅堂前布置庭院，并选择适宜的朝向和位置布置阳台、露台和外廊，为住户提供较多的私有室外活动空间，使得家居环境的室内与室外的公共活动空间以及大自然更好地融合在一起，既满足小城镇住宅的功能需要，又可为立面造型的塑造创造条件，便于形成独具特色的建筑风貌。

不论是庭院、阳台、露台和外廊（门廊）都是为住户提供夏日乘凉、休闲聚谈、凭眺美景、呼吸新鲜空气以及晾晒衣被、谷物的室外私有活动空间。

9. 扩大贮藏面积，必须安排停车库位

扩大贮藏面积对于现代住宅来说是极其必要的。它除了保证卧室、厨房必备的贮藏空间外，还必须根据各功能空间的不同使用要求和住宅的使用特点，增加相应的贮藏空间。为适应经济发展的特点，低层住宅必须设置停车库。对于小城镇的庭院住宅，停车库近期可以用作农具、谷物等的贮藏或者为农村家庭手工业的工场等，也可以存放农用车，为日后小汽车进入家庭做好准备，这既具有现实意义，又可适应可持续发展的需要，所以在低层庭院住宅中设置车库不是一个可有可无的问题。

对于多、高层住宅也应设置集中的公共停车位。

10. 其他用房

为了适应可持续发展的需要，小城镇住宅和面积较大的多层住宅，还将出现活动室、书房、儿童房、客房甚至琴房等功能空间。活动室可按起居厅的要求布置，而其他功能空间可暂时按一般卧室布置，在进行室内装修时按需要进行安排。

10.2.4 住宅内部空间的组合设计

住宅内空间组合就是把户内不同功能空间，通过综合考虑有机地连接在一起，从而满足不同的功能要求。住宅内空间的大小、多少以及组合方式与家庭的人口构成、生活习惯、经济条件、气候条件等紧密相关，户内的空间组合应考虑多方面的因素。

1. 功能分析

户内的基本功能需求包括：会客、娱乐、就餐、炊事、睡眠、学习、盥洗、便溺、储藏等，不同的功能空间应有特定的位置和相应的大小，设计时必须把各空间有机的联系在一起，满足家庭生活的基本需要。

2. 功能分区

功能分区就是将户内各空间按照使用对象、使用性质、使用时间等进行划分，然后按照一定的组合方式进行组合，把使用性质、使用要求相近的空间组合在仪器，如厨房和卫生间都是用水房间，将其组合在一起可节约管道，利于防水设计等。在设计中主要注意以下几点：

内外分区：按照住宅使用的私密性要求，将各空间划分为"内"、"外"两个层次，对于私密性要求较高的，如卧室应考虑在空间序列的底端，而对于私密性要求不高的，如起居室等安排在出入口附近。

动静分区：从使用性质上看，厅堂、起居厅、餐厅、厨房是住宅中的动区，使用时间主要为白天，而卧室是静区，使用时间主要是晚上，设计时就应将动区和静区相对集中，统一安排。

洁污（干湿）分区：就是将用水房间（如厨房、卫生间）和其他房间分开考虑，厨房卫生间产生油烟、垃圾和有害气体，相对来说较脏，设计中常把它们组合在一起，也有利于管网集中，节省造价。

3. 合理分室

合理分室包括两个方面：一个是生理分室。一个是功能分室，合理分室的目的就是保证不同使用对象有适当的使用空间；生理分室就是将不同性别、年龄、辈分的家庭成员安排在不同的房间。功能分室是按照不同的实用功能要求，将起居、用餐与睡眠分离；工作、学习分离；满足不同功能空间的要求。

4. 住宅内空间组合的设计要求

（1）必须有齐全的功能空间

随着物质和文化生活水平的不断提高，人们对居住环境的要求也越来越高。住宅的生理分室和功能分室将更加明细合理，人与人、室与室之间相互干扰的现象将逐步减少。每套住宅都应该保证功能空间齐全，才能保证各功能空间的专用性，确保不同程度的私密性要求。

根据住宅的功能特点，考虑到居住生活的使用要求，住宅应能满足其遮风挡雨、生产活动、喜庆社交、膳食烹饪、睡眠静养、卫生洗涤、储藏停车、休闲解乏和客宿休憩等功能。对于一些有特殊要求的小城镇住宅还应满足生产活动的需要，为了满足这些要求，低层庭院住宅要做到功能齐全，一般应设置：厅堂、起居厅、餐厅、厨房、卧室（包括主卧室、老年人卧室及若干间一般卧室）、卫生间（每层设置公共卫生间、主卧室应有标准较高的专用卫生间）、活动室、门廊或门厅、阳台及露台、储藏（车库）等功能空间。在使用中还可以根据需要，通过室内装修把部分一般卧室改为儿童室、工作学习室、客房等。而多、高层住宅应有门厅、起居厅、餐厅、厨房、卧室、卫生间、储藏间、阳台等。

（2）功能空间要有适度的建筑面积和舒适合理的尺度

住宅的建筑面积应和家庭人口的构成、生活方式的变化以及居住水平的提高相适应。人多，社交活动频繁，在家工作活动较多，而居住面积太小，就会有拥挤的感觉，相互干扰严重，使得每个人心烦气躁；而人少，各种家居活动也少，面积太大就会显得冷冷清清，孤独寂寞感就会侵袭心头，房屋剩余空间太多，很少有人走动，阳光不足，湿度大，通风不良。

各功能房间的规模、格局、合宜尺度的体形，则应根据各功能空间人的活动行为轨迹以及立面造型的要求来确定。厅堂是接待宾客、举办家庭对外活动中心的共同空间，是住宅最重要的功能空间，因此，它所需的面积也是最大的；起居厅是家庭成员内部活动共享天伦的共同空间，也应该有较大的空间；如果没有足够大的起居厅，就难以做到居寝分离，更谈不上公私分离和动静分离。卫生间在现代家居的日常生活中所扮演的角色越来越重要，已经成为时尚家居的新亮点，体现现代家居的个性、功能性和舒适性，卫生间的面积也需要扩大。为了使得厨房能够适应向清洁卫生、操作方便的方向发展，厨房必须有足够大的平面以保证设备设施的布置和交通动线的安排。而卧室由于功能逐渐趋向于单一化，则可适当的缩小。这也是现在所流行的"三大一小"。

（3）平面设计的多功能性和空间的灵活性

住宅内部使用空间的分配原则，是以居民生活及工作行为等实用功能的需要来考虑的，这些需要随着居住人口和居住形态的变化、生活水平的提高以及家用电器的设置等随时都可能要求发生变化。这在住宅的设计中应引起重视。为了适应这种变化，住宅的使用空间也需要重新调整，必须考虑如何适应空间灵活性的使用问题，以适应变化的需要。卧室之间、主卧室与专用卫生间之间、厨房与餐厅之间以及厅堂、起居厅、活动室与楼梯之间的隔墙都应该做成非承重的轻质隔墙。这样才能在不影响主体结构的情况下，为空间的灵活性创造条件，以适应平面设计多功能性需要。

（4）精心安排各功能空间的位置关系和交通动线

随着住宅从生存型向舒适型发展，住宅一般都较为宽敞，面积较大的住宅，如果未能安排好其与居住质量密切相关的"动线设计"则易导致工作时间延长。因此，住宅居住质量不能仅以面积大小为依据，而更应重视各功能空间的位置关系、交通动线等精心安排。

在布置齐全的功能房间、提高功能空间专用程度的基础上，通过精心安排各功能空间的位置关系和交通动线，就能够实现动静分离、公私分离、洁污分离、食居分离、居寝分离等，充分体现出城镇住宅的适居性、舒适性和安全性。

10.2.5 住宅的门窗设置

古今中外对门窗的设置都十分讲究，西方人注重单幢的建筑和门窗，我国注重建筑和景观。南齐谢朓有诗云："窗中列远岫，庭际俯乔林。"唐代白居易有："东窗对华山，三峰碧参落"。凭借门窗观赏自然风光，可以陶冶情操，颐养身心。

从我国所处地理环境的特点来看，主导风向一个是偏北风，一个是偏南风。偏南风是夏季风，温暖湿润，有和风拂煦，温和滋润之感；偏北风是冬季风，寒冷干燥，且风力大，有凛冽刺骨伤筋之感，避开寒冷的偏北风就成为中国人普遍重视的问题。因此，传统民居对门窗的开启方式都十分考究，尤其是窗户的开启方式，可以借助平开的窗扇来调节引进夏季的偏南季风，这对于改善不同朝向房间的通风起着十分重要的作用。现今的住宅，片面追求低造价和设计简单化，经常出现不论东、西、南、北的房间，即千篇一律地采用推拉窗，更严重的是，上部亮子密闭，使得整堂窗户仅剩 1/3 的通风面积，导致室内通风效果不良。

住宅的门窗是保障安居的重要组成部分，做好门窗的安全防护已经成为现代家居急待解决的问题，必须作为现代家居设计的重点问题开展研究，在确保安全和方便使用的同时，又要确保住宅的立面造型效果和给人不良的心理感受。

1. 住宅的门

门是中国传统民居中极其重要的组成部分，尤其是大门。传统民居的大门多是朝南、东南、东开，总是面向秀峰曲水。

现代家居中多、高层住宅的入户门与传统民居的大门在功能上已有所变化，绝大部分几乎仅起到联系宅内外的通行作用。而厅（起居厅）通往朝南、东南、东向阳台的门（或窗）又起着传统民居大门的作用，这在现代家居中应引起重视。在家居环境文化中，门主要分为外门和内门，至于门洞的大小，材料和构造的选择等即应根据不同的要求进行选择和布置。

门是联系和分隔房间的重要部分，其宽度应满足人的通行和家具搬运的需要。在住宅中，卧室、厅堂、起居厅内的家居体积较大，门也应比较宽大；而卫生间、厨房、阳台内的家具尺寸较小，门的宽度也就可以较窄。一般是入户门最大，厨、卫门较小。

2. 住宅的窗

人们喜欢把住宅也赋予生命，由于窗户是住户赏景的主要位置，所以人们常常把窗户比喻为住宅的眼睛，为此要保持干净、完整，要经常开闭，要倍加爱护。窗户应置于能获得新鲜空气和便于欣赏美景的方位，并要使居住者免受光和热的直接辐射。

对于住宅来说，窗户有着日照采光、通风和眺望美景的三大功能，这就要求窗户应尽量开大一些。但其大小应根据功能和朝向加以考虑。

窗户位置与大小的确定，要依方向来考虑。南面、东面可开大窗，以能多接受一些阳光和夏季的凉风；而西向、西北向、北向则开小窗，以减少太阳西晒与冬季西北寒风的侵袭。

（1）窗的大小

窗的大小，一般标准是：窗户的面积约为居室地面的 1/7～1/8。

开窗的大小与居室的进深有关：单面开窗采光的居室，进深不应大于窗顶高的 2 倍；两面开窗采光的居室，进深也不应大于窗顶高的 4 倍。一般规定是 15m² 以下的房间开两扇窗，15m² 以上的房间开三扇窗。窗的具体大小主要取决于房间的使用性质，一般是卧室、厅堂、起居厅采光要求较高，窗面积就应大些，而门厅等房间采光要求较低，窗面积就可小些。

（2）窗户的高度

1）窗要尽量开高一些。开窗高，能使室内光线均匀，而开窗低，则会使光线集中在近窗处而远窗处较差，不利于光线扩散。

2）窗顶的高度要比门顶高。

（3）窗户朝向

1）窗户朝东。每当早上起床，看到从东面冉冉升起的太阳，充满生命的活力，就会感受到一种欣欣向荣的气息。

2）窗户朝南。朝南的窗户，夏天有凉风吹拂，冬天有阳光，对营造温馨的家居环境十分有利。但由于白天的阳光强力，容易导致人的身心躁动不安。所以应设计具有一定深度的水平遮阳板，避免夏季太阳直射时间过长。

3）窗户朝北。窗户朝北，寒冷的西北风就会大量地吹进住宅。因此，住宅朝北的窗户在满足房间采光通风的情况下，不宜开得太大，并应根据气候条件对窗户的选材和构造采取防寒保温措施。

4）窗户朝西。住宅的窗户朝西，午后必有西晒，好处是干燥不易潮湿，家具衣物不易发霉，但对体质燥者则犹如火上加油，较难安居。朝西的窗户应加设活动的垂直遮阳板，并加挂窗帘，避免午后的太阳直射室内。朝西的窗户秋冬季易受寒风侵袭，可利用活动的垂直遮阳板挡住北面的寒风，也可在春夏接纳和风。面对西下的夕阳，老人会产生不良的心理感受。因此，老人卧室不宜开设朝西的窗户。

（4）窗户的安全

从实际使用的要求，窗户设置防护栏是住宅必不可少的安全措施。居民从楼上窗口、阳台坠落时有发生。因此，窗户防护栏的设置不仅仅是为了防盗，对于日常生活的防患也是十分必要的，是家居室内环境的安全保障，应该作为住宅的必要构件加以设置，它既要符合安全要求，便于开启，还应是一个艺术小品。安装时不仅要保证住户安全，还应避免突出外墙造成对过往行人的伤害。

10.2.6　住宅的采光与通风

住宅中的房间不外是卧室、起居厅、餐厅、厨房、卫生间。如果阳光照射不到，通风不好，室内就会潮湿，卫生间会有异味，影响人的健康，健康情况差，工作就会受到影响。

1. 住宅的采光

采光是指住宅接受阳光的情况，采光以太阳能直接照射到最好，或者是有亮度足够的折射光。

阳光的好处很多：一是可以取暖；二是阳光可以参与人体维生素 D 合成，小儿常晒太阳可以预防佝偻病，老人即可减缓骨质疏松；三是阳光中的紫外线具有杀菌作用；四是可以增强人体免疫功能。

直接射入室内的阳光不仅使人体发育健全，机能增强，而且使人舒适、振奋，提高劳动效率，同时还具有一定的杀菌作用和抗佝偻病的作用。所以窗户朝南的房间适合作为儿童和老人的卧室。但如果照射过度，对生物还是有某种程度的杀伤力。

过度的阳光，其过多的紫外线反而会带来害处。西晒及夕阳照射的房间，在夏天不仅白天温度过高，入夜仍然很酷热，也会影响身体的健康。

具体地说，要考虑南面、东南面和西南面三个方位的阳光。在这三种不同方位的阳光中，以西南面的阳光最热。冬天虽然以能照射到西面或西南面的阳光最为理想，但是到了夏季，这两个方位的阳光，却是很令人困扰的问题。综合一年四季来考虑，以东南向及南向的阳光最为理想。因此，应该正确理解，阳光并非必须特别充足。

对于窗户来说，应经常开窗。单层清净的窗玻璃可透过波长约为 $318\sim390\mu m$ 的紫外线，但有 $60\%\sim65\%$ 的紫外线被玻璃反射和吸收。有积尘的不清洁的玻璃又减少 40% 的光线射入。因此，要经常保持窗玻璃的清亮洁净，以使在关窗的状态下，也有足够的阳光射入。

2. 住宅的通风

通风可以促进住宅里的"新陈代谢"。风不但是人类生命不可缺少的要素之一，对植物也会产生各种不同的作用；但是风太大，会产生灾害的大风和寒风。因此，这两种情况都是不理想的，唯有适度，才是最适于人类生存的环境。

3. 营造夏天室内清新的环境

大热天，人人都渴求凉爽。现在人们崇尚通过空调和电风扇等来获得舒爽。不少专家学者都指出，长期在空调环境生活和工作，极易出现空调病。其实，如果能组织住宅的自然通风，不但可获得清新凉爽的空气，还能节约能源。

拥挤使人烦躁，空旷使人凉爽。在住宅设计中，各功能空间在为室内布置安排家具的同时，留出较为宽绰的活动空间。给人以充满生机的恬淡情趣。也自然会使人们感到轻松愉快，心情舒畅。

以南向的厅堂为主，把其他家庭共同空间沿进深方向布置，一个一个开放地串在一起，便可以组织起穿堂风，给人带来凉爽。在南方还可以吸收传统居民的布置手法，在大进深的住宅中利用天井来组织和加强自然通风。

热辐射是居室闷热的直接原因。应在向阳的窗上设置各种遮阳措施，避免阳光直射和热空气直接吹进室内。把热辐射有效地挡在室外，室内自然凉爽许多，便可以营造室内的清凉世界。

10.3 日本健康生活住宅九大关键要素

日本国土交通部高度关注支撑健康生活基础的住宅和社区的重要性，很早就将推进住宅和社区的设施完备作为政策课题推进。从 2007 年至 2012 年，专门设置了"维持增进健康住宅研究委员会"，对相关问题进行研究。2013 年成立了"智能·低能耗住宅研究开发委员会"，以推进新一代健康住宅和健康社区的研究。本节介绍的是日本"维持增进健康住宅研究委员会"针对健康生活住宅提出的九大关键要素，如图 10-3 所示。另外，针对起居室、卧室、厨房、卫生间/浴室等功能房间的健康要素进行了介绍，在每个要素的上方图形对应图 10-1 中所描述的关键要素。

图 10-1 健康生活住宅九大关键要素

10.3.1 起居室健康生活要素

起居室健康生活要素如图 10-2 所示。

10.3.2 卧室健康生活要素

卧室健康生活要素如图 10-3 和图 10-4 所示。

10.3.3 厨房健康生活要素

厨房健康生活要素如图 10-5 所示。

10.3.4 卫生间/浴室健康生活要素

卫生间和浴室健康生活要素如图 10-6 和图 10-7 所示。

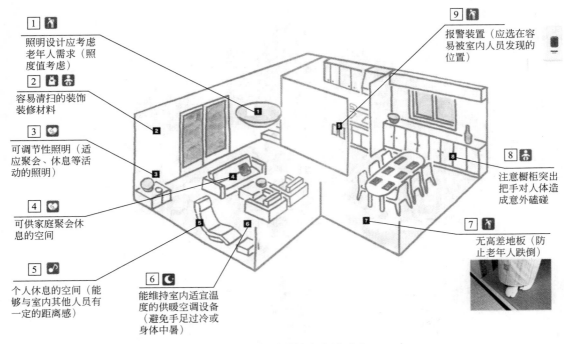

图 10-2　起居室健康生活要素

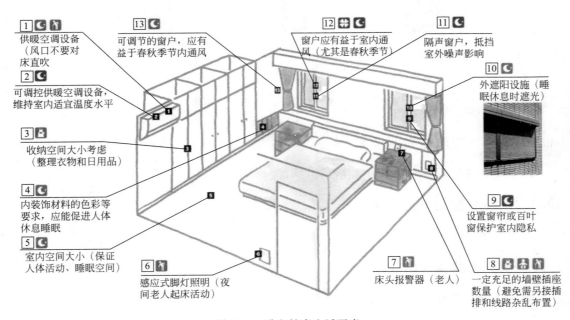

图 10-3　卧室健康生活要素

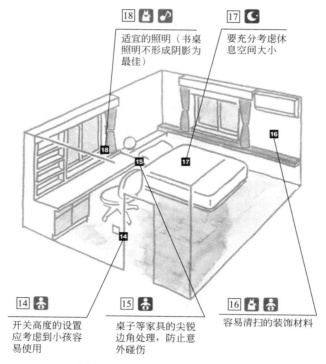

18 适宜的照明（书桌照明不形成阴影为最佳）

17 要充分考虑休息空间大小

14 开关高度的设置应考虑到小孩容易使用

15 桌子等家具的尖锐边角处理，防止意外碰伤

16 容易清扫的装饰材料

图 10-4　儿童卧室健康生活要素

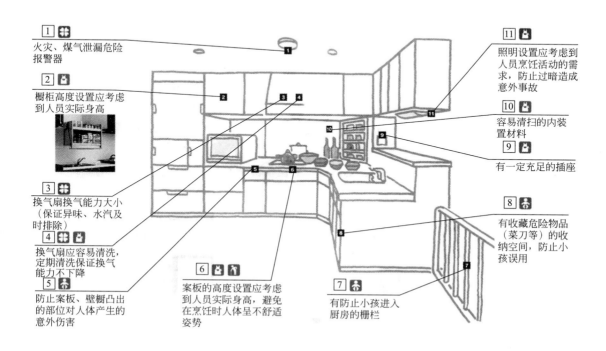

1 火灾、煤气泄漏危险报警器

2 橱柜高度设置应考虑到人员实际身高

3 换气扇换气能力大小（保证异味、水汽及时排除）

4 换气扇应容易清洗，定期清洗保证换气能力不下降

5 防止案板、壁橱凸出的部位对人体产生的意外伤害

6 案板的高度设置应考虑到人员实际身高，避免在烹饪时人体呈不舒适姿势

7 有防止小孩进入厨房的栅栏

8 有收藏危险物品（菜刀等）的收纳空间，防止小孩误用

9 有一定充足的插座

10 容易清扫的内装置材料

11 照明设置应考虑到人员烹饪活动的需求，防止过暗造成意外事故

(a)

图 10-5　厨房健康生活要素

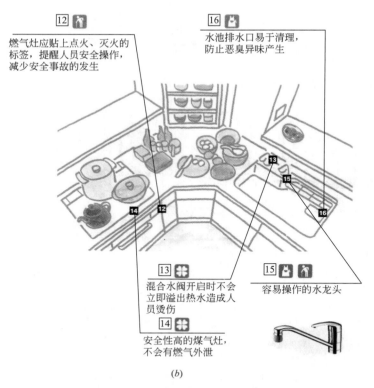

12 🏃 燃气灶应贴上点火、灭火的标签，提醒人员安全操作，减少安全事故的发生

16 🔧 水池排水口易于清理，防止恶臭异味产生

13 🍀 混合水阀开启时不会立即溢出热水造成人员烫伤

14 🍀 安全性高的煤气灶，不会有燃气外泄

15 🔧🏃 容易操作的水龙头

(b)

图 10-5 厨房健康生活要素（续）

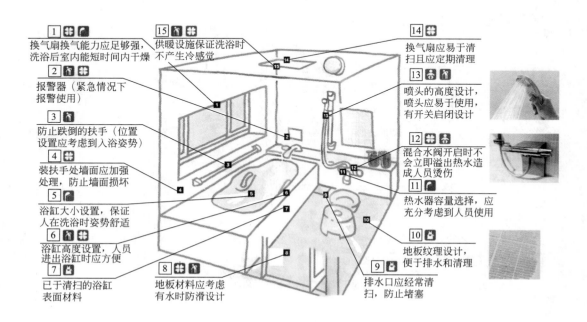

1 🔧🏃 换气扇换气能力应足够强，洗浴后室内能短时间内干燥

2 🏃 报警器（紧急情况下报警使用）

3 🏃 防止跌倒的扶手（位置设置应考虑到入浴姿势）

4 🏃 装扶手处墙面应加强处理，防止墙面损坏

5 🏃 浴缸大小设置，保证人在洗浴时姿势舒适

6 🏃🔧 浴缸高度设置，人员进出浴缸时应方便

7 🏃 已于清扫的浴缸表面材料

8 🔧🏃 地板材料应考虑有水时防滑设计

9 🔧 排水口应经常清扫，防止堵塞

10 🔧 地板纹理设计，便于排水和清理

15 🏃🔧 供暖设施保证洗浴时不产生冷感觉

14 🔧 换气扇应易于清扫且应定期清理

13 🔧 喷头的高度设计，喷头应易于使用，有开关启闭设计

12 🔧🏃 混合水阀开启时不会立即溢出热水造成人员烫伤

11 🔧 热水器容量选择，应充分考虑到人员使用

图 10-6 浴室健康生活要素

174

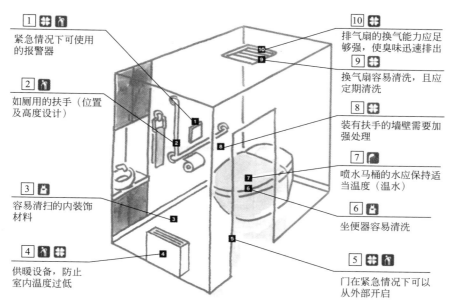

图 10-7 卫生间健康生活要素

10.3.5 其他生活空间健康生活要素

其他生活空间健康生活要素如图 10-8～图 10-10 所示。

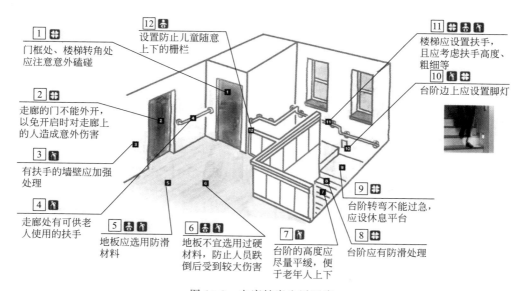

图 10-8 走廊健康生活要素

10.3.6 住宅整体健康生活要素

住宅整体健康生活要素如图 10-11 所示。

175

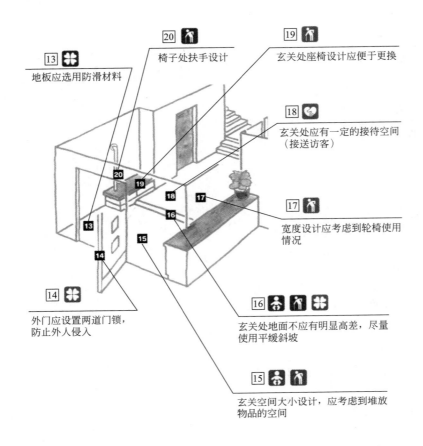

图 10-9　玄关健康生活要素

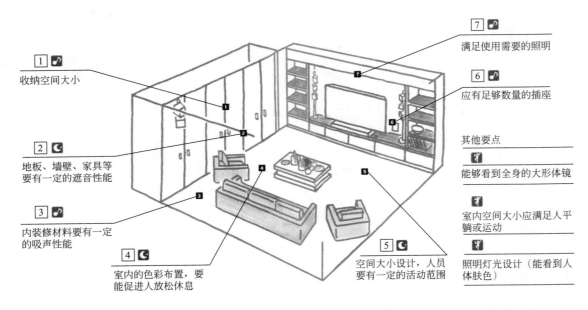

图 10-10　书房/娱乐室健康生活要素

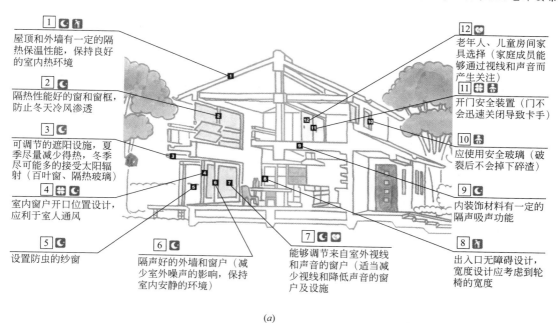

1 屋顶和外墙有一定的隔热保温性能，保持良好的室内热环境

2 隔热性能好的窗和窗框，防止冬天冷风渗透

3 可调节的遮阳设施，夏季尽量减少得热，冬季尽可能多的接受太阳辐射（百叶窗、隔热玻璃）

4 室内窗户开口位置设计，应利于室人通风

5 设置防虫的纱窗

6 隔声好的外墙和窗户（减少室外噪声的影响，保持室内安静的环境）

7 能够调节来自室外视线和声音的窗户（适当减少视线和降低声音的窗户及设施）

12 老年人、儿童房间家具选择（家庭成员能够通过视线和声音而产生关注）

11 开门安全装置（门不会迅速关闭导致卡手）

10 应使用安全玻璃（破裂后不会掉下碎渣）

9 内装饰材料有一定的隔声吸声功能

8 出入口无障碍设计，宽度设计应考虑到轮椅的宽度

(a)

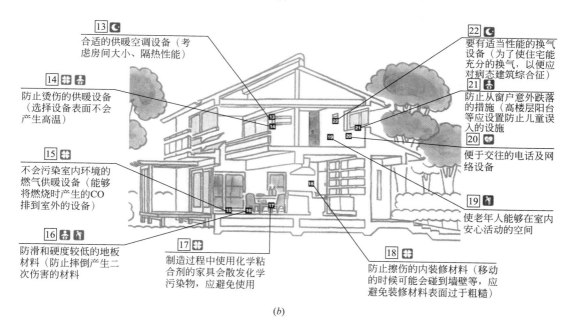

13 合适的供暖空调设备（考虑房间大小、隔热性能）

14 防止烫伤的供暖设备（选择设备表面不会产生高温）

15 不会污染室内环境的燃气供暖设备（能够将燃烧时产生的CO排到室外的设备）

16 防滑和硬度较低的地板材料（防止摔倒产生二次伤害的材料

17 制造过程中使用化学粘合剂的家具会散发化学污染物，应避免使用

18 防止擦伤的内装修材料（移动的时候可能会碰到墙壁等，应避免装修材料表面过于粗糙）

22 要有适当性能的换气设备（为了使住宅能充分的换气，以便应对病态建筑综合征）

21 防止从窗户意外跌落的措施（高楼层阳台等应设置防止儿童误入的设施

20 便于交往的电话及网络设备

19 使老年人能够在室内安心活动的空间

(b)

图 10-11　住宅整体健康生活要素

本章参考文献

［1］　黄绍绪，江铁，周建人等．重编日用百科全书．商务印书馆，1934.

［2］　骆中钊著．中华建筑文化．北京：中国城市出版社，2014.

［3］　健康维持增进住宅研究委员会，健康维持增进住宅研究コンソーシアム编著．健康に暮らす住まい九つのキーワード．财团法人　建築環境省エネルギー機構（IBEC）発行．

第 11 章　居住环境关联健康影响问卷调查

随着社会的不断进步，当代居住环境已经不仅仅关注与物质环境的效益，而是应该站在"居住者—环境—建筑"的角度，理解居住者健康舒适的需求。因此，一个良好的居住环境不仅仅局限在满足客观的技术标准，更应该考虑到居住者的主观感受。同时，客观的物质环境条件与心理状态间并不是正比的关系，居住者主观感受与客观条件有分离现象[1]。所以，从主观角度构建居住环境关联健康的模型具有必要性。而且主观模型的数据采集方法，从是否引起被调查反应的角度来分，可以分为反应性方法与非反应性方法，反应性方法如问卷法、量表法、参与观察法、访问法等，非反应性方法包括文档法等。从测试实现方式可分为提问法与观察法，前者如问卷法与访问法，后者如系统观察与照片法。从信息的媒体传播的方式可以分为口头资料、书面资料和图像资料等。考虑到方法的可行性以及所具备的有关客观条件，本章拟利用问卷法采集数据，构建居住环境关联健康影响模型。

11.1　居住环境关联健康影响调查问卷设计

调查问卷设计是在采集"真实反映现象的资料"的过程中具有重大影响的关键环节。同时，它也是整个问卷调查过程的难点之一。根据调查目的、调查对象来设计科学、实用、有效的调查问卷，是一项技术性较强的工作。而问卷设计质量的好坏将直接影响到调查资料的真实性、适用性，以及问卷的回复率，进而影响到整个调查的成败。因此，问卷设计在问卷调查中占有十分重要的地位。居住环境关联健康影响调查问卷设计立足于问卷设计原则与程序，不仅仅停留在问卷设计的技巧层面，而是注重从科学化与人性化的角度设计问卷，主要遵守以下原则：

1. 系统性

问卷设计如果仅局限于调查问题的罗列，其基本上反映不出预期的目标。正确的设计流程应该是围绕研究问题，提出研究假设，然后设计指标体系，再根据指标体系设计单个问题及答案，最后根据问卷的逻辑、问题的性质以及视觉效果进行顺序调整。所以问卷设计的首要原则是系统性，在整体框架的设定前提下开始单个问题设计，继而再由单个问题衔接回到整体框架。居住环境关联健康影响调查问卷整体设计立足于居住者个人属性信息、建筑室内环境状况以及健康状况 3 方面，每个方面各自形成指标体系，同时又兼顾对其他方面的关联影响，遵循由整体到部分，在由部分到整体的原则。

2. 科学性

从方法论的角度而言，调查问卷研究基于实证主义方法论的基础之上。因此问卷设计不应有价值倾向。例如，问卷中的倾向性问题则不符合科学性原则，无论这种倾向性问题是以现行还是以隐形的方式出现，都将使得调查对象的填写是在迎合研究者，而不是反映自己的真实情况。问卷设计的最终目的是检验研究假设，而假设的检验是基于统计分析基础之上，故问卷设计时应该充分考虑到统计分析的问题。居住环境关联健康影响的研究假设包含 2 个以上的变量，意味着调查问卷需要多变量统计分析，因此在基本假设的基础上，又必须考虑到服从多维正态分布的要求。

3. 严谨性

问卷设计是一项非常严谨的工作，每一个环节都应该仔细推敲。首先，在提出研究假设之后，应该展开探索性研究，即围绕所要调查问题，自然地与各种调查对象交谈，并留心观察他们的特征、行为以及态度。此环节常被研究者所忽视，以致在问题的设计上缺乏针对性，理解力较弱的调查对象不能充分理解问卷内容。其次，在问卷初稿的设计中严格遵循指标体系，不能把其视为摆设。再次是问卷设计时应考虑调查资料的收集方式。调查问卷的收集方式包括自填式问卷访问与结构访问法。其中，前者又包括个别发送法、集中填答法以及有机填答法，后者则包括当面访问法。面对不同的资料收集方法，问题的提法、措辞、长度以及数量应该有所不同。然后是试调查，通过此环节了解问卷中存在的问题，并予以修正。最终是问卷的排版，排版似乎与问卷设计无关，但研究表明排版的水平直接影响问卷的填答。

基于以上设计原则，本书设计的调查问卷主要内容如图 11-1 所示，主要包括个人信息、室内环境、健康状态以及社会经济状态 4 个部分，详细内容见本章最后的附录。

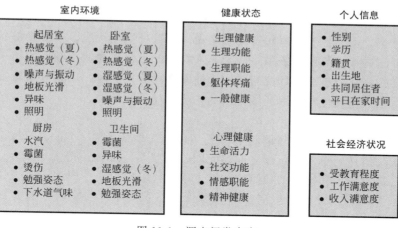

图 11-1　调查问卷内容

（1）个人信息

调查问卷内容涉及了居住者个人信息的调查，例如性别、年龄、籍贯以及平日在家时间等，以全面反映居住者的情况。

（2）室内环境

考虑到室内空间功能划分，问卷分别从 4 个基本功能单元（即起居室、卧室、厨房以及卫生间）来展开调查。又由于每个功能单元与居住者交互作用迥异，因此选取了不同的调查指标。例如在厨房环境指标的选取中，考虑到厨房操作空间可能无法完全满足炊事活动要求，特选取了"勉强姿态"调查指标作为判别依据。而炊事活动中可能带来的健康风险，分别以"烹饪气味"与"烫伤"调查指标来表征。"霉菌"指标代表了厨房环境由于湿度较大等原因带来的问题。其他功能房间依据自身特点，分别选取了相对应的调查指标。

（3）健康状态

居住者健康评估方法主要参考了国际上通用的 SF-36 健康调查量表，从生理健康与心理健康两个方面对健康进行主观测量，其中每个方面包括 8 个维度。生理健康包括生理功能、生理职能、躯体疼痛以及总体健康。心理健康包括生命活力、社交功能、情感职能以及精神健康。

（4）社会经济状况

社会经济状况是一个综合性与多维度的概念，其含义与特定的社会、经济以及文化背景密不可分。大量经验研究使用收入、受教育程度以及职业来表征社会经济状况，虽然三者具有一定的相关性，但它们代表了社会经济地位的不同方面，其与健康的关系是不一致的。因此，调查问卷特选取的以上 3 个调查指标，分别为受教育程度、工作满意度以及收入满意度。

11.2 调查问卷数据统计分析方法

室内环境与健康领域的研究隶属于复杂性科学，两者均受到多个因素的影响。环境参数例如温度、相对湿度、噪声、光照强度等相互关联，共同交织成了室内环境，影响居住者健康舒适状态。而居住者健康状态同时又受到其自身生理状况、社会经济状况等因素制约。所以表征室内环境与健康关系是一个非常棘手的问题，为使问卷研究结果具有较高的可靠性及科学性，在分析室内环境与居住者健康之间的关系时，应选取适宜方法。通过对文献调研，综述室内环境与健康领域常用的方法，如下所示。

1. 多元线性回归

多元线性回归是描述室内环境与健康关系较为简单的方法。Barbaro 等人建立了住宅室内环境参数与居住者总体满意度之间多元回归模型[2]。Chiang 等人运用多元回归方法构建了护理中心健康室内环境评估模型[3]。Lai 等人利用多元线性模型研究了住宅室内环境可接受度模型[4]。在上述模型中居住者满意度（主观健康）与室内环境参数之间的关系如下关系式所示：

$$y = b_0 + b_1 x_1 + b_2 x_2 + b_3 x_3 + b_4 x_4 \tag{11-1}$$

式中：x_1，x_2，x_3，x_4 与 y——分别代表各个室内环境参数（热湿环境、光环境、声环境及室内空气品质）与居住者满意度；

b_1，b_2，b_3，b_4 与 b_0——各个参数对应的权重系数与常数项。

为了求解上述中权重系数，通常采用最小二乘法，利用调查样本数据去拟合未知参数，使多元回归方程获得求解。

$$\sum_{i=1}^{n} (y_i - b_0 - b_1 x_{1i} - b_2 x_{2i} - b_3 x_{3i} - b_4 x_{4i}) = \min \tag{11-2}$$

2. 多元 Logistic 回归

考虑到室内环境参数与健康之间的非线性关系，Wong 等人采用 Logistic 回归模型描述办公室室内环境参数与人员接受度之间关系[5]，其数学关系式如下所示：

$$y = 1 - \frac{1}{1 + \exp(b_0 + b_1 x_1 + b_2 x_2 + b_3 x_3 + b_4 x_4)}$$ (11-3)

式中，x_1，x_2，x_3，x_4 与 y——分别代表各个室内环境参数（热湿环境、光环境、声环境
　　　　　　　　　　　　　　及室内空气品质）与居住者满意度；

　　b_1，b_2，b_3，b_4 与 b_0——各个参数对应的权重系数与常数项。

考虑到残差的同方差假设的成立，多元与线性回归 Logistic 回归的求解不同，式中未
知参数求解常常利用极大似然法获得最适拟合值。

3. 人工神经网络模型

人工神经网络（Artificial Neural Network，ANN）是 20 世纪 80 年代以来人工智能
领域兴起的研究热点。它从信息处理角度对人脑神经元网络进行抽象，建立某种简单模
型，按不同的连接方式组成不同的网络。Sofoglu 等人利用神经网络模型将居住者的主观
感觉与办公室浓度参数进行了关联分析[6]。Fiszelew 等人运用人工神经网络模型对工业建
筑内噪声水平进行了预测[7]。Kolokotsa 等人则利用人工神经网络对热舒适进行了预测[8]。
人工神经网络视对象内部为一个"黑箱体"，通过不断的数据训练输入，最终获得一个满
意的输出，示意图如图 11-2 所示。

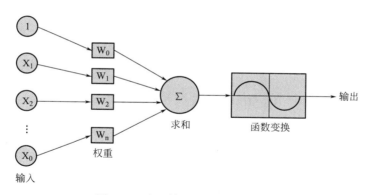

图 11-2　人工神经网络模型示意图

4. 结构方程模型

结构方程模型是一种建立、估计和检验因果关系模型的方法。模型中既包含有可观测
的显在变量，也可能包含无法直接观测的潜在变量。结构方程模型可以替代多重回归、通
径分析、因子分析、协方差分析等方法，清晰分析单项指标对总体的作用和单项指标间的
相互关系。日本健康维持增进住宅项目利用结构方程模型（SEM）构建了室内环境关联健
康的影响模型，并通过问卷调查方式搜集相应数据，最后定量表征了室内综合环境与健康
之间的关系[9]，示意图如图 11-3 所示。该模型研究住宅室内环境、居住者健康与社区环
境之间的关联影响，三者均为潜变量（即不可被直接观察测量的变量），但是它们能被其
他可以被观测的变量解释，以住宅室内环境为例，住宅室内环境可视为一个抽象的概念，
其可以被室内热湿环境、室内通风环境、室内采光环境、室内空气品质以及室内声环境解
释，同理可以看到健康以及社区环境被其他观察变量解释。通过可观测变量去解释潜变
量，最终实现建立不同潜变量之间关联影响的目的，从图中可以看到，住宅室内环境对健

康直接影响系数为 0.24，社区环境对健康影响系数为 0.54，并且社区环境还可以通过影响住宅环境，从而间接影响健康。日本健康维持增进项目利用该方法分别对不同地域环境（地方都市郊外、地方都市街区以及都市圈郊外地区），不同人口属性（职业、年龄、身份）等建立了结构方程模型[10-12]。

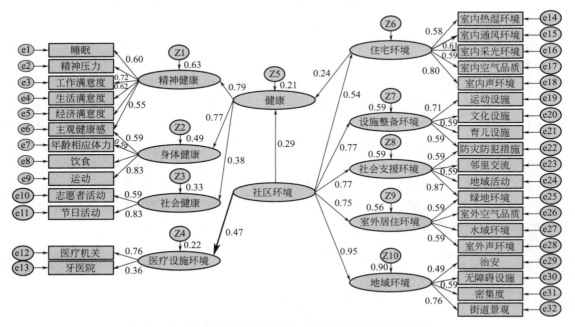

图 11-3   日本健康维持增进住宅项目结构方程模型示意

综上所述，线性回归模型只能提供变量间的直接效应而不能显示可能存在的间接效应，而且会因为共线性的原因，导致单项指标与总体出现负相关等无法解释的数据分析结果。多元 Logistic 回归模型虽然相比线性回归模型更为进步，但是需要因变量与残差服从二项分布。人工神经网络则需要较大样本量，才能保证准确度。鉴于结构方程模型同时处理多个因变量、容许自变量和因变量含测量误差、同时估计因子结构和因子关系、容许更大弹性的测量模型、估计整个模型的拟合程度等优点，另外，文献表明居住者的社会经济变量与健康之间具有显著的关联影响，因为社会经济因素往往对人们的生活环境及方式具有型塑作用，但是由于社会流行病学研究较多关注与健康相关的生活方式及行为因素对人们健康的影响，常常忽视了社会经济因素的作用[13]。本次运用结构方程模型方法进行室内环境对居住者健康影响状况研究，构建关于中国典型地区的室内环境关联健康影响模型。

11.2.1   结构方程模型简介

结构方程模型中有两个基本模型：测量模型与结构模型，如图 11-4 虚线框所示。测量模型由观察变量（问卷或量表等测量工具所得数据）与潜在变量（观察变量间所形成的特指或抽象的概念，例如室内环境、健康状况以及社会经济状况）组成。从数学形式上看，测量模型是一组观察变量的线性函数，并且以观察变量作为潜在变量的指标变量，根据指标变量性质不同，可以区分为反映性指标与形成性指标。反映性指标又称为果指标，是指一个以上的潜在变量引起观察变量或显性变量的因，观察变量是潜在变量基底下成因的指标，此种指标能反映其相对应的潜在变量，此时，指标变量为"果"，而潜在变量为"因"；相对地，形成性指标又称为因指标或成因指标，这些指标是成因，潜在变量被定义为指标变量的线性组合，因此潜在变量变成内生变量（被其指标变量决定），而其指标变量变为没有误差项的外生变量。结构模型是潜在变量间因果关系的说明，即潜在变量间的线性回归，但是与传统的复回归分析并不一样，在回归分析中，变量仅区分自变量（预测变量）与依变量（效应变量），这些变量均是无误差的观察变量，但是在结构方程模型中，变量间的关系除了具有测量模型关系外，还可以利用潜在变量进行观察值的残差估计。考虑到研究需要，本课题尝试建立了室内环境关联健康状况的形成性模型，模型示意图如图 11-4 所示，图中的箭头方向代表效应方向，例如在起居室环境的测量模型中，异味作为影响起居室环境的一个因素，在一定程度上解释了起居室环境的好坏，当箭头上权重系数越大〔系数区间为（－1，1）〕，代表对起居室环境影响越大。在室内环境、健康状况以及社会经济状态的结构模型中，箭头上的系数则表征了三者之间的相互影响。

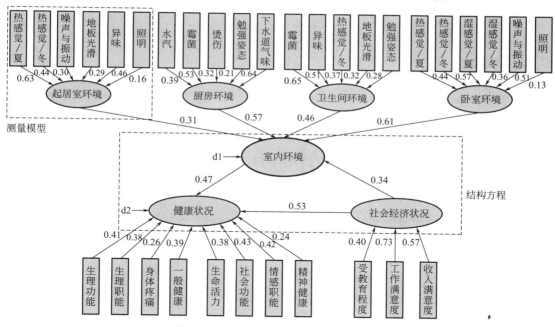

图 11-4　室内环境关联健康模型示意图

11.2.2　结构方程模型建模步骤

建立结构方程模型基本步骤：模型设定、模型识别、模型估计、模型评价及模型修正，如图 11-5 所示。

1. 模型设定

根据研究目的和理论知识框架，构建一个关于变量之间相互关系的理论假设模型，包括建构潜变量之间相互关系、潜变量与观测变量之间关系，然后用观测数据去验证理论模型，判断是否合理。

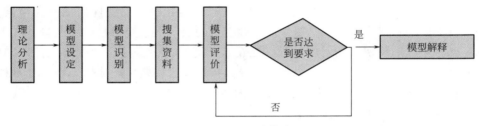

图 11-5　SEM 建模流程

2. 模型识别

模型识别是指确定模型是否能被求解的过程，若模型中未知参数都能由观测数据求得唯一解作为估计值，则表示模型理论上通过识别。模型识别包括恰好识别、过度识别以及不可识别。恰好识别表示每一个方程参数可以由观测样本协方差的一个或多个代数函数表达。如果方程中一个参数可以用一个以上的代数函数表达，即为过度识别。而如果一个方程无法用观测样本的一个或多个代数函数表达，即为不可识别。

3. 模型估计

形成性结构方程模型的求解主要包括两部分，即主成分分析和多元回归分析。通过主成分分析对测量方程中的可观测指标进行整合，然后利用回归分析求解潜变量之间的关系。

4. 模型评价

评价结构方程模型是指检验参数与假设模型关系是否合理、结构方程模型求解是否合理，以及迭代估计收敛情况，主要通过检验如 χ^2/df、RMSEA、共同性指数、重叠指数、GOF 指数等参数。

5. 模型修正

当模型整体拟合度不可接受，或可接受但对模型不满意时，需要进行模型修正。模型修正的依据主要包括：1）检验潜变量和指标间关系；2）依据有关理论或假设提出合理先验模型；3）检查每个模型标准误差、修正指数、标准化残差、拟合指数；4）若模型含有多个因子，可以先检验两个因子模型，确立部分合理后再合并所有因子，对预设先验模型进行总体检验。修正模型可采用 t 检验，利用 t 值判断潜变量与指标间路径是否达具有统计显著，由此剔除显著性低指标。如果 t 值大于 1.96，表示参数达到 0.05 显著水平；t 值大于 2.58，表示达到 0.01 显著水平。

11.3　室内环境关联健康影响结构方程模型

11.3.1　结构模型建立

人的一生约有 80% 的时间是在室内环境中度过，在居住环境内尤甚。室内环境质量主要由热、声、光、室内空气品质以及人体工程学设计等几个方面共同决定，与居住者生活有非常重要联系。20 世纪以来，以空调为代表的各种室内环境控制技术飞速发展，为营造健康舒适室内环境提供可能。在热、声、光和室内空气品质等多个领域，很多学者进行了大量研究。然而随着病态建筑综合症越来越多地出现在现在建筑中，人们逐渐意识到室内环境是一个综合环境。仅依靠对热湿环境、空气品质等单一因素进行研究，已经很难解决现代室内环境所带来的问题。美国国家职业安全与卫生所明确提出室内环境质量概念，即室内空气品质、热舒适、噪声、照明和工作区背景等因素对居住者生理与心理影响综合作用。本模型选取室内环境、居住者健康状况以及社会经济状态作为潜变量，构建室内环境—健康—社会经济复合系统的结构方程模型（见图 11-6）。其中考虑现代居住建筑功能分区，不同分区对居住者产生的影响不同。将室内环境划分为起居室、卧室、厨房以及卫生间 4 个功能房间，定量揭示不同功能房间与居住者健康及社会经济状态之间的

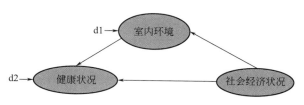

图 11-6　室内环境关联健康结构模型

关系。健康状况的测量指标主要参考了 SF-36 健康调查量表，从生理健康与心理健康两个方面对健康进行主观测量，其中每个方面包括 8 个维度。生理健康包括生理功能、生理职能、躯体疼痛以及总体健康，心理健康包括生命活力、社交功能、情感职能以及精神健康，而社会经济状况的可观测指标包括教育程度、工作满意度与收入满意度三个方面。

11.3.2　测量模型的建立

1. 室内环境测量模型

根据现代居住建筑功能分区原则，居住环境空间主要分为居住室内环境空间和周围空间。居住空间主要包括卧室、卫生间、厨房以及起居室。周围空间包括居住建筑出入口、临近生活空间以及室外生活空间。因此，将居住建筑室内环境划分为 4 个主要功能分区：起居室、厨房、卧室以及卫生间。起居室环境测量指标主要包括居住者夏季以及冬季热感觉、噪声与振动、照明、异味以及地板光滑。厨房测量指标包括下水道气味、烹饪气味、勉强姿态、烫伤以及霉菌。卧室环境测量指标包括夏季以及冬季热感觉、冬季以及夏季热感觉、照明以及噪声与振动。卫生间环境测量指标包括冬季热感觉、气味、勉强之态、地板光滑以及霉菌，如图 11-7 所示。

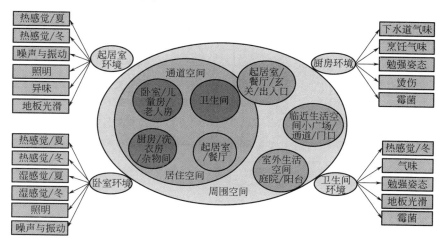

图 11-7　居住建筑空间分区

2. 居住者健康以及社会经济状况测量模型

SF-36 健康调查量表是国际上通用的健康调查量表，其从生理和心理 2 个方面、8 个维度对健康进行综合测量，可较好地反映各种人群不同方面生命质量状况，而被广泛应用于对人群生命质量评价。本模型选取了健康量表中部分问题对居住者健康进行测量，包括生理功能、生理职能、躯体疼痛、总体健康、生命活力、社会功能、情感职能以及心理健康 8 个方面内容。而社会经济测量主要选取了居住者工作满意度与教育程度以及经济满意度 3 个指标。

11.3.3 结构方程模型求解

1. 数据来源

本模型数据主要源于"十二五"课题"室内健康环境表征参数以及评价方法研究" 2014 年公众健康状况大样本调查。本次调查在科技部社会发展科技司及国家可持续发展实验区工作委员会的协助下，在北京市、吉林省、辽宁省、山西省、四川省、浙江省、江西省及广东省进行调查。历时约 4 个月，回收所有省市调查问卷，根据问卷数据的完整性，剔除数据残缺量较大的问卷，对余下问卷进行统计分析，各省市调查问卷样本量信息如表 11-1 所示。从表 11-1 可以看出，吉林省、广东省与北京市问卷回收率较低，特别是广东省。其余各省市问卷有效率基本都在 0.8 以上，其中辽宁省问卷有效率达到了 0.94。

2. 模型识别

根据上述假设模型，模型中包括室内环境、居住者健康以及社会经济状态 3 个潜变量，带有潜变量方程不能采用 t 规则进行识别，因此本次采用 2 步规则进行模型识别，即第 1 步识别测量模型，第 2 步识别结构模型。由于每个潜变量至少包含两个以上的测量指标（仅社会经济状态有两个测量指标），每个测量指标均从属于单一潜变量，测量残差之间没有相关假设，由此可知本研究中模型满足理想模型判别依据，即模型可识别。

调查问卷样本量统计

表 11-1

省市	发放问卷量	回收问卷量	有效问卷量	有效率
北京市	1000	543	516	0.52
吉林省	1300	772	568	0.44
辽宁省	1300	1218	1218	0.94
山西省	1000	890	791	0.79
四川省	1100	1045	983	0.89
浙江省	1000	931	917	0.92
江西省	1000	862	834	0.83
广东省	1000	291	248	0.25

3. 模型评价

为保留整体模型拟合时可能对部分因素不良拟合的自动消除作用，本次采用从整体模型拟合入手策略，剔除因子载荷过小、统计检验不显著指标，以获得理想的拟合结果模型。

11.3.4 结构方程模型解释

运用 SEM 模型构建了室内环境质量、居住者健康状况以及社会经济地位之间结构方程（SEM）模型，并通过 SmartPLS2.0 软件对模型参数进行了估计。最后利用卡方检验对模型进行了评鉴。由于拟合度衡量指标目前尚未统一，研究者常根据不同研究目的选择相应的指标，一般认为指标拟合度一般应满足两个基本原则：1）χ^2/df 在 2～5 之间；2）RMSEA 小于 0.08[14]。本次拟合结果显示出了模型具有较好的拟合性（$\chi^2/df=3.8$，RMSEA=0.71），代表了构建的模型具有合理性，如图 11-8 所示，以下对模型进行详细解释。

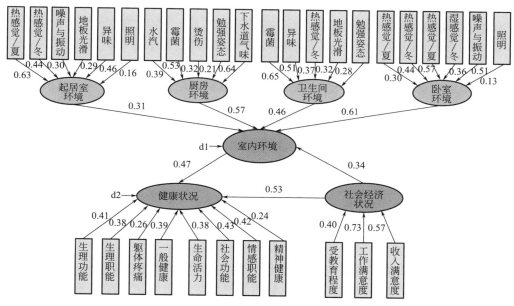

图 11-8　室内环境关联健康结构方程模型

1. 起居室环境

起居室环境测量模型中，热感觉（夏）、热感觉（冬）、噪声与振动、地板光滑、异味以及照明等因素权重分别为 0.63、0.44、0.30、0.29、0.46 以及 0.16，表明起居室环境中主导因素为热感觉（夏）。起居室作为室内环境过渡区域，在空间结构上起着联系其他功能房间的作用，同时也是家庭成员娱乐休息的重要场所。热感觉（夏）显示夏季起居室降温措施效果不理想，一方面由于城市热岛效应导致城市室外温度较高，另一方面由于建筑密度较大，易引起室内通风不良，从而导致夏季热舒适下降。噪声与振动因素反映出室内环境隔声减振功能，城市交通相对拥挤，易引起噪声干扰，文献表明噪声与精神紊乱没有明显关联性，一般室内环境推荐的噪声水平为 35dB 以下。异味反映了起居室室内空气品质，近些年来伴随着居民生活水平提高，大量建材以及家具涌入室内环境，特别是一些胶粘剂挥发出有害气体，对居住者健康产生了一定影响。照明因素反映出了起居室光环境，较弱的光照强度易引起居住者生活不便，同时影响人的精神状况，较强的光照会使人感到眩晕。地板光滑度从心理角度反映了居住者对环境的感受，地板光滑度过大易使居住者产生滑倒的风险。

2. 厨房环境

厨房环境测量模型中，下水道气味、水汽、勉强姿态、烫伤以及霉菌等因素的权重分别为 0.64、0.39、0.21、0.32 以及 0.53，表明下水道气味是厨房环境的主导因素，下水道道气味在一定程度上反映了厨房环境卫生程度，尤其是一些下水道中水封被破坏，引起排水系统中不良气味在室内环境中弥散。其次为霉菌因素，烹饪油烟排气不畅，引起室内环境湿度增加，滋生霉菌，影响居住者健康，尤其对于敏感性体质人群，易诱发哮喘等呼吸道疾病。烫伤以及勉强姿态反映了厨房环境操作空间设计是否符合人体工程规律，不良设计易导致烹饪者工作强度增加以及摔倒危险，烫伤危险不仅对烹饪者健康产生危害，还可能影响家庭中其他成员（例如儿童）健康。

3. 卫生间环境

卫生间环境测量模型中，霉菌、异味、热感觉（冬）、地板光滑以及勉强姿态权重系数分别为 0.65、0.51、0.37、0.32 以及 0.28，表明卫生间环境主导因素为霉菌，霉菌的滋生主要与卫生间的湿度具有紧密关系，尤其在通风不畅的情况下。另外，霉菌因素与异味之间有一定关联性，异味排除不畅还会滋生霉菌。异味因素反映出卫生间环境空气品质，卫生间作为室内主要污染源，排气不畅易引起各个功能房间内的空气污染物交叉传播，影响整体室内环境空气品质。勉强姿态反映了卫生间空间以及设计问题，特别是国内卫生间与浴室一般是一个整体，地面过于光滑易导致居住者摔倒，特别是对于敏感人群（老年人与儿童）风险更大。

4. 卧室环境

卧室环境测量模型中，热感觉（夏）、热感觉（冬）、湿感觉（夏）、湿感觉（冬）、噪声与振动以及照明因素因子载荷分别为 0.30、0.44、0.57、0.36、0.53 以及 0.13，表明卧室环境主导因素为湿感觉。卧室作为最重要的休息场所，其作用是不言而喻的，研究表明人只有在睡眠情况下，大脑的脑脊液才能更好地清除脑细胞代谢产生废物，而清醒状态时效率较低。湿感觉表明居住者感觉卧室内环境相对湿度存在一些问题，例如冬季北方集中供暖时室内相对湿度一般普遍偏低，而夏季南方地区潮湿现象较为普遍。冬季与夏季热感觉中，夏季热感觉权重系数小于冬季热感觉。噪声与振动因素反映了卧室环境声环境，不良的声环境易干扰睡眠，从而可能引起睡眠紊乱。照明因素反映了室内光环境，卧室光照强度过大，可能通过影响褪黑素浓度水平，从而影响睡眠。

5. 室内环境、健康状况及社会经济状况结构模型

从结构模型上可以看到，室内环境状况对主观健康的影响系数为 0.47，社会经济状况对健康状况的直接影响系数为 0.53，并且社会经济状况还可以通过影响室内环境从而间接影响健康状况，间接影响系数为（0.34×0.47），此时室内环境是中介因子，所以社会经济状况对健康的总影响值应该是直接影响与间接影响的和，即 0.69，数值已经大于了室内环境对健康直接影响系数。其内部机制可能是由于拥有较高社会经济状况的居住者一方面对于自身健康状况比较关注，因此会对室内环境相对比较重视；另一方面来讲，此类人群大多具有较大的支配权利，因此对于在初期选择时偏向于选择质量较高的居住建筑。这也反映了在进行室内环境与健康之间研究时，社会经济因素是一个不容忽视的因子。

附录：

2014 年公众健康状况大样本调查

随着我国经济的快速发展，人们对于自身的健康问题已经越来越重视，以前被人们所长期忽视的环境（室内环境和室外环境）与人类健康的关系也开始受到关注，而住宅作为最靠近人的环境，是度过大部分人生的地方，住宅环境的好坏直接关系到人们的健康状况和生活质量。

本调查是国家"十二五"科技支撑计划课题"室内健康环境表征参数及评价方法研究"的重要内容，通过全国城乡典型区域居民居住环境关联健康状况的问卷调查，有助于对室内健康环境影响因素的提炼，为制定国家居住建筑环境评价标准提供客观的参考数据。因此，真实、客观地调谐调查问卷，是每一位居民应尽的社会责任。

本调查在科技部社会发展科技司及国家可持续发展实验区工作委员会的协助下，拟在北京市、浙江省、广东省、吉林省、辽宁省、四川省、山西省及江西省各选择 1000 户家庭进行本次的大样本调查。调查对象重点关注以下人群：

（1）以社区为对象，适当考虑职业、经济状况及含老人和儿童的家庭人员结构；

（2）选择具有明显功能的房间（卧室、客厅、厨房、浴室/卫生间等）划分、近 20 年建造的住宅小区。

调查问卷请于 5 月 15 日之前返回到发放单位，如有不清楚或疑问的地方，请与下方地址联系。

本调查仅用于科研目的，非常感谢您的大力支持。

1. 回答者个人属性

1	性别	□男性　□女性	出生年月	年　　月	出生地	省　　市	
	共同居住者	（　）人	籍贯	省　　市	最终学历		
	在现居地居住年数	□不到一年　□2～5 年　□5～10 年　□10～20 年　□20 年以上					
2	平日平均均在家时间（包括睡眠）	□不到 6 小时　□6～9 小时　□9～12 小时　□12～15 小时 □15～18 小时　□18～21 小时　□21 小时以上					
3	抽烟习惯	□吸烟　□不吸烟　□其他					
4	饮酒习惯	□几乎每天　□每周 1～3 次　□每月 1～2 次　□不饮酒					

2. 住宅

（1）起居室、客厅					
1	您在夏天经常关着门窗，也不开空调或电风扇生活吗？	□经常有	□偶尔有	□很少有	□没有
2	您在夏天常因降温措施无效感到热吗？	□经常有	□偶尔有	□很少有	□没有
3	您在冬天常因采暖无效感到冷吗？	□经常有	□偶尔有	□很少有	□没有
4	即便关着门窗，您也常研究到室内外的声音或振动吗？	□经常有	□偶尔有	□很少有	□没有
5	您晚上常因照明不足感到暗吗？	□经常有	□偶尔有	□很少有	□没有
6	您常闻到异味吗？	□经常有	□偶尔有	□很少有	□没有
7	您常因地板很滑感到害怕吗？	□经常有	□偶尔有	□很少有	□没有
（2）卧室					
1	夏天，您经常热得睡不着吗？	□经常有	□偶尔有	□很少有	□没有
2	在夏天或梅雨季节，您常因潮湿而睡不着吗？	□经常有	□偶尔有	□很少有	□没有
3	夏天，您经常关着门窗，不开空调或电风扇睡觉吗？	□经常有	□偶尔有	□很少有	□没有
4	冬天，您经常冷得睡不着吗？	□经常有	□偶尔有	□很少有	□没有
5	冬天起床时，您常感到鼻子和喉咙干燥吗？	□经常有	□偶尔有	□很少有	□没有
6	即便关着门窗，您也常因听到室内外声音、振动而睡不着吗？	□经常有	□偶尔有	□很少有	□没有
7	晚上，您常因周围太亮而睡不着吗？	□经常有	□偶尔有	□很少有	□没有
（3）厨房					
1	做饭时，常发生水汽和气味排不出去的现象吗？	□经常有	□偶尔有	□很少有	□没有
2	灶台周围容易发霉吗？	□经常有	□偶尔有	□很少有	□没有
3	自来水常发生令人讨厌的气味吗？	□经常有	□偶尔有	□很少有	□没有
4	因太窄、太高等原因，您常呈勉强的姿态吗？	□经常有	□偶尔有	□很少有	□没有
5	您常感到有烫伤的危险吗？	□经常有	□偶尔有	□很少有	□没有
（4）浴室、更衣室、洗漱间					
1	冬天更衣时，您感觉冷吗？	□经常有	□偶尔有	□很少有	□没有
2	冬天洗浴时，您感觉冷吗？	□经常有	□偶尔有	□很少有	□没有
3	你发现有发霉的现象吗？	□经常有	□偶尔有	□很少有	□没有
4	您常闻到有讨厌的味道吗？	□经常有	□偶尔有	□很少有	□没有
5	您常感觉会有因台阶摔倒的危险吗？	□经常有	□偶尔有	□很少有	□没有
6	您常感觉浴室的地板滑吗？	□经常有	□偶尔有	□很少有	□没有
7	您进出浴缸时容易失去平衡吗？（采用浴缸洗浴室回答）	□经常有	□偶尔有	□很少有	□没有
（5）厕所					
1	冬天，您感觉冷吗？	□经常有	□偶尔有	□很少有	□没有
2	您常闻到令人讨厌的气味吗？	□经常有	□偶尔有	□很少有	□没有
3	因太窄、太高等原因，你常呈勉强的姿态吗？	□经常有	□偶尔有	□很少有	□没有
（6）玄关（外门入口处）					
1	您常感觉会有因台阶摔倒的危险吗？	□经常有	□偶尔有	□很少有	□没有
2	脱鞋时，您容易失去平衡吗？	□经常有	□偶尔有	□很少有	□没有
3	即使开着灯，您仍然感觉脚下暗吗？	□经常有	□偶尔有	□很少有	□没有

3. 健康状况

1	最近您的总体健康状况如何？	□健康 □一般 □差 □很差
2	最近您因身体原因有影响您日常活动能力（走路、上下楼）吗？	□明显有 □有 □稍有一点 □没有
3	最近您因身体原因会妨碍您的日常工作（包括家务）吗？	□安全无妨碍 □有些妨碍 □相当不便 □其它
4	最近您身体有疼痛感？	□完全不痛 □轻微疼痛 □很痛 □其它
5	最近您的精神状态如何？	□非常好 □好 □不太好 其它
6	最近您因身体和心理状态影响您与亲友的正常交往吗？	□没有影响 □有一点影响 □有影响 □有很大影响
7	最近您心烦吗？	□不烦 □有点烦 □烦 □很烦
8	您对现在的工作满意吗？	□满意 □一般 □不满意 □很不满意
9	您对经济状况满意吗？	□满意 □一般 □不满意 □很不满意
10	您对现在的生活满意吗？	□满意 □一般 □不满意 □很不满意
11	您近一年经常感冒吗？	□经常有 □偶尔有 □很少有 □没有
	您近一年经常关节疼吗？	□经常有 □偶尔有 □很少有 □没有
	您近一年经常颈椎或肩痛吗？	□经常有 □偶尔有 □很少有 □没有
	您近一年经常腰痛吗？	□经常有 □偶尔有 □很少有 □没有
	您近一年经常便秘吗？	□经常有 □偶尔有 □很少有 □没有
	您近一年经常大便不成形吗？	□经常有 □偶尔有 □很少有 □没有
	您近一年经常食欲不佳吗？	□经常有 □偶尔有 □很少有 □没有
	您经常会身上痒或皮肤过敏吗？	□经常有 □偶尔有 □很少有 □没有
	您在哪个季节最容易生病？	□春 □夏 □秋 □冬
12	在这一年里，接受过治疗、检查或仍然患病的，请做出选择。（可以多项选择）	□恶性肿瘤 □骨质疏松 □过敏性鼻炎 □支气管炎 □神经衰弱 □呼吸系统疾病 □消化系统疾病 □心脏血管系统疾病 □免疫系统疾病 □精神类疾病 □骨伤类疾病 □需要看护 □因交通事故摔倒 □虫牙、牙周炎 □其他
13	一年里虽然接受过治疗检查，是否痊愈？	□是 □没有

本章参考文献

［1］ 朱小雷 . 建成环境主观评价方法研究 . 广州：华南理工大学，2003.

［2］ Barbaro，S.；Ganci，A. Studio del comfort globale negli ambienti indoor. Applicazione alla facoltà di ingegneria dell' università' di Palermo. （accessed on 7 November 2014）.

［3］ Chiang CM，Lai CM. A study on the comprehensive indicator of indoor environment assessment for occupants' health in Taiwan. Building and Environment，2002，37：387-92.

［4］ Lai CK，Mui KW，Wong LT，Law LY. An evaluation model for indoor environmental quality （IEQ） acceptance in residential buildings. Energy and Buildings，2009，41：930-6.

［5］ Wong LT，Mui KW，Hui PS. A multivariate-logistic model for acceptance of indoor environmental quality (IEQ) in offices. Building and Environment，2008，43：1-6.

[6] Sofuoglu，S. C. Application of artificial neural networks to predict prevalence of building-related symptoms in office buildings. Build. Environ，2008，43，1121-1126.

[7] Fiszelew，A.，P. Britos，A. Ochoa，H. Merlino，E. Fernandez，and R. Garcia-Martinez. Finding optimal neural network architecture using genetic algorithms. Researcher Computation Sciences，2007，27：15-24.

[8] Kolokotsa，D.；Tsiavos，D.；Stavrakakis，G. S.；Kalaitzakis，K.；Antonidakis，E. Advanced fuzzy logic controllers design and evaluation for buildings' occupants thermal-visual comfort and indoor air quality satisfaction. Energy Build，2001，33：531-543.

[9] Ikaga T.，et al. Health Determinant Factor Modeling of House and Community in the Town Yusuhara，Kochi. *Summaries of technical papers of annual meeting architecture institute of Japan（Kitariku）*，2010，1125-1136.

[10] Kawamura K. Health Determinant Factor Modeling of House and Community in the Town Obuse，Nagano. *Summaries of technical papers of annual meeting architecture institute of Japan（Kitariku）*，2010，1135-1126.

[11] Oshige K.，et al. Health Determinant Factor Modeling of House and Community in the District of Yatsue，the City of Kitakyushu. *Summaries of technical papers of annual meeting architecture institute of Japan（Kitariku）*，2010，1131-1132.

[12] Ando S.，et al. Results of preliminary questionnaire survey in the city of Kitakyushu. *Summaries of technical papers of annual meeting architecture institute of Japan（Tohhoku）*，2009，1009-1010.

[13] Warren J. R. Socioeconomic Status and Health across the life course：A Test of the Social Causation and Health Selection Hypotheses. Social Forces，2009，87（4）：2125-2153.

[14] 吴明隆. 结构方程模型. 重庆：重庆大学出版社，2010.